"十三五"应用型人才培养规划教材

计算机应用基础

项目实用教程

（Windows 10+Office 2016）

贾如春　李代席 / 主　编

袁红团　钟传静　赵晓波 / 副主编

清华大学出版社

北京

内容简介

本书从入门级计算机应用开始讲解,本书以 Windows 10＋Office 2016 版本为基础,从计算机初学者的实际需求出发,紧跟信息化发展,以通俗易懂的语言、真实的办公案例、超级实用的技巧,全面介绍 Windows 10、Office 2016 基本操作、Word 2016 文档处理、Excel 2016 电子表格、PowerPoint 2016 幻灯片制作、Internet 的应用等方面的基本使用方法与综合应用技能,从相关行业应具备的综合职业能力出发,结合实际工作中的综合案例,从教学理论和教学方法着手,以真实的工作任务为载体,促使学生在做中学,教师在做中教,以便提升学生的计算机操作能力和职业素养。

本书适合作为本科及职业院校学生的教材使用,也可以作为对计算机基础和 Office 有兴趣的读者阅读。

图书在版编目(CIP)数据

计算机应用基础项目实用教程：Windows 10＋Office 2016/贾如春,李代席主编. —北京:清华大学出版社,2018 (2021.8重印)

("十三五"应用型人才培养规划教材)

ISBN 978-7-302-50825-0

Ⅰ. ①计… Ⅱ. ①贾… ②李… Ⅲ. ①Windows 操作系统－高等学校－教材 ②办公自动化－应用软件－高等学校－教材 Ⅳ. ①TP316.7 ②TP317.1

中国版本图书馆 CIP 数据核字(2018)第 178557 号

责任编辑:张龙卿
封面设计:墨创文化
责任校对:赵琳爽
责任印制:丛怀宇

出版发行:清华大学出版社
　　　　网　　　址:http://www.tup.com.cn, http://www.wqbook.com
　　　　地　　　址:北京清华大学学研大厦 A 座　　　　　邮　　编:100084
　　　　社 总 机:010-62770175　　　　　　　　　　邮　　购:010-62786544
　　　　投稿与读者服务:010-62776969, c-service@tup.tsinghua.edu.cn
　　　　质量反馈:010-62772015, zhiliang@tup.tsinghua.edu.cn
印 装 者:三河市天利华印刷装订有限公司
经　　　销:全国新华书店
开　　本:185mm×260mm　　　印　　张:26　　　字　　数:600千字
版　　次:2018 年 9 月第 1 版　　　印　　次:2021 年 8 月第 7 次印刷
定　　价:58.00 元

产品编号:078835-01

前　言

本书从现代办公应用中所遇到的实际问题出发,采用由浅入深的方法对计算机办公自动化应用方面的知识和技能进行了详细的讲解,并通过大量具有典型特征和详细操作步骤的实例,使读者快速、直观地了解和掌握办公自动化相关软件及设备的主要功能与使用技巧。全书采用了"项目引导、任务驱动"的项目化教学编写方式,体现了"基于工作过程""教、学、做一体化"的教学理念。全书以"Windows 10＋Office 2016"作为平台展开知识技能的讲解。全书共分为六个项目,项目 1 介绍了计算机基础知识,项目 2 介绍了如何使用 Windows 10 系统管理计算机资料,项目 3 介绍了使用文档编辑软件 Word 2016 进行文档的编辑,项目 4 介绍了如何用 Excel 2016 制作电子表格,项目 5 介绍了如何用 PowerPoint 2016 制作演示文稿,项目 6 介绍了 Internet 与网络基础。附录部分介绍了计算机相关领域的新技术及发展趋势等。

本书力图通过与实际工作密切结合的综合案例,提高学生的计算机操作能力,提高学生的信息素养,培养学生分析问题、解决问题的能力和计算机思维能力。

本书具有以下特点。

(1) 全书采用任务驱动的写作方式,从工作过程出发,从实际项目出发,以现代办公应用为主线,突破传统以知识点的层次递进为理论体系的传统教学模式,将职业工作过程系统化,以工作过程为基础来组织和讲解知识,以便培养学生的职业技能和职业素养。

(2) 本书注重学、做结合。本书划分为多个任务,每一个任务又划分了多个小任务。以"做"为中心,"教"和"学"都围绕着"做"展开,在学中做,在做中学,从而完成知识学习及技能训练。

(3) 紧跟计算机行业的发展趋势。本书着重于讲解当前的主流计划和新技术,与行业发展联系密切,使所有内容紧跟行业技术的最新发展。

(4) 本书使课程学习与计算机技能认证相结合,适应全国计算机等级考试大纲要求，学生学习完本书内容之后，可以参加相应的全国计算机等级考试。

（5）注重培养学生的职业素质。本书在培养学生现代办公应用能力的同时，通过教学活动的设计，可以培养学生的协作、创造、逻辑思维能力，以及运用科学技术解决问题及自我学习和自我管理的能力，充分体现职业教育的特点，为培养更多的职业技能人才奠定基础。

贾如春老师负责本书的总体策划及统稿，李代席老师负责全书的修订。贾如春老师和李代席老师担任本书的主编，袁红团老师、钟传静老师、赵晓波老师担任本书的副主编，刘泽仁老师负责对全书进行审查，另外，余美璘、郑磊、杨菊芬、唐红燕、张清清、张静、黎明、龚婷婷、朱丹、唐金莉、叶惠仙等老师也共同参与了本书的编写。同时感谢所有给予指导和帮助的高校同人及企业专家。

由于作者水平有限，书中难免有疏漏之处，欢迎广大读者批评指正。

编　者
2018 年 6 月

目　录

项目 1　计算机基础知识

任务 1.1　认识计算机

子任务 1.1.1　从外观上认识计算机

任务描述

本子任务中大家将会了解到计算机的发展历史与外部结构,并能进行简单的计算机操作。

相关知识

1. 计算机的产生

1946 年 2 月 14 日,标志现代计算机诞生的第一台通用电子数字计算机 ENIAC (electronic numerical integrator and computer)在美国费城公之于世,如图 1-1-1 所示。ENIAC 代表了计算机发展史上的里程碑,它使用了 18000 个电子管、70000 个电阻器,有 500 万个焊接点,功率为 160kW,其总体积约 $90m^3$,重达 30t,占地约 $170m^2$。

图 1-1-1　通用电子数字计算机

1949 年 5 月,英国剑桥大学数学实验室根据冯·诺依曼的思想,制成电子迟延存储自动计算机 EDSAC(electronic delay storage automatic calculator),如图 1-1-2 所示,这是第一台带有存储程序结构的电子计算机。

图 1-1-2　电子迟延存储自动计算机

2. 计算机的发展历程及发展趋势

从第一台电子计算机诞生到现在短短 70 多年中，计算机技术以前所未有的速度迅猛发展，根据组成计算机的电子逻辑器件不同，以及未来的发展趋势，将计算机的发展分成 5 个阶段。

1）电子管时代（1946—1957 年）

这个时代的计算机采用的主要元器件是电子管，其主要特征如下。

- 采用电子管元件，体积庞大，耗电量高，可靠性差，维护困难。
- 计算速度慢，一般为每秒 1000 次到 1 万次运算。
- 使用机器语言，几乎没有系统软件。
- 采用磁鼓、小磁芯作为存储器，存储空间有限。
- 输入/输出设备简单，采用穿孔纸带或卡片。
- 主要用于科学计算。

2）晶体管时代（1958—1964 年）

这个时代的计算机采用的主要元器件是晶体管，其主要特征如下。

- 采用晶体管元件，体积大大缩小，可靠性增强，寿命延长。
- 计算速度加快，达到每秒几万次到几十万次运算。
- 提出了操作系统的概念，开始出现了汇编语言，产生了如 FORTRAN 和 COBO 等高级程序设计语言和批处理系统。
- 普遍采用磁芯作为内存储器，磁盘、磁带作为外存储器，存储容量大大提高。
- 计算机应用领域扩大，除科学计算外，还用于数据处理和实时过程控制等。
- 主流产品为 IBM 7000 系列。

3）中小规模集成电路时代（1965—1970 年）

20 世纪 60 年代中期，随着半导体工艺的发展，已研制出集成电路元件。集成电路可以在几平方毫米的单晶硅片上集成十几个甚至上百个电子元件。计算机开始采用中小规

2

模的集成电路元件,其主要特征如下。

- 采用中小规模集成电路元件,体积进一步缩小,寿命更长。
- 计算速度加快,每秒可达几百万次运算。
- 高级语言的进一步发展、操作系统的出现,使计算机功能更强,计算机开始广泛应用于各个领域。
- 普遍采用半导体存储器,存储容量进一步提高,体积更小、价格更低。
- 计算机应用范围扩大到企业管理和辅助设计等领域。

4）大规模、超大规模集成电路时代（1971 年至今）

进入 20 世纪 60 年代后期,微电子技术发展迅猛,先后出现了大规模和超大规模集成电路。计算机进入了一个新时代,即大规模、超大规模集成电路时代,其主要特征如下。

- 采用大规模和超大规模元件,体积进一步缩小,可靠性更好,寿命更长。
- 计算速度加快,每秒有几十万次到几千万次运算。
- 软件配置丰富,软件系统工程化、理论化,程序设计实现了部分自动化。
- 发展了并行处理技术和多机系统,微型计算机大量进入家庭,产品更新加快。
- 计算机应用范围扩大到办公自动化、数据库管理和图像处理等领域。

5）智能电子计算机时代（未来）

1988 年,第五代计算机国际会议在日本召开,提出了智能电子计算机的概念,智能化是今后计算机发展的方向。智能电子计算机是一种有知识、会学习、能推理的计算机,具有能理解自然语言、声音、文字和图像的能力,并具有说话的能力,使人机能够用自然语言直接对话。它突破了传统的冯·诺依曼式机器的概念,把多处理器并联起来,可以并行处理信息,速度大大提高。通过智能化人机接口,人们不必编写程序,只需要发出命令或提出要求,计算机就会完成推理和判断。

任务实施

概括地说,计算机是一种高速运行、具有内部存储能力、由程序控制操作过程的电子设备。计算机最早的用途是用于数值计算。随着计算机技术和应用的发展,计算机已经成为一种必备的信息处理工具。从外观上来看,微型计算机由主机箱、显示器、键盘和鼠标等部分组成,如图 1-1-3 所示。

图 1-1-3　微型计算机的外观

图 1-1-4 中机箱为立式。主机箱中有系统主板、内外存储器、输入/输出接口、电源等。在主机的正面图上可以看到光盘驱动器和软盘驱动器、电源开关、复位开关、电源指示灯、硬盘指示灯等，这些部件的主要作用见表 1-1-1。

表 1-1-1　主机箱正面各个部件的作用

主机正面各个部件	作　用
电源开关	用于接通和关闭电源
USB 接口	用于连接 USB 接口的外设，如 U 盘或者 USB 接口鼠标等
硬盘指示灯	灯亮表示计算机硬盘正在进行读/写操作
电源指示灯	灯亮表示计算机电源接通
复位开关	用来重新启动计算机

主机箱背面如图 1-1-5 所示，有连接主机和外部设备的各种接口，主要部件的作用见表 1-1-2。

图 1-1-4　主机箱正面

图 1-1-5　主机箱背面

表 1-1-2　主机箱背面各个部件的作用

主要参数	作　用
电源插座	用于插上电源线
电源散热风扇	用于及时排走电源内部的热量
键盘接口	用于连接键盘
鼠标接口	用于连接鼠标（比较旧的微型机用串行端口来连接鼠标）
USB 接口	用于连接 USB 设备
串行接口	用于连接扫描仪等设备
并行接口	用于连接打印机等设备
视频接口	用于连接显示器信号电缆
声卡接口	用于连接音箱、话筒等

📖 知识拓展

下面介绍我国计算机的发展历程。

我国计算机事业始于 1956 年，经过几十年的发展，取得了令人瞩目的成就。

1956 年,夏培肃完成了第一台电子计算机运算器和控制器的设计工作,同时编写了我国第一本电子计算机原理讲义。

1957 年,哈尔滨工业大学研制成功中国第一台模拟式电子计算机。

1958 年 6 月,中国科学院计算所与北京有线电厂共同研制成我国第一台计算机——103 型通用数字电子计算机,如图 1-1-6 所示。同年 9 月,数字指挥仪 901 样机问世,这是中国第一台电子管专用数字计算机。

图 1-1-6　103 型通用数字电子计算机

1964 年,中国科学院计算所推出中国第一台大型晶体管电子计算机,代号为 441-B,这标志着中国电子计算机技术进入第二代,如图 1-1-7 所示。

图 1-1-7　中国首台晶体管计算机 441-B

1973 年 1 月 15 日至 27 日,在北京首次召开了电子计算机的专业会议。这次会议分析了计算机发展的形式,提出了我国计算机工业发展的政策,并规划了 DJS 100 小型计算机系列、DJS 200 大中型计算机系列的联合设计和试制生产任务。

1983 年 12 月,国防科技大学研制成功"银河 I 号"巨型计算机,运算速度达每秒 1 亿次,如图 1-1-8 所示。至此,中国成为继美、日等国之后,能够独立设计和研制巨型机的国家。

1987 年,第一台国产 286 微机——长城 286 正式推出。

1988 年,第一台国产 386 微机——长城 386 推出。

1993 年,中国第一台 10 亿次巨型计算机"银河 II 号"通过鉴定,如图 1-1-9 所示。

1995 年,"曙光 1000"大型机通过鉴定,其峰值可达每秒 25 亿次,如图 1-1-10 所示。

1996 年,"银河 III 号"并行巨型计算机研制成功。

图 1-1-8　"银河Ⅰ号"巨型计算机　　　　　　图 1-1-9　"银河Ⅱ号"巨型计算机

1999 年,银河四代巨型机研制成功。

2000 年,我国自行研制成功高性能计算机"神威Ⅰ号",其主要技术指标和性能达到国际先进水平,如图 1-1-11 所示。

图 1-1-10　"曙光 1000"大型机　　　　　　图 1-1-11　"神威Ⅰ号"计算机

2001 年,"曙光 3000"超级服务器研制开发,计算速度峰值可达到每秒 4032 亿次,如图 1-1-12 所示。

2004 年,我国曙光计算机公司成功研制"曙光 4000A"超级计算机,运算速度峰值超过每秒 11 万亿次。

2009 年我国首款超百万亿次超级计算机"曙光 5000A"正式开通启用,这也意味着中国计算机首次迈进百亿次时代,如图 1-1-13 所示。

图 1-1-12　"曙光 3000"超级服务器神威　　　图 1-1-13　"曙光 5000A"超级计算机

技能拓展

1. 组装计算机的主要步骤

（1）在主板上安装 CPU、CPU 风扇和内存条。

（2）在主机箱中固定已安装 CPU 和内存的主板。

（3）在主机箱上装好电源。连接主板上的电源及 CPU 风扇电源线。

（4）安装硬盘和光驱驱动器。

（5）安装其他板卡，如显卡、声卡、网卡等。现在的大多数板卡都集成到主板上，不需要安装。

（6）连接主机箱面板上的开关、指示灯等信号线。

（7）连接各部件的电源插头和数据线到主板，并连接显示器。

（8）安装键盘、鼠标等设备，并连接显示器。

（9）开机前最后检查机箱内部，看看是否有剩余的螺钉、板卡等遗落在里面。看看连接线整理是否到位。

（10）连接电源，加电开机检查和测试。

2. 组装计算机时的注意事项

（1）装机之前准备好所需要的工具，比如十字螺丝刀、绝缘手套等。

（2）在安装前先消除身上的静电，比如用手摸一摸自来水管等接地设备。

（3）对各个部件要轻拿轻放，不要碰撞，尤其是硬盘。安装主板一定要稳固，同时要防止主板变形。

任务总结

通过本子任务的实施，应掌握下列知识和技能。

- 了解计算机是如何产生的。
- 了解计算机的发展史及我国计算机的发展史。
- 认识计算机的基本部件。
- 在老师的指导下能够组装计算机。

子任务 1.1.2　计算机的分类与特点

任务描述

本子任务中大家会学习按照不同的分类标准对计算机进行划分，并了解计算机的特点、应用以及开关机的方法。

7

相关知识

1. 计算机的分类

计算机可以按不同的方法进行分类。下面列举几种分类方法。

1）按处理方式分类

按处理方式可以把计算机分为模拟计算机、数字计算机以及数字模拟混合计算机。

模拟计算机主要用于处理模拟信息，如工业控制中的温度、压力等。模拟计算机的运算部件是一些电子电路，其运算速度极快，但精度不高，使用也不够方便。

数字计算机采用二进制运算，其特点是解题精度高，便于存储信息，是通用性很强的计算工具，既能胜任科学计算和数字处理，也能进行过程控制和 CAD/CAM 等工作。通常所说的计算机，一般是指数字计算机。

数字模拟混合计算机是取数字、模拟计算机二者之长，既能高速运算，又便于存储信息。但这类计算机造价昂贵。

2）按功能分类

按计算机的功能，一般可分为专用计算机与通用计算机。专用计算机的特点是功能单一、可靠性高、结构简单、适应性差，但在特定用途下最有效、最经济、最快速，是其他计算机无法替代的，如军事系统、银行系统的专用计算机。通用计算机功能齐全、适应性强，目前人们所使用的大都是通用计算机。

3）按规模分类

按照计算机的规模，并参考其运算速度、输入/输出能力、存储能力等因素，通常可分为巨型机、大型机、小型机、微型机等几类。

- 巨型机。巨型机运算速度快、存储量大、结构复杂、价格昂贵，主要用于尖端科学研究领域，如 IBM 390 系列、银河机等。
- 大型机。大型机规模次于巨型机，有比较完善的指令系统和丰富的外部设备，主要用于计算机网络和大型计算中心，如 IBM 4300。
- 小型机。小型机较之大型机成本较低，维护也较容易。小型机用途广泛，现可用于科学计算和数据处理，也可用于生产过程自动控制和数据采集及分析处理等。
- 微型机。微型机由微处理器、半导体存储器和输入/输出接口等芯片及部件组成。它比小型机体积更小，价格更低，灵活性更好，可靠性更高，使用更加方便。目前，许多微型机的性能已超过以前的大、中型机。

4）按工作模式分类

按照计算机的工作模式，一般可分为服务器和工作站两类。

- 服务器。服务器是一种可供网络用户共享的。服务器一般具有大容量的存储设备和丰富的外部设备，其可运行网络操作系统，要求有较高的运行速度，对此，很多服务器都配置了双 CPU。服务器上的资源可供网络用户共享。
- 工作站。工作站是高档微机，它的独到之处就是易于联网，配有大容量主存储器、大屏幕显示器，特别适合于 CAD/CAM 和办公自动化。

2. 计算机的特点

1) 运算能力快

现在高性能计算机每秒能进行几百万亿次以上的加法运算。如果一个人在一秒钟内能做一次运算,那么一般的电子计算机一小时的工作量,一个人得做 100 多年。很多场合下,运算速度起决定作用。例如,计算机控制导航,要求"运算速度比飞机飞得还快";气象预报要分析大量资料,如用手工计算需要十多天,失去了预报的意义,而用计算机几分钟就能计算出一个地区内数天的气象预报。

2) 计算精度高

计算机的计算精度主要取决于计算机的字长,字长越长,运算精度越高,计算机的数值计算更加精确。如计算圆周率 π,计算机在很短时间内就能精确计算到 200 万位以上。

3) 存储容量大

计算机的存储器类似于人的大脑,可以存储大量的数据和信息而不丢失,在计算的同时,还可把中间结果存储起来。

4) 逻辑判断能力强

计算机在程序的执行过程中,会根据上一步的执行结果,运用逻辑判断方法自动确定下一步的执行命令。正是因为计算机具有这种逻辑判断能力,使计算机不仅能解决数值计算问题,而且能解决非数值计算问题,比如信息检索、图像识别等。

5) 自动化程度高

计算机可以按照预先编制的程序自动执行而不需要人工干预。

6) 使用范围广,通用性强

计算机不仅能进行数值计算,还能进行信息处理和自动控制。想让计算机解决什么问题,只要将解决问题的步骤用计算机能识别的语言编制成程序,装入计算机中运行即可。一台计算机能适应于各种各样的应用,具有很强的通用性。

任务实施

1. 开机

开机的一般顺序是:先打开外部设备(如显示器、打印机等),后打开主机电源开关。

注意:

(1) 在确认微型计算机系统各设备已经正确安装和连接并且所用的交流电源符合要求之后,才能开机。

(2) 显示器电源一般由主机引出,一旦打开主机电源开关,同时也就打开了显示器。主机通电后,计算机系统进入自检和自启动过程。如果系统有故障,则屏幕显示提示信息或发出一些声音提醒用户;如果系统一切正常并且硬盘上已经安装有操作系统(如 Windows 10),则计算自动启动操作系统。

2. 关机

关机的顺序与开机相反,一般顺序是:先从软盘驱动器或 CD-ROM 中取出软盘或光盘，从 USB 接口取下 U 盘或移动硬盘等，然后在"开始"菜单中选择"电源"，进行关机操作，如图 1-1-14 所示。然后再关闭主机电源，最后关闭外部设备（如显示器、打印机等）的电源。

关机前，应先退出当前正在运行的软件系统，以免丢失数据信息或破坏系统的配置。

图 1-1-14　Windows 10 系统关机

知识拓展

由于计算机有运算速度快、计算精度高、记忆能力强等一系列特点，使计算机几乎进入了一切领域，包括科研、生产、交通、商业、国防、卫生等。可以预见，其应用领域还将进一步扩大。计算机的主要用途介绍如下。

1）数值计算

数值计算主要是指计算机用于完成和解决科学研究和工程技术中的数学计算问题。计算机具有计算速度快、精度高的特点，在数值计算等领域里刚好是计算机施展"才能"的地方，尤其是一些十分庞大而复杂的科学计算，靠其他计算工具有时简直是无法解决的。如天气预报，只有借助于计算机，才能及时、准确地完成。

2）数据及事务处理

所谓数据及事务处理，泛指非科技方面的数据管理和计算处理。其主要特点是：要处理的原始数据量大，而算术运算较简单，并有大量的逻辑运算和判断，结果常要求以表格或图形等形式存储或输出，如银行日常账务管理、股票交易管理、图书资料的检索等。事实上，计算机在非数值方面的应用已经远远超过了在数值计算方面的应用。

3）自动控制与人工智能

由于计算机不但计算速度快且又有逻辑判断能力，所以可广泛用于自动控制，如对生产和实验设备及其过程进行控制，可以大大提高自动化水平，减轻劳动强度，节省生产和实验周期，提高劳动效率，提高产品质量和产量，特别是在现代国防及航空航天等领域。

4）计算机辅助设计、辅助制造和辅助教育

计算机辅助设计 CAD（computer aided design）和计算机辅助制造 CAM（computer aided manufacturing）是设计人员利用计算机来协助进行最优化设计和生产设备的管理、控制和操作。目前，在电子、机械、造船、航空、建筑、化工、电器等方面都有计算机的应用，这样可以提高设计质量，缩短设计和生产周期，提高自动化水平。计算机辅助教学 CAI（computer aided instruction）是利用计算机的功能程序把教学内容变成软件，使学生可以在计算机上学习，使教学内容更加多样化、形象化，以取得更好的教学效果。

5）通信与网络

随着信息化社会的发展，通信业也发展迅速，计算机在通信领域的作用越来越大，特别是计算机网络的迅速发展。目前遍布全球的因特网（Internet）已把全地球上的大多数国家联系在一起。如网络远程教育，利用计算机辅助教学和计算机网络，在家里学习代替去学校、课堂这种传统教学方式已经在许多国家变成现实。

6）人工智能

人工智能（artificial intelligence，AI）是研究如何利用计算机模仿人的智能，并在计算机与控制论学科上发展起来的边缘学科。围绕 AI 的应用主要表现在机器人研究、专家系统、模式识别、智能检索、自然语言处理、机器翻译、定理证明等方面。

技能拓展

1. 用 Ctrl＋Alt＋Delete 组合键打开任务管理器

按下 Ctrl＋Alt＋Delete 组合键打开任务管理器，打开后的界面如图 1-1-15 所示。打开 Windows 任务管理器常用的操作有结束任务、结束进程、查看性能、启动或停止服务等。

（1）结束任务：当某些应用程序没有响应或无法关闭时可以在这里结束。例如，名字为"项目一　第一章"的 Word 文档无法关闭，可以选择此文件，然后单击"结束任务"按钮，如图 1-1-16 所示。

图 1-1-15　任务管理器

图 1-1-16　结束任务

（2）结束进程：当某个进程导致 CPU 或者内存占用较多，计算机性能变慢，并且这个进程不是系统必需的，可以结束，以释放 CPU 和内存。如图 1-1-17 所示为结束 TIM 进程。

图 1-1-17　结束进程

11

（3）查看性能：如图 1-1-18 所示，可以查看 CPU 使用情况及 CPU 使用记录。

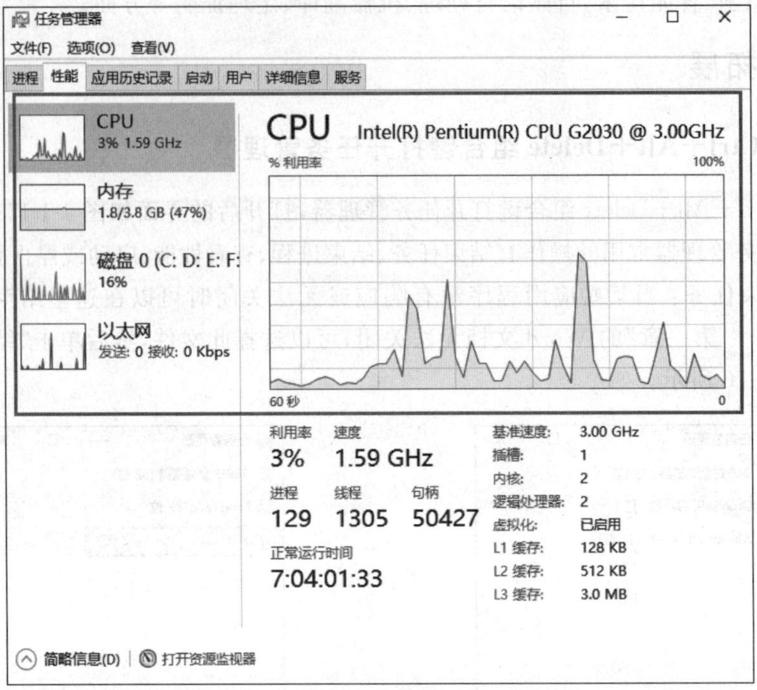

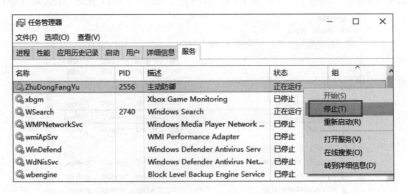

图 1-1-18　查看性能

（4）启动或者停止服务：如图 1-1-19 所示，选择一个状态为正在运行的服务后，右击并从快捷菜单中选择"停止"命令，可以停止服务；选择一个状态为已停止的服务并从右键快捷菜单中选择"重新启动"命令，可以启动服务。

图 1-1-19　停止正在运行的服务

2. 从任务栏打开任务管理器

将鼠标光标移动至任务栏，右击，选择"任务管理器"选项或者按 K 键，则可启动任务管理器，如图 1-2-20 所示。

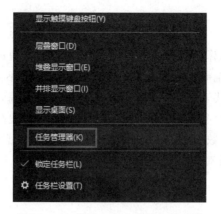

图 1-1-20 从任务栏启动任务管理器

任务总结

通过本子任务的实施,应掌握下列知识和技能。

- 了解计算机的分类与特点。
- 了解计算机的应用。
- 能正确开关机。

任务 1.2 计算机中的信息表示

子任务 1.2.1 什么是数据信息编码

任务描述

通过本子任务,大家会学习计算机处理信息前所做的编码工作,同时理解数据信息编码的概念和作用。

相关知识

由于计算机要处理的数据信息十分繁杂,有些数据信息所代表的含义又使人难以记忆。为了便于使用,容易记忆,常常要对加工处理的对象进行编码,用一个编码符号代表一条信息或一串数据。

1. 编码的概念

数据编码是指把需要加工处理的数据信息用特定的数字组合来表示的一种技术,是根据一定数据结构和目标的定性特征,将数据转换为代码或编码字符,在数据传输中表示数据组成,并作为传送、接收和处理的一组规则和约定。

13

2．编码的作用

对数据进行编码在计算机的管理中非常重要，可以方便地进行信息分类、校核、合计、检索等操作。因此，数据编码就成为计算机处理的关键。即不同的信息记录应当采用不同的编码，一个编码可以代表一条信息记录。人们可以利用编码来识别每一条记录，进行分类和校核，从而克服项目参差不齐的缺点，节省存储空间，提高处理速度。

计算机中的信息分为数值信息和非数值信息，非数值信息包括字符、图像、声音等。数值信息可以直接转换成对应的二进制数据，而非数值信息则需采用二进制数编码来表示。

3．信息的单位

为了衡量信息的量，人们规定了一些常用单位。

（1）位（bit）：位是二进制中一个数位，简称比特，可以是 0 或 1。它是计算机中的最小单位。

（2）字节（byte）：字节是计算机中最基本的单位，用 B 表示，1B＝8bit。相应的存储单位还有 KB（千字节）、MB（兆字节）、GB（吉字节）和 TB（太字节）。

（3）信息单位之间的换算关系：1KB＝1024B，1MB＝1024KB，1GB＝1024MB，1TB＝1024GB。

4．字符编码

数字、字母、通用符号和控制字符统称为字符。用来表示字符的二进制编码称为字符编码。微型计算机中常用的字符编码是 ASCII 码（American standard code for information interchange），即美国标准信息交换码。

ASCII 码是国际标准化组织指定的国际标准，称为 ISO 646 标准。目前有 7 位码和 8 位码两个标准。国际通用的 7 位 ASCII 码是采用 7 位二进制数字表示一个字符的编码，同时能表示 27（128）个字符，见表 1-2-1。例如，字符 A 的 ASCII 码为 1000001 对应十进制数字 65。标准的 ASCII 码采用了一个字节的低 7 位，扩充的 ASCII 码采用 8 位二进制数字表示一个字符，这套编码增加了许多外文和表格等特殊字符，成为目前最常用的编码，见表 1-2-1。

表 1-2-1　ASCII 码表

$b_6 b_5 b_4$ / $b_3 b_2 b_1 b_0$	000	001	010	011	100	101	110	111
0000	NUL	DLE	SP	0	@	P	`	p
0001	SOH	DC1	！	1	A	Q	a	q
0010	STX	DC2	"	2	B	R	b	r
0011	ETX	DC3	#	3	C	S	c	s
0100	EOT	DC4	$	4	D	T	d	t

续表

b₆b₅b₄ b₃b₂b₁b₀	000	001	010	011	100	101	110	111
0101	ENQ	NAK	%	5	E	U	e	u
0110	ACK	SYN	&.	6	F	V	f	v
0111	BEL	ETB	'	7	G	W	g	w
1000	BS	CAN	(	8	H	X	h	x
1001	HT	EM	)	9	I	Y	i	y
1010	LF	SUB	*	:	J	Z	j	z
1011	VT	ESC	+	;	K	[	k	{
1100	FF	FS	,	<	L	\	l	|
1101	CR	GS	—	=	M	]	m	}
1110	SO	RS	.	>	N	^	n	~
1111	SI	US	/	?	O	_	o	DEL

5. 汉字编码

在利用计算机处理汉字时,必须对汉字进行编码。汉字编码主要有以下几种。

1）汉字输入、输出码（机外码）

在汉字输入过程中,每个汉字对应一组由键盘符号构成的编码。常见的输入码有:数字编码（区位码）和拼音编码,汉字输出过程中使用的编码是字形编码。

2）数字编码（区位码）

数字编码就是用数字串代表一个汉字的输入,将国家标准局公布的的 6763 个两级汉字组成一个 94×94 的矩阵。每一行称为一个"区",每一列称为一个"位"。一个汉字的区号和位号合在一起构成"区位码",如"中"字位于第 54 区 48 位,区位码为 5448。因此,输入一个汉字需要按 4 个键。

3）字形码

字形码又称汉字字模,用于汉字的输出。所有汉字字形的集合称为汉字库。汉字的字形通常采用点阵的方式产生,点阵中的每一位都是一个二进制数字。常见的汉字点阵有 16×16 点阵、32×32 点阵、64×64 点阵。点阵不同,汉字字形码的长度也不同。点阵数越大,字形质量越高,字形码占用的字节数越多,如图 1-2-1 所示。

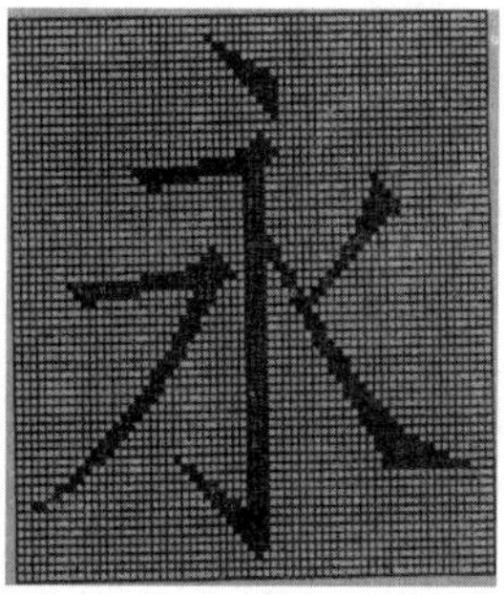

图 1-2-1　汉字字形码

4）国标码

国标码是指国家标准汉字编码。一般是指国家标准局 1981 年发布的《信息交换用汉字编码字符集（基本集）》,简称 GB 2312—1980。在这个集中,用两个字节的十六进制数字表示一个汉字,每个字节都只使用低 7 位。国标码收进 6763 个汉字、682 个符号,共 7445 个编码。其中一级汉字 3755 个,二级汉字 3008 个。一级汉字为常用字，按拼音顺序排列；二级汉字为次常用字，按部首排列。国标码主要用于信息交换。

5）汉字内码（机内码）

为了避免 ASCII 码和国标码同时使用产生二义性，大部分汉字系统一般都采用将国标码每个字节高位置 1 作为汉字内码。例如，汉字"大"的国标码是 3473H，则 3473H＋8080H＝B4F3H，得到汉字内码为 B4F3H。汉字内码主要用于计算机内部处理和存储汉字的代码。

各种汉字编码之间的关系如图 1-2-2 所示。

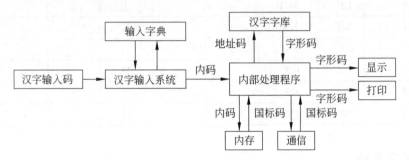

图 1-2-2　各种汉字编码之间的关系

任务实施

鼠标是计算机重要的输入设备之一，本子任务主要讲解鼠标的基本操作，在此之前先认识主流鼠标的组成。

1. 鼠标的组成

目前主流的鼠标如图 1-2-3 所示，为三键鼠标，由左键、右键、滚轮组成。

2. 鼠标的基本操作

鼠标的基本操作包括移动、单击、双击、右击、选择和拖动。在计算机中看到的光标，即为鼠标的运动轨迹。

图 1-2-3　主流鼠标

移动：在桌面或鼠标垫上移动鼠标。此时，计算机中的鼠标指针也会做相应移动。如图 1-2-4 所示，将鼠标指针从"开始位置"移动到了"结束位置"。

单击：当鼠标指针移动到某一图标上时，就可以使用单击操作来选择该图标。"单击"就是用食指按下鼠标左键，然后快速松开。对象被单击后，通常显示为高亮状态。该操作主要用来选定目标对象，选择菜单等。例如，单击"我的电脑"，该对象即为高亮状态，如图 1-2-5 所示。

16

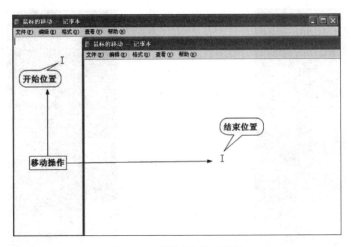

图 1-2-4 鼠标的移动操作

双击：用食指快速地按下鼠标左键两次，注意两次按下鼠标左键的间隔时间要短。该操作主要用来打开文件、文件夹、应用程序等。如双击桌面上的"我的电脑"图标，即可打开"我的电脑"窗口。

右击：右击即用中指快速按下鼠标右键并松开。该操作主要用来打开某些右键菜单或快捷菜单。如在桌面上空白处右击就可以打开快捷菜单，如图 1-2-6 所示。

图 1-2-5 鼠标的单击操作

图 1-2-6 鼠标的右击操作

选择：按下鼠标左键不放并拖动鼠标，这时出现一个虚线框，最后释放鼠标左键，这样在该虚线框中的对象都会被选中。该操作主要用来选择多个对象，如图 1-2-7 所示。

拖动：将鼠标光标移动到要拖动的对象上，按住鼠标左键不放，然后将该对象拖动到其他位置后再释放鼠标左键。该操作主要用来移动图标、窗口等，如图 1-2-8 所示。

17

图 1-2-7　鼠标选择操作　　　　　　　　图 1-2-8　鼠标拖动操作

知识拓展

1. 常见鼠标按接口分类

常见鼠标按接口类型有串行口（COM 口）鼠标、PS/2 鼠标、USB 鼠标（多为光电鼠标）三种。串行口鼠标（图 1-2-9）是通过串行口与计算机相连，有 9 针接口和 25 针接口两种。PS/2 鼠标（图 1-2-10）通过一个六针微型 DIN 接口与计算机相连，它与键盘的接口非常相似，使用时要注意区分。PS/2 接口设备不支持热插拔，强行带电插拔有可能烧毁主板。USB 鼠标（图 1-2-11）通过一个 USB 接口直接插在计算机的 USB 接口上。

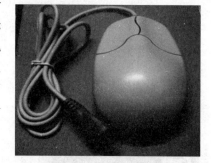

图 1-2-9　串行口鼠标

2. 常见鼠标指针形状及含义

在 Windows 系统中，鼠标指针在屏幕上显示的形状会根据用户不同的操作而发生变化。常见鼠标指针形状及其定义见表 1-2-2。

图 1-2-10　PS/2 接口鼠标

图 1-2-11　USB 鼠标

表 1-2-2　常见鼠标指针形状及含义

鼠标指标形状	含　义	鼠标指标形状	含　义
↳	正常选择	↕	垂直调整
↳?	帮助选择	↔	水平调整
↳°	后台运行	⤢	沿对角线调整 1
○	忙	⤡	沿对角线调整 2
＋	精确选择	✥	移动
Ⅰ	文本选择	↑	候选
✎	手写	👆	连接选择
⊘	不可用		

技能拓展

鼠标指针的样式可以根据个人使用习惯设置,下面将分别介绍系统自带的鼠标指针样式设置方法和下载的鼠标指针样式设置方法。

1. 系统自带的鼠标指针样式

(1) 单击屏幕左下角的"开始"菜单,选择"控制面板"命令,打开控制面板,如图 1-2-12 所示。

(2) 在打开的窗口中选择"鼠标"选项,如图 1-2-13 所示。

图 1-2-12　打开控制面板　　　　图 1-2-13　控制面板中的"鼠标"选项

(3) 比如在方案里选择"Windows 标准(大)(系统方案)"样式,单击"确定"按钮,即将鼠标样式修改为"Windows 标准(大)(系统方案)",如图 1-2-14 所示。更改后的鼠标样式如图 1-2-15 所示。

2. 自定义鼠标指针样式

(1) 在网络上下载一个鼠标指针样式文件,文件的扩展名为. ani。例如,下载的鼠标

图 1-2-14　选择鼠标样式

样式名为 working. ani，如图 1-2-16 所示。

图 1-2-15　修改后的鼠标样式

图 1-2-16　下载的鼠标样式

（2）双击桌面上"我的电脑"图标，在打开窗口的地址栏中输入 C：\ Windows \ Cursors，按 Enter 键，操作如图 1-2-17 所示，将打开"鼠标指针"文件夹。

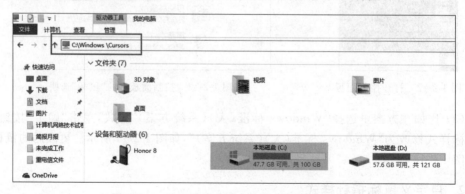

图 1-2-17　在地址栏中输入鼠标样式的目录地址

（3）将下载的鼠标样式文件 working.ani 拖动到打开的"鼠标指针"文件夹中,如图 1-2-18 所示。

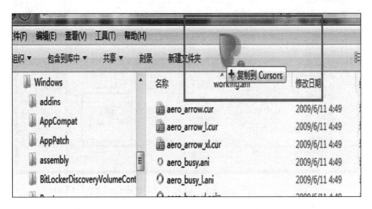

图 1-2-18　拖动下载的样式到"鼠标指针"文件夹中

（4）单击屏幕左下角的"开始"菜单,选择"控制面板"命令,在打开的"控制面板"窗口中选择"鼠标"选项,打开"鼠标属性"对话框的"指针"选项卡。单击"浏览"按钮,如图 1-2-19 所示,打开文件夹"C:\Windows\Cursors",找到鼠标指针样式文件 working.ani,单击选中该文件后再单击"打开"按钮,在返回的窗口中单击"确定"按钮,至此鼠标样式更改完毕,如图 1-2-20 所示。更改后的鼠标样式如图 1-2-21 所示。

图 1-2-19　单击"浏览"按钮

图 1-2-20　更改鼠标样式

图 1-2-21　更改后的鼠标样式

 任务总结

通过本子任务的实施,应掌握下列知识和技能。

- 了解编码的概念及其作用。
- 掌握信息单位及其换算方法。
- 了解字符编码及其标准。
- 了解汉字编码及其种类。
- 掌握鼠标的基本操作。

子任务 1.2.2　计算机中的数据表示

任务描述

通过本子任务,大家将学习什么是数制、数制的三要素、计算机中常用的数制、计算机中的数据表示等。

相关知识

数制的相关知识是学习计算机内部信息存储转换的基础。下面将详细讲解数制以及计算机中常用的数制。

1. 数制

数制就是计数的方法,它是进位计数制的简称,即按进位的原则进行计数。数制有三个要素:即数码、基、权。

数码：表示数的符号。例如，十进制数的全部数码为 0～9。

基：数码的个数。例如，十进制的基为 10。

权：数码所在位置标示数制的大小。例如，十进制数每一位的权值为 $10n$。

2. 计算机中常用的进制

计算机采用二进制表示数据和信息。在计算机科学中，为了书写方便，也经常采用八进制和十六进制数，因八进制数和十六进制数与二进制数之间的换算关系简单方便。由于十进制、二进制、八进制、十六进制的英文分别为 Decimal、Binary、Octal、Hexadecimal，经常也在十进制、二进制、八进制、十六进制数后面加 D、B、O、H 以示区分。十进制数是日常生活中用得最多的，如果一串数字不加任何进制标记，通常就认为是十进制数。

表 1-2-3 从数制的三要素方面分别认识十进制数、二进制数、八进制数和十六进制数。

表 1-2-3　常用的数制

数制	十进制	二进制	八进制	十六进制
数码	0～9	0～1	0～7	0～9,A～F
基	10	2	8	16
权	$10^0,10^1,\cdots,10^n$	$2^0,2^1,\cdots,2^n$	$8^0,8^1,\cdots,8^n$	$16^0,16^1,\cdots,16^n$
特点	逢十进一	逢二进一	逢八进一	逢十六进一
表示	十进制：$3874=3\times10^3+8\times10^2+7\times10^1+4\times10^0$			
	二进制：$11010=1\times2^4+1\times2^3+0\times2^2+1\times2^1+0\times2^0$			
	八进制：$4785=4\times8^3+7\times8^2+8\times8^1+5\times8^0$			
	十六进制：$3CB0=3\times16^3+12\times16^2+11\times16^1+0\times16^0$			

计算机内部采用二进制的原因如下。

（1）易于物理实现。具有两种稳定状态的物理器件容易实现，如电压的高低、开关的通断，这样的两种状态可以表示为二进制数字中的 0 和 1。

（2）运算规则简单。两个二进制数和、积运算组合各有 3 种，运算规则简单，有利于简化计算机内部结构，提高运算速度。

（3）适合逻辑运算。逻辑代数是逻辑运算的理论依据，二进制只有两个数字，正好与逻辑代数中的"真"和"假"相吻合。

（4）工作可靠。两个状态代表两个数字，数字传输和处理不容易出错，信号抗干扰性强。

任务实施

键盘是计算机非常重要的输入设备之一，依靠计算机完成的工作大多都离不开键盘输入。

1. 认识键盘

常用键盘的布局如图 1-2-22 所示，分为功能键区、状态指示区、主键盘区、编辑键区和辅助键区五大区。

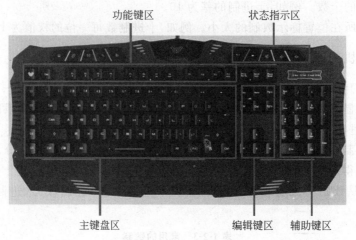

图 1-2-22　常用键盘布局

功能键区 F1～F12 的功能根据具体的操作系统或应用程序而定。

状态指示区的第一个 Num Lock 是数字灯,灯亮表示打开状态,此时可通过辅助键区的数字键输入数字;灯关则不能通过辅助键区输入数字,这个指示灯的状态可以通过辅助键区的第一个键 Num Lock 更改。状态指示区中间的 Caps Lock 是大小写状态指示灯,灯开只能输入大写字母,这个指示灯的状态可通过主键盘区 Caps Lock 键更改。最后一个 Scroll Lock 灯是滚动锁指示灯,灯亮表示滚动锁起作用,该指示灯的状态通过编辑键区上方中间的 Scroll Lock 键更改。

主键盘区是键盘输入使用最频繁的键盘区域。

编辑键区中包括插入字符键 Insert,删除当前光标位置后的字符键 Delete,将光标移至行首的 Home 键和将光标移至行尾的 End 键,向上翻页的 Page Up 键和向下翻页的 Page Down 键,以及上、下、左、右箭头键。

辅助键区(小键盘区,也称数字键盘区)有 9 个数字键,可用于数字的连续输入,用于大量输入数字的情况。

键盘中的某些键具有特殊功能,见表 1-2-4。

表 1-2-4　基本功能键的作用

键盘上的键名	中文键名	作　　　　用
Tab	制表键	用于输入制表符,可移动 8 个字符位
Caps Lock	字母锁定键	改变键盘 Caps Lock 指示灯状态。灯亮时,输入的字母为大写;灯灭时为小写。若输入状态为中文输入时,灯亮时输入大写字母,灯灭时输入中文
Shift	换档键	与其他键组合使用,可输入某键键面上端的字符。如单独按该数字键 1 时输入数字 1,按住 Shift 键后按此键则输入"！"

续表

键盘上的键名	中文键名	作　用
Ctrl	控制键	一般不单独使用,主要与其他键组合使用
Alt	变换键	
Space	空格键	输入空格
Enter	回车键	结束命令行;文字编辑中换行;菜单项的选取
Backspace	退格键	删除光标前一字符
Insert	插入键	切换插入状态与改写状态
Delete	删除键	删除光标后的字符
Num Lock	数字开关键	改变键盘 Num Lock 指示灯的状态,灯亮时可在数字键盘区输入数字
End	—	显示当前窗口的底端,光标回到屏幕最后一行字符上
Home	—	显示当前窗口的顶端,光标回到屏幕左上角

2. Windows 系统中的常用快捷键

Windows 系统中的快捷键较多,常用的有以下几种。掌握这些快捷键的使用方法可以更方便、快捷地操作计算机。

Ctrl＋A　全部选中当前页面的内容。

Ctrl＋C　复制当前选中的内容。

Ctrl＋F　打开"查找"面板。

Ctrl＋N　新建一个空白窗口。

Ctrl＋O　打开文件或文档等。

Ctrl＋P　打印。

Ctrl＋R　刷新当前页面。

Ctrl＋S　保存文件或文档等。

Ctrl＋V　粘贴当前剪贴板内的内容。

Ctrl＋X　剪切当前选中的内容(一般只用于文本操作)。

Ctrl＋Y　重做刚才的动作(一般只用于文本操作)。

Ctrl＋Z　撤销刚才的动作(一般只用于文本操作)。

知识拓展

键盘已经成为计算机必备的输入设备之一,键盘是如何来的? 现在使用的计算机键盘最左上端键依次为 Q、W、E、R、T,故称 QWERT 键盘。QWERT 键盘的发明者叫克里斯托夫·肖尔斯(C. Sholes)。肖尔斯在好友索尔协助下,曾研制出页码编号机,并获得发明专利。1860 年,他们进一步制成了打字机原型。然而,肖尔斯发现只要打字速度稍快,他的机器就不能正常工作。按照常规,肖尔斯把 26 个英文字母按 A、B、C、D、E、F 的顺序排列在键盘上,为了使打出的字迹一个挨一个,按键不能相距太远。在这种情况下,只要手指的动作稍快，连接按键的金属杆就会相互产生干涉。为了克服干涉现象，肖尔斯重新安排了字母键的位置，把常用字母的间距尽可能排列远一些（也就是现在我们所使用的QWERT 键盘布局），延长手指移动的过程。1868 年 6 月 23 日，美国专利局正式接受肖尔斯、格利登和索尔共同注册的打字机发明专利。

肖尔斯发明的 QWERT 键盘字母排列方式缺点也很多。例如，英文中 10 个最常用的字母就有 8 个离规定的手指位置太远，不利于提高打字速度；此外，键盘上需要用左手打入的字母排放过多，因一般人都是"右撇子"，英语里也只有 3000 多个单词能用左手打，所以用起来十分别扭。有人曾做过统计，使用 QWERT 键盘，一个熟练的打字员 8 小时内手指移动的距离长达 25.7km。然而，习惯成自然，QWERT 键盘今天仍是计算机键盘"事实上"的标准。虽然 1932 年华盛顿大学教授奥古斯特·多芙拉克（A. Dvorak）设计出键位排列更科学的 DVORAK 键盘，但始终得不到普及。

技能拓展

使用键盘打字之前一定要端正坐姿，并要养成良好的习惯。如果坐姿不正确，不仅影响打字速度的提高，而且还会很容易疲劳，长期用不良坐姿打字和操作计算机，可能导致身体病变。

正确的坐姿应该是：两脚平放，腰部挺直，两臂自然下垂，两肘贴于腋边。身体可略倾斜，离键盘的距离为 20～30cm。打字时若有手写或印刷文稿，将文稿放在键盘左边，打字时眼观文稿，切记眼观文稿时身体不要跟着倾斜。

打字时手在键盘上的姿势如图 1-2-23 所示，后面项目将详细介绍打字部分的内容。

图 1-2-23　打字时手的姿势

任务总结

通过本子任务的实施，应掌握下列知识和技能。

- 了解十进制、二进制、八进制和十六进制的数码、基和权。

- 了解常用键盘的布局分区。
- 了解基本功能键的作用与方法。
- 掌握 Windows 系统中常用的快捷键。

子任务 1.2.3 数制的转换

任务描述

通过本子任务,学生要掌握常见的数制之间互相转换的规则,并能准确、快速地完成各种数制之间的相互转换。

相关知识

常用的数制有十进制、二进制、八进制和十六进制,这些数制之间存在转换关系。常见的数制及其转换关系是学习计算机基础必须掌握的重要内容,如图 1-2-24 所示。

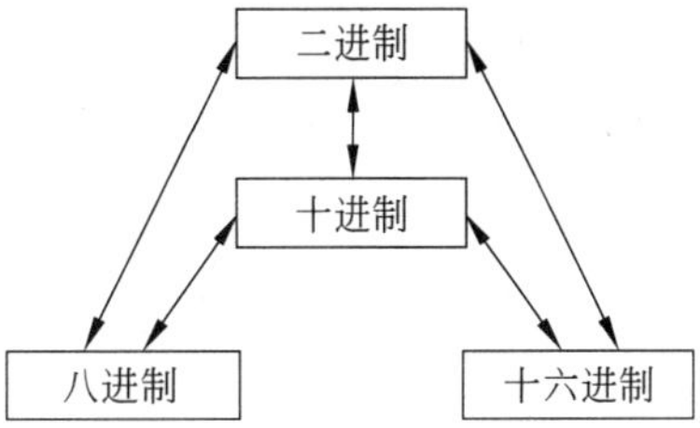

图 1-2-24　进制转换关系

基本概念:如果采用的数制有 r 个基本符号,则称为基 r 数制,简称 r 进制。

r 进制数的特点:逢 r 进一,借一当 r。

1. r 进制转换成十进制(r 可以是二、八、十六)

方法:利用按权展开公式(每个数字乘以它的权,再以十进制的方法相加)。

基数:r。

权:基数的若干次幂。一个数可按权展开成为多项式。

【例 1-2-1】 把二进制数$(1010.01)_2$转换成十进制数。

$$(1010.01)_2 = 1 \times 2^3 + 0 \times 2^2 + 1 \times 2^1 + 0 \times 2^0 + 0 \times 2^{-1} + 1 \times 2^{-2} = (10.25)_{10}$$

【例 1-2-2】 把八进制数$(2670.2)_8$转换成十进制数。

$$(2670.2)_8 = 2 \times 8^3 + 6 \times 8^2 + 7 \times 8^1 + 0 \times 8^0 + 2 \times 8^{-1} = (1464.25)_{10}$$

【例 1-2-3】 把十六进制数$(2D3B)_{16}$转换成十进制数。

$$(2D3B)_{16} = 2 \times 16^3 + 13 \times 16^2 + 3 \times 16^1 + 11 \times 16^0 = (11579)_{10}$$

2. 十进制数转换成 r 进制数(r 可以是二、八、十六或任意值)

方法如下。

(1) 整数部分:除 r 求余,直到商为零。先余为低位,后余为高位。

(2) 小数部分:乘 r 取整,直到小数位为零。先整为高位,后整为低位。

【例 1-2-4】 将十进制数$(91.453)_{10}$转换成二进制数。

27

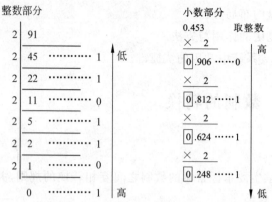

结果为 $(91.453)_{10} = (1011011.0111)_2$

【例 1-2-5】 将十进制数 $(100)_{10}$ 转换成八进制数和十六进制数。

$$
\begin{array}{r|l}
8 & 100 \\
\hline
8 & 12 \quad 4 \\
\hline
8 & 1 \quad 4 \\
\hline
 & 0 \quad 1
\end{array}
\qquad
\begin{array}{r|l}
16 & 100 \\
\hline
16 & 6 \quad 4 \\
\hline
 & 0 \quad 6
\end{array}
$$

结果为 $(100)_{10} = (144)_8 = (64)_{16}$

3. 二进制与八进制和十六进制的相互转换

由于 2 的 3 次幂等于 8,所以每个八进制数字可以由 3 个二进制数字表示。2 的 4 次幂等于 16,所以每个十六进制数字可以由 4 个二进制数字表示。表 1-2-5 为十进制、二进制、八进制与十六进制相互转换对照表。

表 1-2-5　十进制、二进制、八进制与十六进制相互转换对照表

十进制	二进制	八进制	十六进制	十进制	二进制	八进制	十六进制
0	000	0	0	8	1000	10	8
1	001	1	1	9	1001	11	9
2	010	2	2	10	1010	12	A
3	011	3	3	11	1011	13	B
4	100	4	4	12	1100	14	C
5	101	5	5	13	1101	15	D
6	110	6	6	14	1110	16	E
7	111	7	7	15	1111	17	F

（1）一位八进制数对应 3 位二进制数。

【例 1-2-6】 将八进制数 144(O)转换成二进制数。

$$144(O) = \underline{001100}.\underline{100}(B)$$

（2）一位十六进制数对应 4 位二进制数。

【例 1-2-7】 将十六进制数 64(H)转换成二进制数。

$$64(H) = \underline{01100100}(B)$$

（3）二进制转化成八（十六）进制，以小数点为基准。整数部分：从右向左按 3（4）位进行分组；小数部分：从左向右按 3（4）位进行分组，如位数不足则补 0。

【例 1-2-8】　将二进制数 1101101110.110101（B）转换成八进制数和十六进制数。

$$\underline{001}\underline{101}\underline{101}\underline{110}.\underline{110}\underline{101}(B)=1556.65(O)$$

$$\underline{0011}\underline{0110}\underline{1110}.\underline{1101}\underline{0100}(B)=36E.D4(H)$$

任务实施

1. 中文输入法及输入技巧

中文输入法按照编码方式主要采用音码、形码、音形码三类。音码输入法也就是拼音输入法，常用的有全拼输入法、智能 ABC、微软拼音输入法，近年来流行的有搜狗拼音输入法、谷歌拼音输入法、QQ 拼音输入法等。而形码输入法主要是五笔输入法，常用的五笔输入法有智能陈桥五笔、搜狗五笔输入法、极点五笔、QQ 五笔等。

用拼音输入法输入汉字非常简单，只需要在该输入法的状态下按照汉字的拼音顺序输入键盘上的相应键位，然后按照输入法的提示选择所需汉字对应的数字即可输入。而五笔输入法的学习相对来说困难一些，将在后面进一步学习。

要快速准确地输入汉字，一般要注意三个问题：一是通过训练掌握键盘"盲打"技能；二是选择一种功能齐全并适合自己的输入方法，并且能够掌握好所用输入法的各项设置；三是要养成词组输入的习惯。

2. 输入法状态条

在 Windows 10 系统中，默认提供了几种中文输入法，选择其中某个输入法（输入法的切换）的方法是：同时按住 Ctrl 键和 Space 键可在中文输入法和英文输入法之间切换；同时按住 Ctrl 键和 Shift 键可在不同输入法中切换。切换到某种输入法后，屏幕会出现该输入法的状态条，如图 1-2-25 所示是搜狗拼音输入法的状态条。

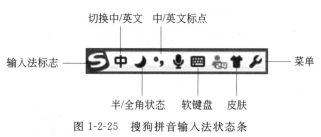

图 1-2-25　搜狗拼音输入法状态条

在输入法状态条上有两个重要的提示状态标志：一是全/半角状态指示，该指示有两种状态，一种状态是"半月"模式，此时输入法为半角状态，输入的英文字母、阿拉伯数字只占半个汉字的位置；另一种状态为"满月"模式，此时输入法为全角状态，输入的英文字母、阿拉伯数字占一个汉字的位置。二是中/英标点指示，该指示上的句号和逗号显示为空心时，为中文标点状态，此时输入的标点为中文标点，符合中文书写规范；若该指示上的句号和逗号显示为实心时，为英文标点状态，此时输入的标点为英文标点，符合英文书写规范。

单击这两个状态指示,可以切换它们的状态模式。

知识拓展

1. 如何选择拼音输入法

提高拼音输入法输入汉字速度的关键是提高输入的效率,因此,衡量拼音输入法好与差主要是看输入法提高输入效率的功能是否丰富。同时用户在选择输入法时,还要考虑所选输入法是否符合自己的操作习惯。有些地方有惯用的方言,经常 c 和 ch 或者前鼻音和后鼻音混淆,可根据这些特点选择具有模糊音匹配功能的输入法以提高输入汉字的速度。

2. 流行输入法简介

1) 搜狗拼音输入法

搜狗拼音输入法的主要特点:支持简拼、双拼、模糊音、拼音纠错、网址与邮件输入模式、自定义短语等功能,词库中收录互联网流行词汇且首选词准确率高,功能丰富,能够快速输入特殊符号,快速输入时间,智能删除误造错词,自动纠错(如自动将 ign 更正为 ing),外观漂亮。号称"新一代的网络输入法"。

支持简拼、双拼、模糊音、拼音纠错、网址与邮件输入模式、自定义短语等功能。

2) 五笔字型

五笔字型的重码率低,在熟练掌握五笔字型的字根后,能准确、快速地输入汉字。

技能拓展

某些特殊的字符和标点用键盘无法直接输入,则可以利用输入法的软键盘来完成特殊字符的输入。如在使用搜狗拼音输入法时,单击输入法状态栏上的 ▦ 按钮(软键盘),选择打开软键盘(图 1-2-26),单击软键盘上所需的字符,则可直接将其输入光标所在位置。再单击一次输入法状态栏上的 ▦ 按钮,则关闭软键盘。

如果右击软键盘按钮,右键菜单上可以列出软键盘的不同类型,如图 1-2-27 所示,在该菜单上单击需要的软键盘类型,可以有选择地打开不同的软键盘。

图 1-2-26　输入法软键盘　　　　图 1-2-27　右击"软键盘"后的弹出菜单

任务总结

通过本子任务的实施,应掌握下列知识和技能。

- 十进制、二进制、八进制及十六进制的转换规则及相互转换的方法。
- 能利用输入法软键盘输入汉字。
- 至少熟练掌握一种中文输入法。

子任务 1.2.4　计算机中数据存储的概念

任务描述

通过本子任务,学生将学习到信息技术、信息产业以及计算机存储的概念。

相关知识

1. 信息技术概念

信息技术就是指以计算机技术与网络通信技术为核心,用以设计、开发、利用、管理、评价一系列信息加工处理的电子技术。信息技术是指信息存储技术、输入/输出技术、信息处理技术、通信(网络)技术等。

2. 冯·诺依曼计算机中存储器的基本工作原理

"存储程序"的工作原理是由美籍匈牙利数学家冯·诺依曼于 1946 年提出的,内容如下。

(1) 数据和指令以二进制方式表示,存入存储器中。

(2) 控制器能够将程序自动读出并自动执行。

计算机是利用存储器(内存)来存放所要执行的程序,CPU 依次从存储器中取出程序中的每一条指令并加以分析和执行,直至完成全部指令任务为止。

3. 计算机存储器是计算的重要组成部分

计算机存储器可分为内部存储器和外部存储器。

1) 计算机的内部存储器(简称内存)

内存一般用半导体制成,通过电路与 CPU 相连,用来存放当前运行的程序、待处理的数据以及运算结果。它可直接与 CPU 进行数据交换,存储速度快。

内存储器的分类如下。

- 只读存储器(read only memory):简称 ROM。CPU 对它们只取不存,用于永久存储特殊的专用数据。例如,BIOS(basic input/output system)芯片(快速电擦除可编程只读存储器,即闪存)在启动计算机时负责通电时的自检(显卡、RAM、键盘、驱动器),并把磁盘中的部分操作系统文件(内含基本输入/输出设备的驱动程序）调入 RAM。

- 随机读写存储器（random access memory）：简称 RAM。CPU 对它们可存可取，可分为 SRAM 和 DRAM，是内存的主要部分。内存条主要由 DRAM 构成，一旦切断计算机的电源（关机或事故），其中的所有数据便随即丢失。
- 特殊存储器：一般为 CMOS 芯片，用来存放机器系统配置的基本信息（如时间、日期等）。用户可进入 CMOS setup 程序来修改其中的信息，关机后由电池供电以保持其中的信息。

2）计算机的外部存储器（简称外存）

外存容量比内存大，可移动。它可分为磁盘（硬盘和软盘）、光盘、磁带等。

- 软盘：常见的有 5.25 英寸和 3.5 英寸两种尺寸的软盘，现在已很少用。
- 硬盘（温盘）：由若干硬盘片组成的盘片组，且存储介质与驱动机构密封在同一盘体内。
- CD（compact disc）光盘：即 CD-ROM，是一次写入的只读光盘。存储容量大约为 650MB。数据传输率为单倍速、4 倍速、8 倍速、12 倍速、24 倍速等。
- DVD 光盘（digital versatile disc）：单面单层容量为 4.7GB，单面双层容量为 8.5GB，双面双层容量为 17GB。
- U 盘：采用 flash memory（也称闪存）存储技术的 USB 设备，支持即插即用。

任务实施

硬盘是系统中极为重要的设备，存储着大量的用户资料和信息。

硬盘主要包括：磁盘、磁头、盘片主轴、磁头控制器、串行接口、空气过滤片等几部分，如图 1-2-28 所示。

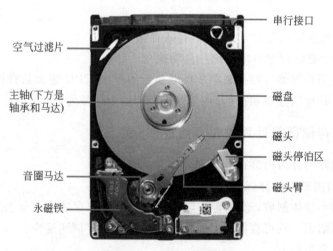

图 1-2-28　硬盘基本构造

硬盘的主要性能参数如下。

（1）硬盘容量：硬盘内部往往有多个叠起来的磁盘片，所以，硬盘容量＝单碟容量×碟片数，单位为 GB。

（2）转速：是指硬盘内电机主轴的旋转速度，也就是硬盘盘片在一分钟内所能完成的最大转数。

（3）平均访问时间：是指磁头从起始位置到达目标磁道位置，并且从目标磁道上找到要读写的数据扇区所需的时间。

（4）传输速率：硬盘的数据传输率是指硬盘读写数据的速度，单位为兆字节每秒（MB/s）。

（5）缓存：是硬盘控制器上的一块内存芯片，具有极快的存取速度，它是硬盘内部存储和外界接口之间的缓冲器。

（6）硬盘接口：包括数据接口和电源接口。根据数据接口的不同，大致分为 ATA（IDE）、SATA、SCSI 和 SAS。

知识拓展

固态硬盘的选购的方法介绍如下。

1．查看存储单元

（1）一般固态硬盘使用 MLC 作为存储单元，这样的硬盘寿命为 5～10 年，足够日常生活中使用（读写次数为 3000 次以上）。

（2）另一种使用 SLC 作为存储单元，价格较高，但使用年限变得更久（读写次数为 100000 次以上）。

（3）最后一种就是要避免购买的 TLC 单元，这样的固态硬盘只有 500 次左右的读写次数，而且速度比前两种都慢。

2．接口

固态硬盘接口分以下三种。

（1）mSATA 接口：这种接口的固态硬盘其实只是作为系统加速用的加速盘，已经脱离了传统硬盘的使用功能。

（2）SATA 2/3 接口：这是机械硬盘使用的传统接口，一般大部分的硬盘都是使用这种接口。

（3）PCI-E 接口：这种接口都是高端硬盘使用，相对于 SATA 接口速度更快，不过由于价高而导致使用的人并不多。

3．移动硬盘的选购

（1）容量是我们选购移动硬盘时首先考虑的问题，目前主流的大容量硬盘 500GB 和 1TB 都是比较适用的。

（2）移动硬盘的大容量，应该特别注意该产品的数据传输速率。现在市场上有 USB 1.0、USB 2.0、SATA、IEEE 1394、USB 3.0 几种。国内外的几大知名厂家基本上都采用了 USB 3.0 的接口，传输速率可以高达 100Mbps。

（3）当我们了解了移动硬盘的主要技术性能之后，外观的制作也是必须考虑的一个因素。由于移动硬盘在携带过程中不可避免地要发生碰撞，因此，建议尽量选购金属外壳的产品。而且金属外壳的质感和光泽都是其他材料所无法比拟的。

技能拓展

五笔字型输入法具有重码率低的特点，掌握好五笔字型输入法能迅速提高打字的速度。

五笔字型输入法打字训练方法如下。

（1）看字根。五笔字型输入法字根图如图 1-2-29 所示，首先大脑中建立初步印象：哪些笔画组合是字根。可以结合汉字书写的偏旁、部首来比较记忆。

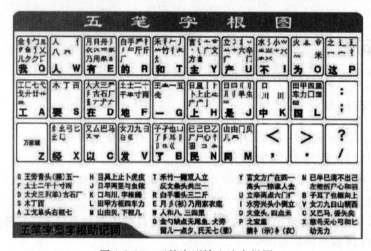

图 1-2-29　五笔字型输入法字根图

（2）记键盘分区。但要能根据键盘分区规律很快推断出每个键位的区位号。

（3）记字根。总规律：按照字根自然书写的第一笔布局，如第一笔是横的字根，一定在第一区；第一笔是竖的字根，一定布局在第二区。

（4）看字及拆字训练。随便取一个汉字，先判断它是否成字的字根，如果是，则不用拆分。

（5）打字训练。可以用两种方法训练，一是利用金山打字通软件的五笔练习中的"文章练习"来训练；二是直接在办公软件中或者是聊天窗口中输入文字来练习。

在实际输入汉字的过程中，要么是输入一段文章，要么是输入一句完整的话，很少有单独输入某个汉字的情况，因此，在学习五笔字型输入法的最初就要养成整句输入的习惯。

要学好五笔字型输入法，需要课后付出更多努力。图 1-2-30 给出了一级简码字表。

图 1-2-30　一级简码字表

任务总结

通过本子任务的实施,应掌握下列知识和技能。

- 了解信息技术、信息产业以及计算机存储的概念。
- 了解计算机的内外部存储器及硬盘的主要参数。
- 熟悉五笔字型输入法。

任务 1.3 计算机的组成

子任务 1.3.1 了解完整的计算机系统

任务描述

计算机的功能很强大,能完成强大功能的计算机系统由什么组成?通过本子任务,学生将学习计算机系统的组成及计算机各部件的功能与主要性能指标。

相关知识

任何一个计算机系统都是由硬件系统和软件系统组成的。硬件是指组成一台计算机的能看得见、摸得着的各种物理装置,包括运算器、控制器、存储器、输入设备和输出设备五大部分。这五大部分是用各种总线连接为一体的。硬件是各种软件赖以运行和实现的物质基础。软件是指能在硬件系统上运行的各种程序等。软件包括系统软件和应用软件两大部分。计算机系统的组成如图 1-3-1 所示。

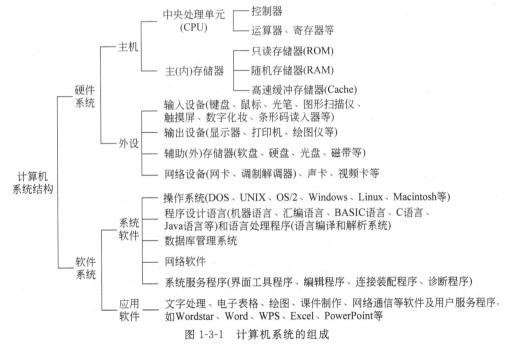

图 1-3-1　计算机系统的组成

　　按照冯·诺依曼存储程序的原理,计算机在执行程序时须先将要执行的相关程序和数据放入内存储器中,在执行程序时 CPU 根据当前程序指针寄存器的内容取出指令并执行指令,然后再取出下一条指令并执行,如此循环下去,直到程序结束指令时才停止执行。其工作过程就是不断地取指令和执行指令的过程,最后将计算的结果放入指令指定的存储器地址中。计算机工作过程中所要涉及的计算机硬件部件有内存储器、指令寄存器、指令译码器、计算器、控制器、运算器和输入/输出设备等。计算机的基本工作流程如图 1-3-2 所示。

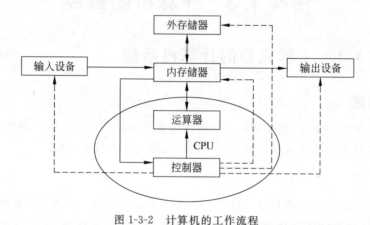

图 1-3-2　计算机的工作流程

1. 计算机硬件系统

计算机硬件系统主要包括以下方面。

1) 运算器

运算器是计算机数据形成信息的加工厂,它的主要功能是对二进制数码进行算术运算或逻辑运算,所以也称它为算术逻辑部件(ALU)。参加运算的数据全部是在控制器的统一指挥下,从内存储器中取到运算器里,绝大多数运算任务都是由运算器完成。

2) 控制器

控制器是计算机的神经中枢,由它指挥计算机的各个部件自动、协调地工作。

3) 存储器

存储器是有记忆功能的部件,可将用户编好的程序和数据及中间运算结果存入其中。当程序执行时,由控制器将程序从存储器中逐条取出并执行,执行的中间结果又存储到存储器,所以存储器的作用就是存储程序和数据。

存储器一般可分为内存储器和外存储器,也分别简称为内存和外存。内存储器一般都是由半导体器件组成,又分为随机存储器(RAM)和只读存储器(ROM)两种。

随机存储器(RAM)用于存储当前正在运行的程序、各种数据及其运行的中间结果。数据可以随时读入和输出。由于信息是通过电信号写入这种内存的,因此,这些数据不能永久保存,在计算机断电后,RAM 中的信息就会丢失。

只读存储器(ROM)中的信息只能读出而不能随意写入,也称固件。ROM 中的信息是厂家在制造时用特殊方法写入的,用户不能修改,断电后信息不会丢失。ROM 中的信息一般都是比较重要的数据或程序。

4)输入设备

输入设备的主要作用是把准备好的数据、程序等信息转变为计算机能接收的电信号送入计算机。目前常用的输入设备有键盘、鼠标、扫描仪等。

5)输出设备

输出设备的主要功能是把计算机的运算结果或工作过程以人们要求的直观形式表现出来。常见的输出设备有显示器、打印机、绘图仪等。

2. 计算机软件系统

计算机软件系统主要分为以下两种。

1)系统软件

系统软件是指面向计算机管理的、支持应用软件开发和运行的软件。系统软件的通用性很强。系统软件一般由计算机生产厂家提供,其目的是最大限度地发挥计算机的作用,充分利用计算机资源,便于用户使用和维护。

2)应用软件

应用软件一般是指用户在各自的应用领域中为解决各种实际问题而开发编制的程序,比如 Photoshop、Word 等。

任务实施

1. 计算机连接的主要步骤

(1)连接主机电源线。
(2)连接主机和显示器间的接线。
(3)连接显示器的电源线。
(4)接好鼠标和键盘线。
(5)以上所有接线完成后,将主机和显示器与电源接通,计算机就可以正常开机。

2. 连接计算机时的注意事项

在接线过程中始终与电源线保持断开状态,直到所有的接线工程完成后才将主机和显示器与电源相连。计算机的主机和显示器连接电源后,如果接线不对或接触不良,需要拔出某些接线,请先确保计算机与电源已经断开连接。

知识拓展

计算机操作系统的种类较多,下面介绍几类常见的操作系统。

1. MS-DOS

MS-DOS 是 Microsoft Disk Operating System 的简称，由美国微软公司提供的 DOS 操作系统。在 Windows 95 以前，DOS 是 IBM PC 及兼容机中的最基本配备，而 MS-DOS 则是个人计算机中最普遍使用的 DOS 操作系统之一。在当前的 Windows 10 系统下按下快捷键 Windows＋R，在打开的"运行"对话框中输入 cmd，即可以看到 DOS 操作界面。

2. UNIX

UNIX 是一个强大的多用户、多任务操作系统，支持多种处理器架构，最早由 Ken Thompson、Dennis Ritchie 和 Douglas Mcllroy 于 1969 年在 AT&T（American Telephone & Telegraph 的缩写，美国电话电报公司）的贝尔实验室开发。

3. Linux

Linux 是一种自由和开放源码的类 UNIX 操作系统，存在着许多不同的 Linux 版本，但它们都使用了 Linux 内核。Linux 是一个领先的操作系统，世界上运算最快的 10 台超级计算机运行的都是 Linux 操作系统。严格来讲，Linux 这个词本身只表示 Linux 内核，但实际上人们已经习惯了用 Linux 来形容整个基于 Linux 内核，并且使用 GNU 工程各种工具和数据库的操作系统。Linux 得名于天才程序员 Linus Torvalds。

4. Windows

Windows 操作系统是一款由美国微软公司开发的窗口化操作系统。现在使用的计算机大都是 Windows 操作系统。Windows 操作系统采用了 GUI 图形化操作模式，比起从前的指令操作系统如 DOS 更为人性化。Windows 操作系统是目前世界上使用最广泛的操作系统。目前最新的版本是 Windows 10。

技能拓展

使用计算机完成的任务根据用户不同会有所差异，很多情况下需要借助其他应用软件，当任务完成后，为节省计算机磁盘空间等，需要卸载某些不需要的应用软件。下面将讲解软件的卸载步骤。

（1）选择 Windows 桌面左下角的"开始"菜单，选择"控制面板"选项，打开控制面板，如图 1-3-3 所示。

（2）选择"程序"，如图 1-3-4 所示。

（3）打开"程序和功能"界面，如图 1-3-5 所示，"名称"栏罗列出了系统中安装的软件，如果想卸载某款软件，找到这款软件后右击，再选择"卸载/更改"命令即可。

图 1-3-3　打开控制面板

图 1-3-4 选择"程序"

图 1-3-5 "程序和功能"界面

![任务总结] 任务总结

通过本子任务的实施,应掌握下列知识和技能。

- 了解完整的计算机系统组成。
- 能正确连接一台计算机。
- 掌握在计算机的控制面板查看本机安装的软件以及卸载软件的方法。

子任务1.3.2 计算机硬件系统的组成和功能

![任务描述] 任务描述

通过本子任务,学生将学习计算机硬件的组成、计算机部件以及计算机各部件的作用。

![相关知识] 相关知识

从外观上来看,微型计算机通常由主机、显示器、键盘、鼠标组成,还可以增加一些外部设备,如打印机、扫描仪、音响设备等。

1. 主机内部

在计算机内部主要的硬件设备有主板、CPU、内存条、硬盘、光盘及光盘驱动器、声卡、网卡等。

1）主板

主板（motherboard）又称系统板或母板，它是一块控制和驱动微机的电路板，也是CPU与其他部件联系的桥梁，如图 1-3-6 所示。微型计算机的性能主要由主板的性能决定。

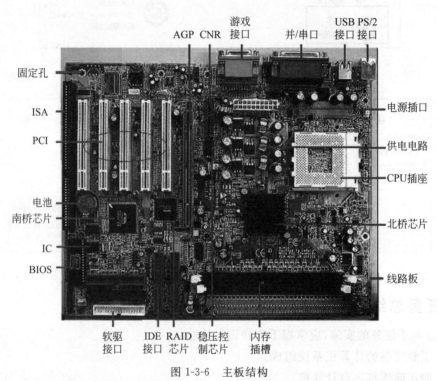

图 1-3-6　主板结构

2）CPU

CPU 即英文 central processing unit 首字母的简称，也就是中央处理器。CPU 是微型计算机的核心部件，主要由运算器和控制器构成，并采用大规模集成电路工艺制成的芯片，又称微处理器芯片。

CPU 的功能主要是解释计算机指令以及处理计算机软件中的数据。CPU 由运算器、控制器和寄存器及实现它们之间联系的数据、控制及状态的总线构成。差不多所有的CPU 的运作原理可分为四个阶段：提取（fetch）、解码（decode）、执行（execute）和写回（write back）。CPU 从存储器或高速缓冲存储器中取出指令，放入指令寄存器，并对指令译码，再执行指令。

3）内存条

内存条是将多个存储芯片并列焊接在一块电路板上构成内存组，如图 1-3-7 所示。

在微型计算机中,内存主要是指 RAM,RAM 存储器又分为静态 RAM 和动态 RAM。其类型有 SDRAM、RDRAM、DDR、DDR2、DDR3 和 DDR4 六种。其中 SDRAM 内存规格已不再发展,处于被淘汰的行列。

4)硬盘

硬盘是微型计算机的外部存储器,用来长期存储大量的信息。硬盘由硬盘片、硬盘驱动器和接口构成,硬盘内的硬盘片有若干张,每一片硬盘片是一个涂有磁性材料的铝合金圆盘片,每个盘片上下两面各有一个读写磁头,磁头传动装置将磁头快速而准确地移动到指定的磁道。硬盘与硬盘驱动器一起固定安装在主机内,如图 1-3-8 所示。

图 1-3-7　内存条　　　　　　　　　　图 1-3-8　硬盘及硬盘驱动器

不同的硬盘接口决定着硬盘与计算机之间的连接速度,常见的硬盘接口分为 IDE、SCSI、SATA、USB 和光纤通道五种。IDE 接口硬盘多用于家用产品中,也部分应用于服务器;SCSI 接口的硬盘则主要应用于服务器市场;SATA 是一种较新的硬盘接口类型,并逐步取代 IDE 接口;USB 接口的硬盘常常被用作移动硬盘;光纤通道只在高端服务器上,价格昂贵。

5)光盘及光盘驱动器

光盘是一种可移动存储器,存储容量大、价格便宜,是多媒体软件的主要载体。光盘分为只读型光盘(CD-ROM、DVD-ROM),只写一次性光盘(CD-R、DVD-R)和可擦写型光盘(CD-RW、DVD-RW),如图 1-3-9 所示。

图 1-3-9　CD-R 光盘

光盘驱动器是用来读写光盘的设备,简称光驱。光盘驱动器分为只读型光驱和刻录机(可擦可写型光驱)。只读光驱又分为 CD-ROM 光驱和 DVD-ROM 光驱,其中 CD-ROM 光驱只能读取 CD-ROM 光盘。刻录机又分为 CD 刻录机和 DVD 刻录机,其中 CD 刻录机只能读写 CD-ROM 光盘。

6)声卡

声卡是多媒体计算机的主要部件之一,它由记录和播放声音所需的硬件构成。其作用是从话筒中获取声音,经过模/数转换器对声音进行采样得到数字信息,这些数字信息可以存储到计算机中。在播放声音时,再把这些数字信息经数/模转换器以同样的采样频率还原为模拟信号,以音频形式输出。

7)网卡

网卡(network interface card,NIC)又称网络适配器,是连接计算机和网络硬件的设备。网卡一端插在微型计算机主板的扩展槽上，另一端与网络传输介质相连。常用的网络传输介质有双绞线、同轴电缆、光纤。目前市场上主流网卡生产厂家有 3COM、TP-Link、D-Link、Relteak 等。

2. 外设

1）闪存盘及移动硬盘

闪存盘又称 U 盘，采用半导体存储介质存储信息，通过 USB 接口连入微型计算机。其最大特点是可以热插拔，携带方便，容量大，如图 1-3-10 所示。

移动硬盘，顾名思义是以硬盘为存储介质，强调便携性的存储产品。移动硬盘多采用 USB、IEEE 1394、SATA 等传输速度较快的接口，可以较高的速度与系统进行数据传输，如图 1-3-11 所示。

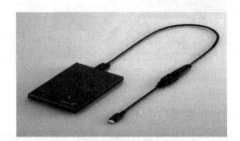

图 1-3-10　U 盘　　　　　　　　　　　图 1-3-11　移动硬盘

2）显示器与显卡

显示器按其工作原理分为四种类型，比较常见的是阴极射线管显示器（CRT）和液晶显示器（LCD），另外还有等离子体显示器（PDP）和真空荧光显示器（VFD）。后两种还未广泛应用。

显卡是 CPU 与显示器之间的接口电路（显示适配器），也就是现在通常所说的图形加速卡，它的基本作用就是将 CPU 送出的数据转换成显示器可以接收的信号。其主要性能指标是图形处理芯片，目前的图形处理芯片都已经具有 2D、3D 图形处理能力。市场上主要的显卡芯片生产厂家有 NVIDIA、ATI、Matrox 和 3DFX。

3）键盘与鼠标

键盘是微型计算机最常用的输入设备之一，主要采用 PS/2 接口或 USB 接口。鼠标因其外观像一只拖着长尾巴的老鼠而得名，它是微型计算机最常用的输入设备之一，主要采用 PS/2 接口和 USB 接口，按其工作方式分为滚轮式和光电式等类型。键盘和鼠标前面已经介绍过，在这里不详细介绍。

4）扫描仪

图像扫描仪（image scanner）简称扫描仪。其主要作用是将图片、照片、各类图纸图形以及文稿资料输入计算机中，进而实现对这些图像信息的处理、管理、使用和输出。扫描仪的类型一般有台式扫描仪、手持式扫描仪和滚筒式扫描仪，如图 1-3-12 所示。

5) 打印机

打印机是在计算机的控制下,快速、准确地输出各种信息的输出设备。打印机有针式打印机、喷墨打印机和激光打印机 3 类。随着打印技术的发展,喷墨和激光打印机已成为打印机中的主流产品,如图 1-3-13 所示。

图 1-3-12 台式扫描仪

图 1-3-13 激光打印机

🎯 任务实施

下面介绍主板跳线的安装方法。

1. 安装前的注意事项

在安装前,先消除身上的静电,比如用手摸一摸自来水管等接地设备;对各个部件要轻拿轻放,不要碰撞,尤其是硬盘;安装主板一定要稳固,同时要防止主板变形,不然会对主板的电子线路造成损伤。

2. 安装跳线

图 1-3-14 所示为 POWER 电源开关线,一般两根有正负;图 1-3-15 所示为 HDD 硬盘指示灯线;图 1-3-16 所示为 RESET 复位开关线;图 1-3-17 所示为 POWER LED 电源指示灯线。在主板上有相应的插针,一般都有标识,没有的可以看主板说明书。还有前置USB线和前置音频线,可以参照主板说明书一一对应接上就可以了。

图 1-3-14 电源开关线

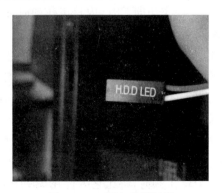

图 1-3-15 硬盘指示灯线

图 1-3-16 复位开关线

图 1-3-17 电源指示灯线

注意：各个跳线的正极位于正面的左边，负极位于正面的右边。

上述连接线接口在主板上的位置如图 1-3-18 所示。

图 1-3-18 连接口示意图

知识拓展

一台计算机的性能如何，必须要有一定的指标来衡量。通常衡量一台计算机性能的指标有 CPU 主频、字长和存储容量。

1. CPU 主频

CPU 主频即 CPU 内核工作的时钟频率（CPU Clock Speed），是 CPU 内核（整数和浮点运算器）电路的实际运行频率。通常说的计算机的 CPU 是多少兆赫的，就是指的"CPU 的主频"。很多人认为 CPU 的主频就是其运行速度，其实不然，CPU 的主频表示在 CPU 内数字脉冲信号震荡的速度，与 CPU 实际的运算能力并没有直接关系。主频和实际的运算速度存在一定的关系，但没有一个确定的公式能够定量两者的数值关系，因为 CPU 的运算速度还要看 CPU 流水线各方面的性能指标（缓存、指令集、CPU 的位数等）。

CPU 的主频不代表 CPU 的速度，但提高主频对于提高 CPU 运算速度却是至关重要的。例如，假设某个 CPU 在一个时钟周期内执行一条运算指令，那么当 CPU 运行在100MHz 主频时，将比它运行在 50MHz 主频时速度快一倍。因为 100MHz 的时钟周期比 50MHz 的时钟周期占用时间减少了一半，也就是工作在 100MHz 主频的 CPU 执行一条运算指令所需时间仅为 10ns，比工作在 50MHz 主频时的 20ns 缩短了一半，自然运算速度也就快了一倍。只不过计算机的整体运行速度不仅取决于 CPU 运算速度,还与其他各分系统的运行情况有关,只有在提高主频的同时,各分系统运行速度和各分系统之间的数据传输速度都能得到提高后,计算机整体的运行速度才能真正得到提高。由于主频并不直接代表运算速度,所以在一定情况下,很可能会出现主频较高的 CPU 实际运算速度较低的现象。

2. 字长

字长是指 CPU 可以同时处理的二进制数据的位数,是最重要的一个技术性能指标。计算机指令是用 0 和 1 组成的一串代码,它们有一定的位数,并分成若干字长段,各段的编码表示不同的含义,如某台计算机字长为 16 位,即由 16 个二进制数组成一条指令或其他信息。16 个 0 和 1 可组成各种排列组合,通过线路变成电信号,让计算机执行各种不同的操作。

3. 存储容量

存储容量是指存储设备(如内存、硬盘、光盘)能够存储数据的数量。

计算机存储信息的最小单位为位。8 个二进制位称为一个字节。存储容量的基本单位为字节(Byte,简称 B),由于计算机的存储容量和数据处理量极大,经常用 KB(千字节)、MB(兆字节)、GB(千兆字节)来作计量单位。

技能拓展

应用拼音输入法输入汉字操作简单,只要知道汉字的读音,很容易就找到要输入的汉字,但如果遇到未知读音的汉字该如何输入呢? 在这里讲解搜狗拼音输入法输入未知读音的汉字的方法。例如,输入"弄"的具体步骤如下。

(1) 按下字母键 u,即出现一个笔画输入窗口。

(2) 用鼠标按照汉字的笔顺,单击"横、竖、撇、捺(点)、折"五种笔画,或者在用键盘输入对应笔画拼音的首字母"h、s、p、n、z"即可写出汉字。本例中写汉字"弄"的笔顺依次是"撇横横竖撇横横竖撇横横竖",因此输入每种笔顺的首字母,即输入 u 后再依次输入phhsphhsphhs,按 Space 键(空格键)即可以输入汉字"弄",如图 1-3-19 所示。

图 1-3-19　笔画输入汉字

任务总结

通过本子任务的实施,应掌握下列知识和技能。

- 认识计算机的硬件部件。
- 了解计算机硬件部件的功能。
- 了解输入法切换及相关键的设置。

子任务 1.3.3　计算机软件系统的组成和功能

任务描述

通过本子任务,学生将学习计算机软件的组成、计算机部件以及计算机各部件的作用。

相关知识

软件系统(software systems)是由系统软件、支撑软件和应用软件组成的,它是计算机系统中由软件组成的部分。

1. 操作系统的功能及作用

操作系统是管理软硬件资源、控制程序执行、改善人机界面、合理组织计算机工作流程和为用户使用计算机提供良好运行环境的一种系统软件。操作系统是位于硬件层之上、软件层之下的一个必不可少的、最基本又是最重要的一种系统软件。它对计算机系统的全部软、硬件和数据资源进行统一控制、调度和管理。

从用户的角度来看,它是用户与计算机硬件系统的接口;从资源管理的角度来看,它是计算机系统资源的管理者。其主要作用及目的就是提高系统资源的利用率;提供友好的用户界面;创造良好的工作环境,从而使用户能够灵活、方便地使用计算机,使整个计算机系统能高效地运行。

操作系统的任务是管理好计算机的全部软硬件资源,提高计算机的利用率;担任用户与计算机之间的接口,使用户通过操作系统提供的命令或菜单方便地使用计算机。操作系统用于管理计算机的资源和控制程序的运行。

(1) 语言处理系统是对软件语言进行处理的程序子系统,它的作用是把用软件语言书写的各种程序处理成可在计算机上执行的程序,或最终的计算结果,或其他中间形式。

(2) 数据库系统是用于支持数据管理和存取的软件,它包括数据库、数据库管理系统等。数据库是常驻在计算机系统内的一组数据,它们之间的关系用数据模式来定义,并用数据定义语言来描述。

(3) 分布式软件系统包括分布式操作系统、分布式程序设计系统、分布式文件系统、分布式数据库系统等。

(4) 人机交互系统是提供用户与计算机系统之间按照一定的约定进行信息交互的软件系统,可为用户提供一个友善的人机界面。

操作系统的功能包括处理器管理、存储管理、文件管理、设备管理和作业管理,其主要研究内容包括操作系统的结构、进程(任务)调度、同步机制、死锁防止、内存分配、设备分配、并行机制、容错和恢复机制等。

2. 软件系统功能

(1) 语言处理系统的功能是各种软件语言的处理程序,它把用户用软件语言书写的各种源程序转换成为可为计算机识别和运行的目标程序,从而获得预期结果。其主要研究内容包括:语言的翻译技术和翻译程序的构造方法与工具,此外,它还涉及正文编辑技术、连接编辑技术和装入技术等。

(2)数据库系统的主要功能包括数据库的定义和操纵、共享数据的并发控制、数据安全和保密等。按数据定义模块划分,数据库系统可分为关系数据库、层次数据库和网状数据库。按控制方式划分,可分为集中式数据库系统、分布式数据库系统和并行数据库系统。数据库系统研究的主要内容包括:数据库设计、数据模式、数据定义和操作语言、关系数据库理论、数据完整性和相容性、数据库恢复与容错、死锁控制和防止、数据安全性等。

(3)分布式软件系统的功能是管理分布式计算机系统资源和控制分布式程序的运行,提供分布式程序设计语言和工具,提供分布式文件系统管理和分布式数据库管理关系等。分布式软件系统的主要研究内容包括分布式操作系统和网络操作系统、分布式程序设计、分布式文件系统和分布式数据库系统。

(4)人机交互系统的主要功能是在人和计算机之间提供一个友善的人机接口。其主要研究内容包括人机交互原理、人机接口分析及规约、认知复杂性理论、数据输入、显示和检索接口、计算机控制接口等。

任务实施

本子任务实施是制作一个 U 盘启动盘,下面将详细介绍制作 U 盘启动盘的步骤。

(1)打开浏览器,使用搜索引擎搜索"U 盘启动工具下载",找到下载好的 U 盘启动工具并打开,如图 1-3-20 所示。此处以电脑店 U 盘启动制作工具为例。

图 1-3-20　打开应用程序

(2)选择需要的解压路径,单击"下一步"按钮,如图 1-3-21 所示。

(3)出现解压界面,如图 1-3-22 所示,等待解压完成即可。

(4)解压完成后,出现 U 盘启动盘制作工具界面。在计算机上插入 U 盘后,单击"开始制作 U 盘启动"按钮,如图 1-3-23 所示。

(5)在"请选择 U 盘"下拉菜单中选择需要制作的 U 盘(在此软件中如提前已插入了

图 1-3-21　选择安装位置

图 1-3-22　解压进度条

图 1-3-23　U 盘启动盘制作工具主界面

U 盘,那么会直接默认为需要制作的 U 盘),"分配隐藏空间"和"请选择模式"用默认值即可,如图 1-3-24 所示。

(6)单击"开始制作"按钮,出现如图 1-3-25 所示的对话框,单击"确定"按钮后会将此 U 盘格式化,在确定 U 盘中无重要文件后,单击"确定"按钮开始启动 U 盘的制作。

48

图 1-3-24　选择界面

图 1-3-25　开始制作

（7）出现如图 1-3-26 所示的界面，等待启动 U 盘制作完成。

（8）制作启动 U 盘完成后，会出现"是否模拟 U 盘启动"对话框，单击"是"按钮就可以开始模拟 U 盘启动，如图 1-3-27 所示。

（9）在模拟 U 盘启动界面中可以模拟进入此 U 盘工具的所有功能，需要通过键盘控

49

图 1-3-26　制作进度

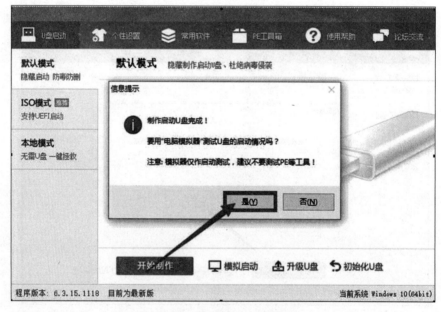

图 1-3-27　模拟 U 盘启动

制光标来选择需要模拟的功能。将光标移动到"【02】运行电脑店 Win03PE2013 增强版"
选项后，如图 1-3-28 所示，按 Enter 键进入模拟的 PE 系统中。

（10）成功进入模拟 PE 系统后，就可以确定 U 盘启动盘制作完成。在模拟的 PE 系
统中会有一些工具出现在桌面上，在模拟环境中建议不要使用，如图 1-3-29 所示。

这样，一个 U 盘启动盘的制作就完成了。

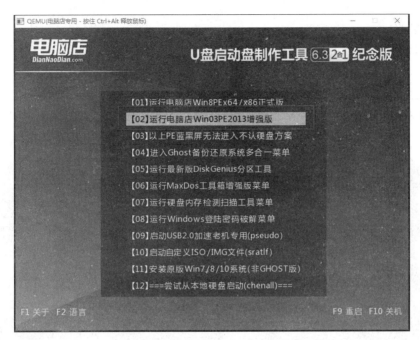

图 1-3-28　启动盘功能选择界面

图 1-3-29　模拟 PE 系统界面

知识拓展

下面介绍 Photoshop 软件。

Photoshop 主界面如图 1-3-30 所示，它是 Adobe（奥多比）公司旗下最为著名的图像处理软件之一。多数人对于 Photoshop 的了解仅限于"一个很好的图像编辑软件"，并不知道它的诸多应用方面，实际上，Photoshop 的应用领域很广泛，在图像、图形、文字、视频、出版各方面都有涉及。

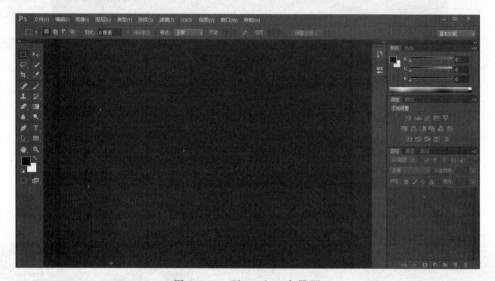

图 1-3-30　Photoshop 主界面

Photoshop 主要用途如下。

（1）平面设计：平面设计是 Photoshop 应用最为广泛的领域，无论是我们正在阅读图书的封面，还是大街上看到的招贴、海报，这些具有丰富图像的平面印刷品，基本上都需要 Photoshop 软件对图像进行处理。

（2）修复照片：Photoshop 具有强大的图像修饰功能。利用这些功能，可以快速修复一张破损的老照片，也可以修复人脸上的斑点等缺陷。

（3）影像创意：影像创意是 Photoshop 的特长，通过 Photoshop 的处理可以将原本风马牛不相及的对象组合在一起，也可以使用"狸猫换太子"的手段使图像发生面目全非的巨大变化。

（4）艺术文字：利用 Photoshop 可以使文字发生各种各样的变化，并利用这些艺术化处理后的文字为图像增加效果。

（5）网页制作：网络的普及是促使更多人需要掌握 Photoshop 的一个重要原因，因为在制作网页时，Photoshop 是必不可少的网页图像处理软件。

（6）建筑效果图后期修饰：在制作建筑效果图包括许多三维场景时，人物与配景以及场景的颜色常常需要在 Photoshop 中增加并调整。

（7）绘画：由于 Photoshop 具有良好的绘画与调色功能，许多插画设计制作者往往使用铅笔绘制草稿，然后用 Photoshop 填色的方法来绘制插画。除此之外，近些年来非常流行的像素画也多为设计师使用 Photoshop 创作的作品。

技能拓展

以前刚接触计算机时都是从 DOS 系统开始，DOS 时代根本就没有 Windows 这样的视窗操作界面，只有一个黑漆漆的窗口，让用户输入命令。所以学 DOS 系统操作，cmd 命令提示符是不可或缺的。直到今天的 Windows 系统，还是离不开 DOS 命令的操作，先了解每个命令提示符的作用，然后才能灵活地运用。

下面为大家介绍一些 cmd 命令的符号及其作用。

在"开始"菜单中选择"运行"命令，在打开的对话框中输入 cmd，单击"确定"按钮，如图 1-3-31 所示。

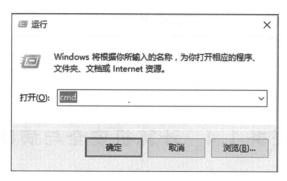

图 1-3-31　运行 cmd 命令

然后会出现一个黑色窗口，可以直接输入一些命令，如图 1-3-32 所示。比如输入 shutdown -s 就会在 30 秒后关机。

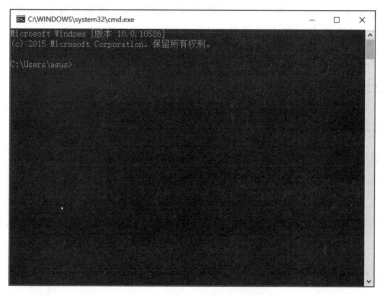

图 1-3-32　命令输入界面

下面列出了一部分常用的命令的作用。

winver：检查 Windows 版本。

notepad：打开记事本。

sfc：系统文件检查器。

taskmgr：任务管理器。

osk：打开屏幕键盘。

write：写字板。

Msconfig：系统配置实用程序。

任务总结

通过本子任务的实施，应掌握下列知识和技能。

- 认识计算机软件系统的分类。
- 了解 Photoshop 的功能。
- 了解并灵活运用 cmd 命令符。

任务 1.4　计算机安全与病毒

子任务 1.4.1　网络信息安全概述

任务描述

网络信息安全是一个关系国家安全和主权、社会稳定、民族文化继承和发扬的重要问题。其重要性，正随着全球信息化步伐的加快变得越来越重要。通过本子任务，大家能对网络信息安全有一个初步的了解。

相关知识

1. 什么是网络信息安全

网络信息安全是一门涉及计算机科学、网络技术、通信技术、密码技术、信息安全技术、应用数学、数论、信息论等多种学科的综合性学科。

网络信息安全主要是指网络系统的硬件、软件及其系统中的数据受到保护，不受偶然的或者恶意的原因而遭到破坏、更改、泄露，系统会连续、可靠、正常地运行，网络服务不中断。

2. 信息安全的主要特征

1）完整性

完整性是指信息在传输、交换、存储和处理过程保持非修改、非破坏和非丢失的特性，即保持信息原样性,使信息能正确生成、存储、传输,这是最基本的安全特征。

2)保密性

保密性是指信息按给定要求不泄露给非授权的个人、实体或过程,或提供其利用的特性,即杜绝有用信息泄露给非授权个人或实体,强调有用信息只被授权对象使用的特征。

3)可用性

可用性是指网络信息可被授权实体正确访问,并按要求能正常使用或在非正常情况下能恢复使用的特征,即在系统运行时能正确存取所需信息;当系统遭受攻击或破坏时,能迅速恢复并能投入使用。可用性是衡量网络信息系统面向用户的一种安全性能。

4)不可否认性

不可否认性是指通信双方在信息交互过程中,确信参与者本身,以及参与者所提供的信息的真实性,即所有参与者都不可能否认或抵赖本人的真实身份,以及提供信息的原样性和完成的操作与承诺。

5)可控性

可控性是指对流通在网络系统中的信息传播及具体内容能够实现有效控制的特性,即网络系统中的任何信息要在一定传输范围和存放空间内可控。除采用常规的传播站点和传播内容监控这种形式外,最典型的如密码的托管政策,当加密算法交由第三方管理时,必须严格按规定可控执行。

任务实施

下面是以 Windows 10 账户安全进行的相关配置为例进行说明,步骤如下。

(1)使用快捷键 Win+R 调出"运行"对话框,然后输入 secpol.msc 并按 Enter 键,如图 1-4-1 所示。

图 1-4-1　"运行"对话框

(2)按 Enter 键后可以看到本地安全策略界面,如图 1-4-2 所示。

(3)依次选择"账户策略"→"账户锁定策略",双击右侧窗格中的"账户锁定阈值",打开"账户锁定阈值 属性"对话框,如图 1-4-3 所示。

(4)若用户输错两次密码就锁定系统,可输入值 2,单击"确定"按钮,如图 1-4-4 所示。

(5)弹出如图 1-4-5 所示对话框,意思即当输错密码两次后,30 分钟后才能重新输入密码,单击"确定"按钮。

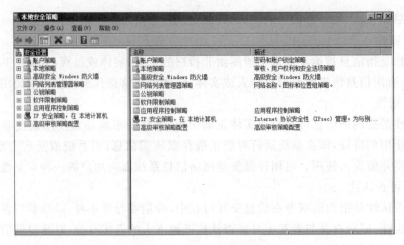

图 1-4-2　本地安全策略界面

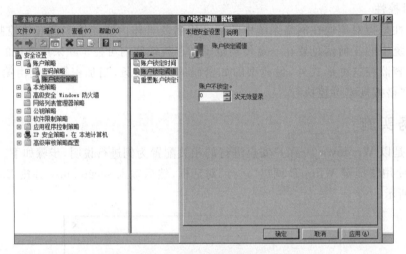

图 1-4-3　"账户锁定阈值 属性"对话框

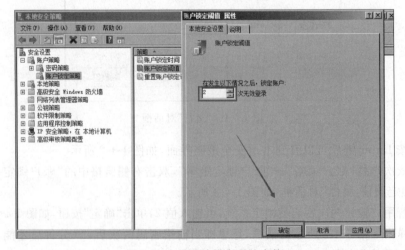

图 1-4-4　设置输错密码的次数

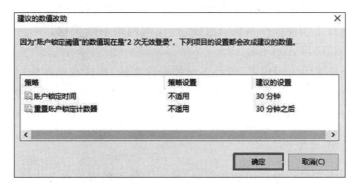

图 1-4-5　建议的数值改动框

（6）设置好之后可以看到如图 1-4-6 所示的界面，当然也可以修改锁定时间和重置账户锁定计数器。

图 1-4-6　设置完毕的显示界面

知识拓展

下面介绍云计算的基本知识。

1. 概念

关于云计算的定义有很多，现阶段广为接受的是美国国家标准与技术研究院（NIST）的定义：云计算是一种按使用量付费的模式，这种模式提供可用的、便捷的、按需的网络访问，进入可配置的计算资源共享池（资源包括网络、服务器、存储、应用软件、服务），这些资源能够被快速提供，只需投入很少的管理工作，或与服务供应商进行很少的交互。简单理解就是把所有的物理资源重新整合，所有资源形成一个资源池，再把资源池按需分配出去，就像用水、用电一样，按需缴费，不用关心水、电是哪里来的。

2. 云计算安装服务

IaaS：消费者使用"基础计算资源"，如处理能力、存储空间、网络组件或中间件。消费者能掌控操作系统、存储空间、已部署的应用程序及网络组件（如防火墙、负载平衡器等），但并不掌控云基础架构，例如 Amazon AWS、Racks pace。

57

PaaS：消费者使用主机操作应用程序。消费者掌控运作应用程序的环境（也拥有机部分掌控权），但并不掌控操作系统、硬件或运作的网络基础架构。平台通常是应用程序基础架构，例如 Google App Engine。

SaaS：消费者使用应用程序，但并不掌控操作系统、硬件或运作的网络基础架构。这是一种服务观念的基础，软件服务供应商以租赁的形式向客户提供服务，而非让客户购买，比较常见的模式是提供一组账号密码，例如 Microsoft CRM 与 Salesforce.com。

3. 应用领域

云计算在中国主要行业应用还仅仅是"冰山一角"，但随着本土化云计算技术产品、解决方案的不断成熟，以及云计算理念的迅速推广普及，云计算必将成为未来中国重要行业领域的主流 IT 应用模式，为重点行业用户的信息化建设与 IT 运维管理工作奠定核心基础。

（1）医药医疗领域。医药企业与医疗单位一直是国内信息化水平较高的行业用户，在"新医改"政策推动下，医药企业与医疗单位将对自身信息化体系进行优化升级，以适应医改业务调整要求，在此影响下，以"云信息平台"为核心的信息化集中应用模式将孕育而生，逐步取代各系统分散为主体的应用模式，进而提高医药企业的内部信息共享能力与医疗信息公共平台的整体服务能力。

（2）制造领域随着"后金融危机时代"的到来，制造企业的竞争将日趋激烈，企业在不断进行产品创新、管理改进的同时，也在大力开展内部供应链优化与外部供应链整合工作，进而降低运营成本，缩短产品研发生产周期，未来云计算将在制造企业供应链信息化建设方面得到广泛应用，特别是通过对各类业务系统的有机整合，形成企业云供应链信息平台，加速企业内部"研发—采购—生产—库存—销售"信息一体化进程，进而提升制造企业竞争实力。

（3）金融与能源领域。金融、能源企业一直是国内信息化建设的"领军性"行业用户，在未来 3 年里，一些重点行业内企业信息化建设已经进入"IT 资源整合集成"阶段，在此期间，需要利用"云计算"模式，搭建基于 IaaS 的物理集成平台，对各类服务器基础设施应用进行集成，形成能够高度复用与统一管理的 IT 资源池，对外提供统一硬件资源服务，同时在信息系统整合方面，需要建立基于 PaaS 的系统整合平台，实现各异构系统间的互联互通。因此，云计算模式将成为金融、能源等大型企业信息化整合的"关键武器"。

（4）电子政务领域。未来，云计算将助力中国各级政府机构"公共服务平台"建设，各级政府机构正在积极开展"公共服务平台"的建设，努力打造"公共服务型政府"的形象，在此期间，需要通过云计算技术来构建高效运营的技术平台，其中包括：利用虚拟化技术建立公共平台服务器集群，利用 PaaS 技术构建公共服务系统等方面，进而实现公共服务平台内部可靠、稳定的运行，提高平台不间断服务能力。

（5）教育科研领域。未来，云计算将为高校与科研单位提供实效化的研发平台。云计算应用已经在清华大学、中科院等单位得到了初步应用，并取得了很好的应用效果。在未来，云计算将在我国高校与科研领域得到广泛的应用普及，各大高校将根据自身研究领域与技术需求建立云计算平台，并对原来各下属研究所的服务器与存储资源加以有机整合，提供高效可复用的云计算平台，为科研与教学工作提供强大的计算机资源，进而大大提高研发工作效率。

总的来说，云计算作为 IT 领域一项革新的计算服务模式，一种新的应用模式，无论是从商业模式上还是信息化服务上，都具有许多现有模式所不具备的优势、高效率、高可靠性、低成本而受到了人们的追捧。云计算技术在各个领域的应用，将会不断成熟，势必会越来越向科学化、体系化、规范化、标准化发展。

技能拓展

下面介绍 Windows Defender 防火墙的配置。

（1）单击"开始"→"控制面板"命令，如图 1-4-7 所示，可以打开控制面板。

（2）再打开网络共享中心，如图 1-4-8 所示。

（3）选择"Windows Defender 防火墙"，如图 1-4-9 所示。

图 1-4-7　准备打开"控制面板"

（4）选择"启用或关闭 Windows Defender 防火墙"，如图 1-4-10 所示。

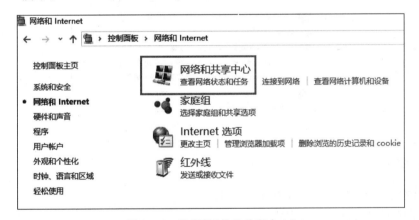

图 1-4-8　选择"网络和共享中心"

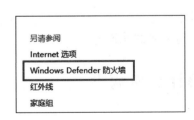

图 1-4-9　Windows Defender 防火墙

（5）选择"启用 Windows Defender 防火墙"，如图 1-4-11 所示。

图 1-4-10　启用或关闭防火墙

图 1-4-11　启用防火墙

任务总结

通过本子任务的学习，应掌握下列知识。

- 了解网络信息安全的重要性。
- 了解网络信息中存在的安全隐患。
- 初步了解云计算的基本概念。
- 能够进行账户安全和防火墙的配置。

子任务 1.4.2　了解计算机病毒

任务描述

计算机能帮我们完成很多工作，但是计算机也会因为计算机病毒的原因变得不听指挥或者运行非常慢。通过本子任务，大家会了解到计算机病毒的概念以及杀毒软件的相关知识。

相关知识

1. 计算机病毒的概念

计算机病毒(computer virus)在《中华人民共和国计算机信息系统安全保护条例》中被明确定义,病毒是指"编制者在计算机程序中插入的破坏计算机功能或者破坏数据,影响计算机使用并且能够自我复制的一组计算机指令或者程序代码"。与医学上的"病毒"不同,计算机病毒不是天然存在的,是某些人利用计算机软件和硬件所固有的脆弱性编制的一组指令集或程序代码,它能通过某种途径潜伏在计算机的存储介质(或程序)里,当达到某种条件时即被激活,通过修改其他程序的方法将自己的精确复制或者可能演化的形式放入其他程序中,从而感染其他程序,对计算机资源进行破坏。所谓的病毒是人为造成的,对其他用户的危害性很大。

2. 计算机病毒的共同特点

计算机病毒具有破坏性、隐蔽性、传染性、潜伏性和可触发性等特点。

破坏性:凡是通过软件手段能触及计算机资源的地方均可能受到计算机病毒的破坏,病毒一旦发作,它可以占用 CPU 时间和内存开销,抢占系统资源从而造成进程堵塞,删除系统文件,对磁盘数据或文件进行破坏等,严重的还可以打乱屏幕的显示,使系统瘫痪甚至造成主板故障等。

隐蔽性:通常病毒都具备"隐身术",它们夹在正常的程序中很难被发现。如果不是专业的人员,很难看出感染病毒后的文件与感染前有何区别,也无法得知计算机的内存中是否已有病毒驻留。除此之外,病毒还具备传染的隐蔽性,也就是说在浏览网页、打开文档或者执行程序时,病毒就有可能悄悄来到。

传染性:对于绝大多数计算机病毒来讲,传染是它的一个重要特性。它通过修改别的程序,并将自身的副本包括进去,从而达到扩散的目的。这种特性也是判断病毒程序的最重要的衡量标准之一。

潜伏性:病毒侵入后一般都寄生在计算机媒体中,平时的主要任务是悄悄地感染其他系统或文件,通常并不会立刻发作,而需要等一段时间,当条件成熟、时机合适时才突然爆发。

可触发性:病毒的感染和发作都是有触发条件的,如同一枚定时炸弹,当具备了合适的外界条件它才突然行动,而且一发而不可收。

3. 计算机病毒的分类

1)按破坏性分

* 良性病毒。
* 恶性病毒。
* 极恶性病毒。
* 灾难性病毒。

61

2）按传染方式分

- 引导区型病毒。引导区型病毒主要通过软盘在操作系统中传播，感染引导区，蔓延到硬盘，并能感染到硬盘中的"主引导记录"。
- 文件型病毒。文件型病毒是文件感染者，也称为寄生病毒，它运行在计算机存储器中，通常感染扩展名为 COM、EXE、SYS 等类型的文件。
- 混合型病毒。混合型病毒具有引导区型病毒和文件型病毒两者的特点。
- 宏病毒。宏病毒是指用 BASIC 语言编写的病毒程序寄存在 Office 文档上的宏代码。宏病毒影响对文档的各种操作。

3）按连接方式分

- 源码型病毒。源码型病毒攻击高级语言编写的源程序，在源程序编译之前插入其中，并随源程序一起编译，连接成可执行文件。源码型病毒较为少见，也难以编写。
- 入侵型病毒。入侵型病毒可用自身代替正常程序中的部分模块或堆栈区。因此这类病毒只攻击某些特定程序，针对性强。一般情况下也难以被发现，清除起来也较困难。
- 操作系统型病毒。操作系统型病毒可用其自身部分加入或替代操作系统的部分功能。因其直接感染操作系统，这类病毒的危害性也较大。
- 外壳型病毒。外壳型病毒通常将自身附在正常程序的开头或结尾，相当于给正常程序加了个外壳。大部分的文件型病毒都属于这一类。

4. 产生病毒的原因

病毒的产生不是偶然，计算机病毒的制造却来自一次偶然的事件，那时的研究人员是为了计算出当时互联网的在线人数，然而它却自己"繁殖"了起来，导致整个服务器的崩溃和堵塞。有时一次突发的停电和偶然的错误，会在计算机的磁盘和内存中产生一些乱码和随机指令，但这些代码是无序和混乱的，病毒则是一种比较完美的、精巧严谨的代码，按照严格的秩序组织起来，与所在的系统网络环境相适应和配合起来。病毒不会偶然形成，并且需要有一定的长度，这个基本的长度从概率上来讲是不可能通过随机代码产生的。

5. 计算机病毒的主要危害

- 病毒激发对计算机数据信息的直接破坏。
- 引导区型病毒影响系统的启动。
- 占用磁盘空间和对信息的破坏。
- 抢占系统资源。
- 影响计算机运行速度。
- 计算机病毒的兼容性对系统运行产生一定的不良影响。
- 计算机病毒给用户造成严重的心理压力。

6. 计算机病毒的命名

计算机病毒的命名的一般格式为：

病毒前缀.病毒名.病毒后缀

（1）病毒前缀是指一个病毒种类，如木马病毒的前缀是 Trojan，蠕虫病毒的前缀是 Worm 等。

（2）病毒名是指一个病毒家族的特征，如 CIH、Sasser。

（3）病毒后缀是指一个病毒的变种特征，如 Worm、Sasser.b。

7. 预防

提高系统的安全性是防病毒的一个重要方面，但完美的系统是不存在的，过于强调提高系统的安全性将使系统多数时间用于病毒检查，系统失去了可用性、实用性和易用性。另一方面，信息保密的要求让人们在泄密和抓住病毒之间无法选择。应加强内部网络管理人员以及使用人员的安全意识。很多计算机系统常用口令来控制对系统资源的访问，这是防病毒进程中最容易和最经济的方法之一，另外，安装杀毒软件并定期更新病毒库也是预防病毒的重中之重。

任务实施

1. 杀毒软件介绍

杀毒软件也称反病毒软件或防毒软件，是用于消除计算机病毒、特洛伊木马和恶意软件的一类软件。杀毒软件通常集成监控识别、病毒扫描和清除及自动升级等功能，有的杀毒软件还带有数据恢复等功能，是计算机防御系统（包含杀毒软件、防火墙、特洛伊木马和其他恶意软件的查杀程序，入侵预防系统等）的重要组成部分。

可从下面四个方面了解杀毒软件。

（1）杀毒软件不可能查杀所有病毒。

（2）杀毒软件能查到的病毒，不一定能杀掉。

（3）一台计算机的每个操作系统下不能同时安装两套或两套以上的杀毒软件（除非有兼容或绿色版，现在很多杀毒软件兼容性很好，国产杀毒软件几乎不用担心兼容性问题），另外建议查看不兼容的程序列表。

（4）杀毒软件现在对被感染的文件杀毒有多种方式：清除、删除、禁止访问、隔离、不处理。

清除：清除被蠕虫感染的文件，清除后文件恢复正常。相当于把染毒的文件清理干净了。

删除：删除病毒文件。这类文件不是被感染的文件，本身就含毒，无法清除，可以删除。

禁止访问：禁止访问病毒文件。在发现病毒后用户如果选择不处理，则杀毒软件可能将病毒禁止访问。用户打开时会弹出错误对话框，内容是"该文件不是有效的 Win 32 文件"。

隔离：病毒删除后转移到隔离区。用户可以从隔离区找回删除的文件。隔离区的文件不能运行。

不处理：不处理该病毒。如果用户暂时不知道是不是病毒，可以暂时先不处理。

2. 常见的杀毒软件

目前国内反病毒软件有三大巨头：360 杀毒、金山毒霸、瑞星杀毒软件，介绍如下。

1）360 杀毒软件

360 杀毒是永久免费，因此中国市场占有率相当高。其优点是查杀效率高，资源占用少，升级迅速等。

360 杀毒采用领先的病毒查杀引擎及云安全技术，不但能查杀数百万种已知病毒，还能有效防御最新病毒的入侵。360 杀毒和 360 安全卫士常配合使用。

2）金山毒霸

这是金山公司推出的计算机安全产品，可以监控病毒，杀毒全面、可靠，占用系统资源较少。其软件的组合版功能强大（金山毒霸 2011、金山网盾、金山卫士），集杀毒、监控、防木马、防漏洞为一体，是一款具有市场竞争力的杀毒软件。

3）瑞星杀毒软件

其监控能力是十分强大的，但同时占用系统资源较大。拥有在不影响用户工作的情况下进行病毒处理即后台查杀、断点续杀（智能记录上次查杀完成的文件，针对未查杀的文件进行查杀）、异步杀毒处理（在用户选择病毒处理的过程中，不中断查杀进度，提高查杀效率）、空闲时段查杀（利用用户系统空闲时间进行病毒扫描）、嵌入式查杀（可以保护 MSN 等即时通信软件，并在 MSN 传输文件时进行传输文件的扫描）、开机查杀（在系统启动初期进行文件扫描，以处理随系统启动的病毒）等功能，缺点是卸载后注册表残留一些信息。

知识拓展

计算机病毒之所以称为病毒是因为其具有传染性的本质。病毒的传播途径多种多样，传统渠道通常有以下几种。

1）通过 U 盘

通过使用外界被感染的 U 盘，例如，来历不明的软件、到不同计算机上复制文件等是最普遍的传染途径。由于使用带有病毒的 U 盘，使机器感染病毒发病，并传染给未被感染的"干净"的 U 盘。大量的 U 盘交换，合法或非法的程序复制，不加控制地随便在机器上使用各种软件，形成了病毒感染、泛滥、蔓延的"温床"。

2）通过硬盘

通过硬盘传染也是重要的渠道，由于带有病毒的机器移到其他地方使用、维修等，将干净的计算机传染并再扩散。

3）通过光盘

因为光盘容量大,存储了海量的可执行文件,大量的病毒就有可能藏身于光盘中。对只读式光盘不能进行写操作,因此光盘上的病毒不能清除。以谋利为目的非法盗版软件在制作过程中,不可能为病毒防护担负专门责任,也绝不会有真正可靠可行的技术保障避免病毒的传入、传染、流行和扩散。当前,盗版光盘的泛滥给病毒的传播创造了条件。

4）通过网络

通过网络传染扩散极快,能在很短时间内传遍网络上的机器。

随着 Internet 的风靡,给病毒的传播又增加了新的途径,它的发展使病毒可能成为灾难,病毒的传播更迅速,反病毒的任务更加艰巨。Internet 带来两种不同的安全威胁,一种威胁来自文件下载,这些被浏览的或是被下载的文件可能存在病毒。另一种威胁来自电子邮件,因为大多数 Internet 邮件系统提供了在网络间传送附带格式化文档邮件的功能,因此,遭受病毒的文档或文件就可能通过网关和邮件服务器涌入企业网络。网络使用的简易性和开放性使这种威胁越来越严重。

技能拓展

常见的计算机中病毒的症状介绍如下。

（1）计算机系统运行速度减慢。

（2）计算机系统经常无故发生死机。

（3）计算机系统中的文件长度发生变化。

（4）计算机存储的容量异常减少。

（5）丢失文件或文件损坏。

（6）计算机屏幕上出现异常显示。

（7）系统不识别硬盘。

（8）对存储系统异常访问。

（9）键盘输入异常。

（10）文件的日期、时间、属性等发生变化。

（11）文件无法正确读取、复制或打开。

（12）命令执行出现错误。

（13）有些病毒会将当前盘切换到 C 盘。

（14）Windows 操作系统无故频繁出现错误。

（15）系统异常并重新启动。

（16）一些外部设备工作异常。

（17）异常要求用户输入密码。

（18）Word 或 Excel 提示执行“宏”。

（19）使不应驻留内存的程序驻留内存。

任务总结

通过本子任务的实施,应掌握下列知识和技能。

- 了解常见的杀毒软件。
- 了解计算机病毒的传播方式。
- 了解计算机中毒后常见的征兆。

子任务 1.4.3　预防、检测、清除计算机病毒

任务描述

前面已经讲解了一些病毒的传播方式,计算机中毒后的常见症状以及杀毒软件相关的知识。本子任务中将对杀毒软件的使用进行详细讲解。

相关知识

下面介绍防止计算机中毒的小常识。

1) 建立良好的安全习惯

对一些来历不明的邮件及附件不要打开,不要上一些不太了解的网站,不要执行从 Internet 下载后未经杀毒处理的软件,等等,这些必要的习惯会使计算机更安全。

2) 关闭或删除系统中不需要的服务

默认情况下,许多操作系统会安装一些辅助服务,如 FTP 客户端、Telnet 和 Web 服务器。这些服务为攻击者提供了方便,而对用户又没有太大用处,如果删除它们,就能大大减少被攻击的可能性。

3) 经常升级安全补丁

据统计,有 80% 的网络病毒是通过系统安全漏洞进行传播的,像蠕虫王、冲击波、震荡波等,所以我们应该定期到微软网站去下载最新的安全补丁,以防患于未然。

4) 使用复杂的密码

有许多网络病毒就是通过猜测简单密码的方式攻击系统的,因此使用复杂的密码,将会大大提高计算机的安全系数。

5) 迅速隔离受感染的计算机

当用户的计算机发现病毒或异常时应立刻断网,以防止计算机受到更多的感染,或者成为传播源而再次感染其他计算机。

6) 了解一些病毒知识

这样就可以及时发现新病毒并采取相应措施,在关键时刻使自己的计算机免受病毒破坏。如果能了解一些注册表知识,就可以定期看一看注册表的自启动项是否有可疑键值;如果了解一些内存知识,就可以经常看看内存中是否有可疑程序。

7) 最好安装专业的杀毒软件进行全面监控

在病毒日益增多的今天,使用杀毒软件进行防毒,是越来越经济的选择,不过用户在安装了反病毒软件之后,应该经常进行升级,将一些主要监控经常打开(如邮件监控),进行内存监控,遇到问题要上报,这样才能真正保障计算机的安全。

8) 用户还应该安装个人防火墙软件防止黑客攻击

由于网络的发展,用户计算机面临的黑客攻击问题也越来越严重,许多网络病毒都采

用了黑客使用的方法来攻击用户计算机,因此,用户还应该安装个人防火墙软件,将安全级别设为中、高,这样才能有效地防止网络上的黑客攻击。

任务实施

1. 360 杀毒软件的使用

现有很多工具软件,虽不是专业杀毒软件,但它能对系统进行各项安全管理。下面简单介绍用户使用较多的免费杀毒软件——360 杀毒软件的用法。

(1) 下载并安装 360 杀毒软件的最新版本。到安全卫士官方网站免费下载软件,然后安装,安装成功后,系统任务栏右端会出现"360 杀毒软件实时运行"图标。

(2) 运行 360 杀毒软件,进行系统安全性维护。双击任务栏上的"360 杀毒软件实时运行"图标,可以快速打开 360 杀毒软件,该软件运行窗口如图 1-4-12 所示。在这里可以选择"快速扫描""全盘扫描"和"自定义扫描"模式,常用"快速扫描"模式。使用"快速扫描"模式的杀毒窗口如图 1-4-13 所示。选中窗口左下方的"扫描完成后自动处理并关机"功能,可以实现杀毒完成后自动关机功能。

图 1-4-12   360 杀毒软件的启动界面

2. 360 安全卫士的使用

360 安全卫士有电脑体检、木马查杀、漏洞修复、系统修复、电脑清理等功能。这里简单讲解电脑体检、木马查杀、漏洞修复的操作。

1) 电脑体检

(1) 到安全卫士官方网站免费下载软件,然后安装。安装成功后,系统任务栏右端会

图 1-4-13　360 杀毒软件的杀毒界面

出现"360 安全卫士实时运行"图标 ➕ 。

（2）双击任务栏上的"360 安全卫士实时运行"图标 ➕ ，可以快速打开 360 安全卫士。

（3）单击"立即体检"按钮，如图 1-4-14 所示。

图 1-4-14　360 安全卫士体检界面

2）木马查杀

单击"查杀修复"按钮，再在打开界面中单击"快速扫描"按钮，也可以单击"全盘扫描"按钮或者"自定义扫描"按钮，如图 1-4-15 所示。

3）漏洞修复

单击"漏洞修复"按钮，再在打开界面中的"漏洞修复"按钮区单击"完成修复"按钮，如图 1-4-16 所示。

图 1-4-15　360 安全卫士查杀木马

图 1-4-16　360 安全卫士漏洞修复

知识拓展

　　常见的杀毒软件在前面已经介绍,除杀毒软件外,还有病毒专杀工具。病毒专杀工具通常是杀毒软件公司针对某个病毒或某类型病毒设计的专用杀毒软件。某些病毒可能用杀毒软件无法解决,可以采用病毒专杀工具。如"熊猫烧香"专用清除工具、"木马群"病毒专杀及修复工具、灰鸽子专杀工具、QQ 病毒专杀工具等。这些专杀工具一般都是免费的,当遇到杀毒软件无法清除的可知病毒时,可以考虑下载并安装这些专杀工具来解决。

技能拓展

如何检查计算机是否中了病毒？以下就是检查步骤。

（1）检查进程。首先排查的就是进程。方法简单，开机后，什么都不要启动。

① 直接打开任务管理器，查看有没有可疑的进程，不认识的进程可以从互联网上搜索一下。

② 打开杀毒软件，先查看有没有隐藏进程，然后查看系统进程的路径是否正确。

③ 如果进程全部正常，则利用 Wsyscheck 等工具，查看是否有可疑的线程注入正常进程中。

（2）检查自启动项目。进程排查完毕，如果没有发现异常，则开始排查启动项。

用 msconfig 命令查看是否有可疑的服务，按"Windows 键＋R"组合键打开"运行"对话框，输入 msconfig，单击"确定"按钮。在打开的对话框中切换到"服务"选项卡，选中"隐藏所有 Microsoft 服务"复选框，然后逐一确认剩下的服务是否正常（可以凭经验识别，也可以利用搜索引擎搜索）。同时查看是否有可疑的自启动项，切换到"启动"选项卡，逐一排查就可以了。

（3）检查网络连接。ADSL 用户在这个时候可以进行虚拟拨号，连接到 Internet。然后直接用冰刃（杀毒工具）的网络连接查看，检查是否有可疑的连接。如果 IP 地址发现有异常，不要着急，关掉系统中可能使用网络的程序（如迅雷等下载软件、杀毒软件的自动更新程序、IE 浏览器等），再次查看网络连接信息。

（4）安全模式。重启系统，直接进入安全模式。如果无法进入，并且出现蓝屏等现象，则应该引起警惕，可能是病毒入侵的后遗症，也可能病毒还没有清除。

任务总结

通过本子任务的实施，应掌握下列知识和技能。

* 掌握如何防止计算机中毒的方法。
* 掌握杀毒软件的使用方法。
* 学会检查计算机是否中毒。

课 后 练 习

1. 计算机从诞生到现在共经历了哪几个时代？
2. 计算机从外观上来看有哪几部分？
3. 计算机主要应用领域有哪些？
4. 组装计算机主要有哪几个步骤？
5. 什么是编码？编码有什么作用？
6. 下载一个鼠标指针样式文件，将计算机鼠标指针修改为对应的样式后，再修改为系统默认的指针样式。
7. 将下列数据单位转换为 KB。

（1）3072B　　（2）10MB　　（3）5GB　　（4）2TB

8．分别说出十进制、二进制、八进制和十六进制的数码、基和权。

9．至少列举 3 个你知道的 Windows 系统中常用的快捷键。

10．至少列举 2 个键盘上的基本功能键并简述这些功能键的作用。

11．将下列十进制数分别转换为二进制、八进制、十六进制。

（1）28　　（2）64　　（3）156　　（4）256

12．输入下列文字。

在当前的互联网领域，云计算和大数据可以称得上是最炙手可热的两大技术，然而这两者之间存在什么联系呢？云计算为大数据提供了基础设施，大数据需要灵活的计算环境，而后者可以快速、自动地进行扩展以支持海量数据。基础设施云可以精准地提供这些需求。

当在大数据使用案例中提及云安全策略时，我们希望任何安全解决方案都能够在不影响部署安全性的情况下提供与云一样的灵活性。可是灵活性和安全性有的时候是不能兼顾的，所以如何实现安全性和灵活性的平衡是云计算提供商和大数据提供商需要深入思考的。

部署云加密措施被认为是首要步骤，但是它们并不适合所有的解决方案。一些加密解决方案需要本地网关加密，这种方案在云大数据环境下无法很好地工作。此外，云计算提供商提供了密钥加密技术，用户在享受基础设施云解决方案提供的优势的同时又可以将密钥保存在自己手中，让密钥处于安全状态下。为了能够让大数据环境获得最佳的加密解决方案，建议使用密钥加密。

13．用输入法软键盘输入题 12 中的第一段。

14．说出你熟悉的计算机硬件部件并简述其作用。

15．尝试用搜狗拼音输入法的笔画模式输入下列生僻字。

（1）焱　　（2）垚　　（3）犇

16．简述计算机的主要技术指标。

17．指法训练进度表（表 1-5-1）。

表 1-5-1　输入速度测试进度表

序号	测试时间	速度（字/分钟）	准确率（%）	备注
第一次				
第二次				
第三次				
学期结束				

18．什么是计算机病毒？它们有哪些特点？

19．简述计算机病毒的危害有哪些。

20．描述你知道的杀毒软件。

21．简述计算机病毒常见的传播方式。

22．给你的计算机安装一款杀毒软件，并使用它对计算机进行安全维护。

项目 2　使用 Windows 10 系统

任务 2.1　认识 Windows 10

子任务 2.1.1　Windows 10 的启动与退出

任务描述

操作系统是计算机中最基本的软件,所有应用程序的使用都必须在操作系统的支持下进行。通过本子任务,大家会了解到 Windows 10 的基本使用方法,为进一步使用计算机打下基础。

相关知识

1. Windows 10 系统介绍

Windows 10 是由微软公司开发的,具有革命性变化的操作系统,核心版本号为 Windows NT 6.1,可供家庭及商业工作环境、笔记本电脑、平板电脑、多媒体中心等使用。Windows 10 在以往操作系统的基础上做了较大的调整和更新,除了支持更多的应用程序和硬件,还提供了许多贴近用户的人性化设计,使用户的操作更加方便快捷。

Windows 10 共有家庭版、专业版、企业版、教育版、移动版、移动企业版和物联网核心版七个版本。每个版本针对不同的用户群体,具有不同的功能。Windows 10 的标志如图 2-1-1 所示。

图 2-1-1　Windows 10 标志

2. 最低配置要求

安装 Windows 10 的计算机最低配置要求见表 2-1-1。

表 2-1-1　安装 Windows 10 的计算机最低配置要求

设备名称	基 本 要 求	备 注
CPU	2GHz 及以上	Windows 10 包括 32 位和 64 位两种版本。若安装 64 位版本,则需要支持 64 位运算的 CPU
内存	1GB 及以上	安装识别的最低内存是 512MB,小于 512MB 会提示内存不足(只是安装时提示)
硬盘	20GB 以上可用空间	安装占用 20GB
显卡	有 WDDM 1.0 或更高版驱动的集成显卡,64MB 以上	128MB 为打开 Aero 的最低配置
其他设备	DVD-R/RW 驱动器或者 U 盘等其他存储介质	安装时使用

3. 系统特色

- 易用:Windows 10 做了许多方便用户的设计,如快速最大化、窗口半屏显示、跳转列表(Jump List)、系统故障快速修复等。

- 快速:Windows 10 大幅缩减了 Windows 的启动时间,据实测,在 2008 年的中低端配置下运行,系统加载时间一般不超过 20 秒,这与 Windows Vista 的 40 余秒相比,是一个很大的进步。

- 简单:Windows 10 让搜索和使用信息变得更加简单,包括本地、网络和互联网搜索功能,直观的用户体验更加高级。全新的任务栏将传统的快速启动栏和窗口按钮进行了整合,使程序的启动和窗口预览变得更加轻松。

- 安全:Windows 10 包括改进的安全方面的内容,还会把数据保护和管理扩展到外围设备。Windows 10 改进了基于角色的计算方案和用户账户管理,在数据保护和坚固协作的固有冲突之间搭建起沟通的桥梁,同时也会开启企业级的数据保护和权限许可。

- 特效:Windows 10 的 Aero 效果华丽,有碰撞效果、水滴效果,还有丰富的桌面主题,与此同时用户还可以轻松搭配出符合用户个性的系统界面。这些都比 Vista 增色不少。

- 效率:Windows 10 中,系统集成的搜索功能非常强大,只要用户打开"开始"菜单并开始输入搜索内容,不论要查找应用程序、文本文档等,搜索功能都能自动运行,给用户的操作带来极大的便利。

- 小工具:Windows 10 的小工具更加丰富,并删除了像 Windows Vista 的侧边栏,这样小工具可以放在桌面的任何位置,而不只是固定在侧边栏。用户可以通过各类小工具查看日历、时钟、系统性能、硬件温度及电池用量等。

- 高效搜索框:Windows 系统资源管理器的搜索框在菜单栏的右侧,可以灵活调节宽窄。它能快速搜索 Windows 中的文档、图片、程序、Windows 帮助甚至网络等信息。Windows 7 系统的搜索是动态的,当我们在搜索框中输入第一个字时,

Windows 7 的搜索就已经开始工作，大大提高了搜索效率。

任务实施

1. 启动 Windows 10

如果计算机只安装了唯一的操作系统，那么启动 Windows 10 与启动计算机是同步的。启动计算机时，首先要连通计算机的电源，然后依次打开显示器电源开关和主机电源开关。稍后，屏幕上将显示计算机的自检信息，如显卡型号、主板型号和内存大小等。

通过自检程序后，将显示欢迎界面，如果用户在安装系统时设置了用户名和密码，将出现 Windows 10 登录界面，如图 2-1-2 所示。在用户名下方的密码空格框中输入正确密码后按 Enter 键，计算机将开始载入用户配置信息，并进入 Windows 10 的工作界面。

图 2-1-2　Windows 10 登录界面

Windows 10 是图形化的计算机操作系统，用户通过对该操作系统的控制来实现对计算机软件和硬件系统各组件的控制，使它们能协调工作。完成登录并进入 Windows 10，首先看到的就是桌面，如图 2-1-3 所示。Windows 10 的所有程序、窗口和图标都是在桌面上显示和运行的。

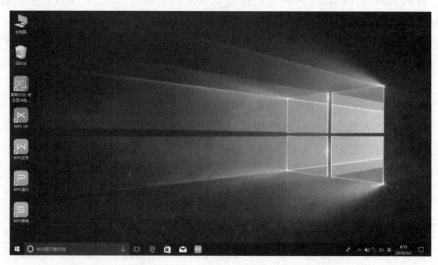

图 2-1-3　Windows 10 桌面

2. 切换及注销用户

1）切换用户

如果在操作过程中需要切换到另一个用户账户，可右击"开始"按钮，在弹出的"开始"菜单中，用鼠标指针指向"关闭"按钮旁边的箭头，然后在弹出的子菜单中单击"切换用户"命令。此时系统会保持当前用户工作状态不变，再返回到登录界面中，选择其他用户账户登录即可。

2）注销

右击"开始"按钮，鼠标指针指向"关机或注销"按钮旁边的箭头，然后选择"注销"命令，即可将当前用户注销，如图 2-1-4 所示。用户注销后，正在使用的所有程序都会关闭，但计算机不会关闭。此时其他用户可以登录而无须重新启动计算机。注销和切换用户不同的是注销功能不会保存当前用户的工作状态。

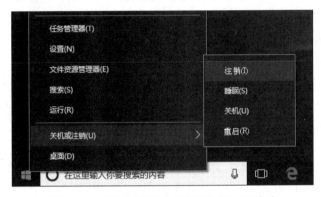

图 2-1-4　"开始"菜单中的"关机或注销"命令

3. 关机

正确关闭计算机需单击"开始"按钮，然后单击"开始"菜单右下角的"关机"按钮。在单击"关机"按钮后，计算机关闭所有打开的程序以及 Windows 本身，然后完全关闭计算机和显示器。关机不会保存数据，因此必须首先保存好文件。

知识拓展

1. 什么是操作系统

操作系统（operating system，OS）实际上是一组程序，用于管理计算机硬件、软件资源，合理地组织计算机的工作流程，协调计算机系统各部分之间、系统与用户之间、用户与用户之间的关系。

操作协调的主要功能如下。

（1）处理器管理：当多个程序同时运行时，解决处理器（CPU）时间的分配问题。

（2）作业管理：完成某个独立任务的程序及其所需的数据组成一个作业。作业管理的任务主要是为用户提供一个使用计算机的界面使其方便地运行自己的作业，并对所有进入系统的作业进行调度和控制，尽可能高效地利用整个系统的资源。

（3）存储器管理：为各个程序及其使用的数据分配存储空间，并保证它们互不干扰。

（4）设备管理：根据用户提出使用设备的请求进行设备分配，同时还能随时接收设备的请求（称为中断），如要求输入信息。

（5）文件管理：主要负责文件的存储、检索、共享和保护，为用户提供文件操作的方便。

2. Windows 操作系统的发展史

Microsoft 公司从 1983 年开始研制 Windows 系统，第一个版本的 Windows 1.0 于 1985 年问世，它是一个具有图形用户界面的系统软件。

1987 年推出了 Windows 2.0，最明显的变化是采用了相互叠盖的多窗口界面形式。

1990 年 5 月 22 日，Windows 3.0 正式发布，由于在界面、人性化、内存管理多方面的巨大改进，Windows 3.x 系列成为 Windows 发展的转折点，获得了用户的认同，开始成为主流的操作系统。

1995 年 8 月 24 日，Windows 95 发布，它是一个混合的 16 位/32 位系统，可以脱离 DOS 运行，成为一个独立的操作系统，它彻底地取代了 3.x 系列和 DOS 版 Windows，获得了巨大的成功。Windows 95 新的桌面、任务栏及"开始"菜单依然存在于今天的 Windows 系统中。

1998 年 6 月，Windows 98 正式发布。人们普遍认为，Windows 98 并非一款新的操作系统，它只是提高了 Windows 95 的稳定性。

2000 年 2 月，Windows 2000 发布。Windows 2000 包括一个用户版和一个服务器版。Windows 2000 是一个可中断的、图形化的及面向商业环境的操作系统，为单一处理器或对称多处理器的 32 位 Intel x86 计算机而设计。

2001 年 10 月 25 日，Microsoft 发布了 Windows XP，Windows XP 提供了全新的用户界面、更加易用的操作方式、更加优秀的稳定性，获得了用户广泛的认同，成为 Windows 系列最为成功的操作系统之一。著名的市场调研机构 Forrester 公司统计的数据显示，Windows XP 发布多年后的 2009 年 2 月，Windows XP 仍占据 71% 的企业用户市场。

2006 年 11 月 30 日，Windows Vista 开发完成并正式进入批量生产。此后的两个月仅向 MSDN 用户、计算机软硬件制造商和企业客户提供。在 2007 年 1 月 30 日，Windows Vista 正式对普通用户出售。该系统相对于 Windows XP，内核几乎全部重写，增加了大量的新功能。但此后便爆出该系统兼容性存在很大的问题。微软 CEO 史蒂芬·鲍尔默也公开承认，Vista 是一款失败的操作系统产品。

2009 年 10 月 22 日，微软于美国正式发布 Windows 7，此版本集成了 DirectX11 和 Internet Explorer 8，桌面窗口管理器（DWM.exe）能充分利用 GPU 的资源进行加速，而且支持 Direct3D 10.1 API。

2014 年 10 月 1 日,微软在旧金山召开新品发布会,对外展示了新一代 Windows 操作系统,将它命名为"Windows 10",新系统的名称跳过了 9 这个数字。

2015 年 1 月 21 日,微软在华盛顿发布新一代 Windows 系统,并表示向运行 Windows 7、Windows 8.1 及 Windows Phone 8.1 的所有设备提供,用户可以在 Windows 10 发布后的第一年享受免费升级服务。2 月 13 日,微软正式开启 Windows 10 手机预览版更新推送计划。3 月 18 日,微软中国官网正式推出了 Windows 10 中文介绍页面。4 月 22 日,微软推出了 Windows Hello 和微软 Passport 用户认证系统,微软现今又公布了名为 DeviceGuard(设备卫士)的安全功能。4 月 29 日,微软宣布 Windows 10 将采用同一个应用商店,即可展示给 Windows 10 覆盖的所有设备用,同时支持 Android 和 iOS 程序。7 月 29 日,微软发布 Windows 10 正式版。

技能拓展

1. 锁定计算机

在临时离开计算机时,为保护个人的信息不被他人窃取,可将计算机设置为"锁定"状态。操作方法是单击"开始"按钮,在弹出的"开始"菜单中,单击"关闭"按钮右侧的扩展按钮,选择"锁定"命令。一旦锁定计算机,则只有当前用户或管理员才能将其解除锁定。

2. 睡眠

如果在使用过程中需要短时间离开计算机,可以选择睡眠功能,而不是将其关闭,一方面可以省电,另一方面又可以快速地恢复工作。在计算机进入睡眠状态时,只对内存供电,用以保存工作状态的数据,这样计算机就处于低功耗运行状态中。

睡眠功能并不会将桌面状态保存到硬盘中,启动睡眠功能前虽然不需要关闭程序和文件,但如果在睡眠过程中断电,那么未保存的信息将会丢失,因此在将计算机置于低功耗模式前,最好还是保存数据。

若要唤醒计算机,可按一下电源按钮或晃动 USB 鼠标,不必等待 Windows 启动,数秒钟内即可唤醒计算机,快速恢复离开前的工作状态。

按下的"Windows 键+L"组合键也可以快速锁屏。

任务总结

通过本子任务的实施,应掌握下列知识和技能。

- 了解操作系统的概念和功能。
- 了解 Windows 操作系统的发展历程。
- 熟悉 Windows 10 操作系统的启动和关闭方法。
- 能够使用注销、锁定、睡眠等功能。

子任务 2.1.2   设置个性化桌面

任务描述

桌面是 Windows 10 最基本的操作界面，启动计算机并登录到 Windows 10 之后看到的主屏幕区域就是桌面，每次使用计算机都是从桌面开始的。Windows 10 桌面的组成元素主要包括桌面背景、图标、"开始"按钮、快速启动工具栏、任务栏等。本子任务将讲述桌面的各组成部分和基本操作方法，以及设置个性化桌面的技巧。

相关知识

1. 桌面背景

桌面背景是指系统的背景图案，也称为墙纸。用户可以根据需要设置桌面的背景图案。

2. 图标

Windows 10 操作系统中，所有的文件、文件夹和应用程序都是由相应的图标来表示的。操作系统将各个复杂的程序和文件用一个个生动形象的小图片来表示，可以很方便地通过图标辨别程序的类型，并进行一些文件操作，如双击图标即可快速启动或打开该图标对应的项目。桌面图标一般可分为系统图标、快捷方式图标和文件图标。

- 系统图标：由操作系统定义的，安装操作系统后自动出现的图标，包括"计算机""回收站"等。
- 快捷方式图标：在桌面图标中，有些图标上带有小箭头，表示文件的快捷方式。快捷方式并不是原文件，而是指向原文件的一个链接，删除后不会影响其指向的原文件。
- 文件图标：桌面和其他文件夹一样，可以保存文件，如图片、文档、音乐等可以保存在桌面上以方便直接查看和应用。这些文件在桌面上显示的图标即为文件图标。文件图标是一个具体的文件，删除后文件即丢失。

3. 任务栏

任务栏是一个水平的长条，默认情况下位于桌面底端，由一系列功能组件组成，从左到右依次为"开始"按钮、程序按钮区、通知区域和"显示桌面"按钮。

- "开始"按钮：位于任务栏最左侧，图标为，用于打开"开始"菜单。"开始"菜单中包含系统大部分的程序和功能，几乎所有的工作都可以通过"开始"菜单进行。
- 程序按钮区：位于任务栏中间，外观如图 2-1-5 所示。用于显示正在运行的程序和打开的文件。所有运行的程序窗口都将在任务栏中以按钮的形式显示,单击程序按钮即可显示相应的程序。

图 2-1-5　任务栏程序按钮区

- 通知区域:位于任务栏右侧,包括时钟、音量图标、网络图标、语言栏等,外观如图 2-1-6 所示。双击通知区域中的图标通常会打开与其相关的程序或设置,有的图标还能显示小的弹出窗口(也称通知)以通知某些信息。一段时间内未使用的图标会被自动隐藏在通知区域中,用户也可自己设置图标的显示或隐藏。

图 2-1-6　任务栏通知区域

- "显示桌面"按钮:位于任务栏的最右侧,是一个透明的按钮,可快速通过透视的方式查看桌面状态。

任务实施

1. 设置桌面背景

(1) 在桌面空白处右击,在弹出的快捷菜单中选择"个性化"命令,如图 2-1-7 所示。

图 2-1-7　桌面右键快捷菜单

(2) 在弹出的"个性化"窗口中单击位于下方的"桌面背景"链接,即弹出"桌面背景"窗口,可选择系统自带的背景图片。单击选中图片左上方的复选框,也可选择计算机中保存的其他图片。单击"浏览"按钮,在"浏览"对话框中选择需要的图片,如图 2-1-8 所示。

(3) 选择完成后保存修改的内容,即可更换桌面背景,操作如图 2-1-9 所示。

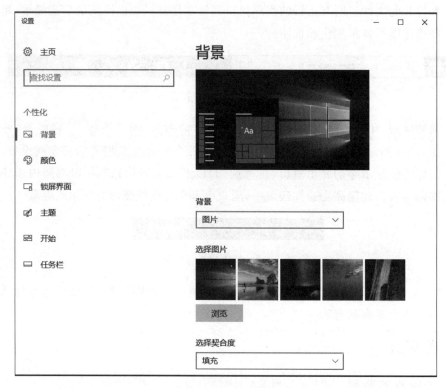

图 2-1-8 "个性化"窗口

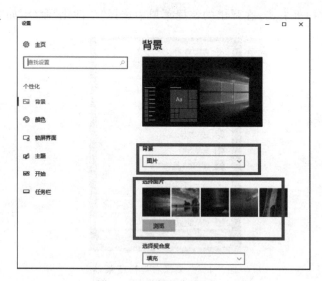

图 2-1-9 "桌面背景"窗口

2. 添加、删除和排列桌面上的图标

1) 添加和删除系统图标

在桌面图标中,"计算机""回收站""网络""控制面板"等图标属于 Windows 系统图

标。添加和删除系统图标的具体操作如下。

（1）在桌面空白处右击，在弹出的快捷菜单中选择"个性化"命令，弹出"个性化"窗口；或单击"开始"按钮，在"开始"菜单中选择"设置"命令，打开"个性化"中的"主题"窗口。

（2）在"主题"窗口的左窗格中单击"桌面图标设置"，弹出"桌面图标设置"对话框，如图 2-1-10 和图 2-1-11 所示。

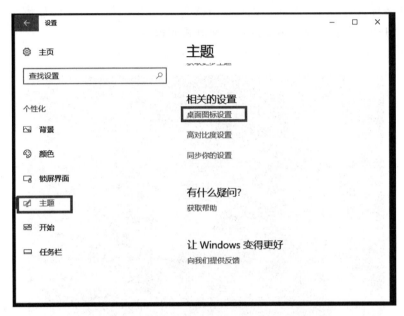

图 2-1-10　"主题"窗口

图 2-1-11　"桌面图标设置"窗口

（3）在"桌面图标"栏中选中要在桌面上显示的图标对应的复选框，单击"确定"按钮。单击"更改图标"按钮可以更改默认图标。

若要删除系统图标，则只需按照前面的操作，在"桌面图标"栏中取消图标对应的复选框，单击"确定"按钮即可。

2）添加和删除快捷方式图标

以创建系统自带的"画图"程序的快捷方式为例，介绍如何为程序添加快捷方式。

（1）在"开始"菜单中选择想要建立快捷方式的程序。

（2）直接将程序图标拖到桌面即可，如图 2-1-12 所示。

图 2-1-12　创建"画图"程序的快捷方式

删除桌面上的快捷方式图标的方法如下：在桌面上选择想要删除的快捷方式，右击，在弹出的快捷菜单中选择"删除"命令，或在选取对象后按 Del 键（或按 Shift＋Del 组合键），都可以删除选中的快捷方式图标。删除应用程序的快捷方式，并不会卸载程序。

3）排列桌面图标

如果用户桌面上的图标较多，可安排图标的排列顺序，使桌面看起来更加整洁美观且方便操作。其操作如下。

（1）在桌面空白处右击，出现一个快捷菜单。

（2）选择"查看"命令，将弹出一个子菜单，如图 2-1-13 所示。

（3）在子菜单中如果取消"显示桌面图标"命令的选中状态，则桌面的图标会全部消失；如果取消"自动排列图标"命令的选中状态，则可以使用鼠标拖动图标将其摆放在桌面的任意位置。

Windows 10 提供多种图标排序方式，如图 2-1-14 所示。在"排序方式"命令的下一级子菜单中可以选择按名称、大小、项目类型、修改时间进行排序。

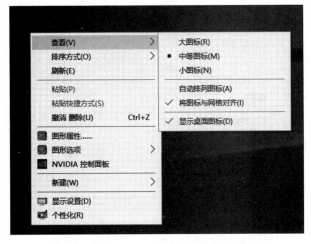

图 2-1-13　"查看"子菜单

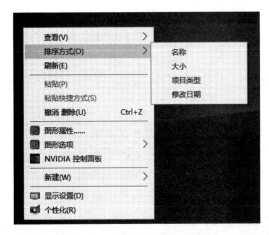

图 2-1-14　"排序方式"子菜单

Windows 10 还提供大、中、小图标的查看方式,通过"查看"子菜单可进行设置,也可使用鼠标上的滚轮调整桌面图标的大小。在桌面上,滚动鼠标滚轮的同时按住 Ctrl 键,即可放大或缩小图标。

3. 显示或隐藏任务栏

任务栏通常位于桌面底端,可以隐藏任务栏以创造更多的空间。

1) 显示任务栏

如果任务栏被隐藏,可将鼠标指向桌面底部(也可能是指向侧边或顶部),任务栏即可弹出。

2) 隐藏任务栏

(1) 在任务栏上右击,选择"属性"命令。

(2) 在弹出的"任务栏和'开始'菜单属性"对话框中选择"任务栏"选项卡。

（3）选中"任务栏外观"下的"自动隐藏任务栏"复选框，单击"确定"按钮，如图 2-1-15所示。

图 2-1-15 "任务栏"选项卡

4. 快速显示桌面

单击任务栏最右侧的"显示桌面"按钮可以显示桌面，还可以通过将鼠标光标指向"显示桌面"按钮而不是单击来临时查看或快速查看桌面。指向"显示桌面"按钮时，所有打开的窗口都会淡出视图，以显示桌面。如图 2-1-16 所示的是桌面透视效果。若要再次显示这些窗口，只需将鼠标光标移开"显示桌面"按钮。另外也可使用 Win（Windows 徽标键）＋D组合键将所有当前打开的窗口最小化，可立即显示桌面信息。

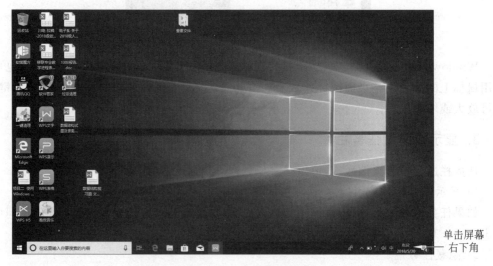

单击屏幕
右下角

图 2-1-16 桌面透视效果

知识拓展

下面认识一下"开始"菜单。

"开始"菜单是 Windows 10 操作系统中最常用的组件,它是启动程序的一条捷径,从"开始"菜单中可以启动程序、打开文件、获得帮助和支持、搜索文件等。单击任务栏最左端的"开始"按钮 ▦ 或者按下键盘上的"Windows 徽标键",则可以打开 Windows 10 的"开始"菜单,如图 2-1-17 所示。

图 2-1-17　"开始"菜单

在"开始"菜单的右上方显示的是当前登录用户的账户图片,通过该账户按钮可以方便地对本地账户进行管理。"开始"菜单的左侧一列区域中列出了用户经常使用的程序的快捷方式,右侧一列区域中汇集了包括诸如"计算机""文档""控制面板""运行"等常见任务,同时提供了更多的如"图片""音乐""游戏"等许多功能选项,使用户的操作更加简单快捷。

技能拓展

下面说明如何使用跳转列表。

跳转列表是 Windows 10 中的新增功能,可帮助用户快速访问常用的文档、图片、歌曲或网站。在跳转列表中看到的内容完全取决于程序本身。如 Internet Explorer 的跳转列表可显示经常浏览的网站,Windows Media Player 12 会列出经常播放的歌曲,Word 2010 列出了最近使用过的文档。跳转列表不仅显示文件的快捷方式,有时还会提供相关命令,例如撰写新电子邮件或进行音乐的快捷播放。

使用跳转列表的方法:右击 Windows 10 任务栏上的"程序"按钮,即可打开跳转列表,如图 2-1-18 所示。

图 2-1-18　　使用跳转列表便捷访问

任务总结

通过本子任务的实施，应掌握下列知识和技能。
- 了解"开始"菜单的功能。
- 掌握任务栏的构成和显示、隐藏方法。
- 掌握创建应用程序快捷方式的方法。
- 掌握在桌面添加小工具的方法和技巧。
- 掌握跳转列表的使用技巧。

子任务 2.1.3　窗口与对话框的操作

任务描述

窗口是 Windows 10 操作系统的主要工作界面，不管是打开一个文件还是启动一个应用程序，它们都以窗口的形式运行在桌面上，用户对系统中各种信息的浏览和处理基本上是在窗口中进行的。本子任务将介绍窗口的构成和对话框的操作，为进一步使用 Windows 10 操作系统打下基础。

相关知识

1. 窗口的构成

程序所具备的全部功能都浓缩在窗口的各种组件中,虽然每个窗口的内容各不相同,但大多数窗口都具有相同的基本组件,主要包括标题栏、工具栏、滚动条、边框等。

一个典型的窗口及其所有组成部分,如图 2-1-19 所示。下面介绍几个组成部分的作用。

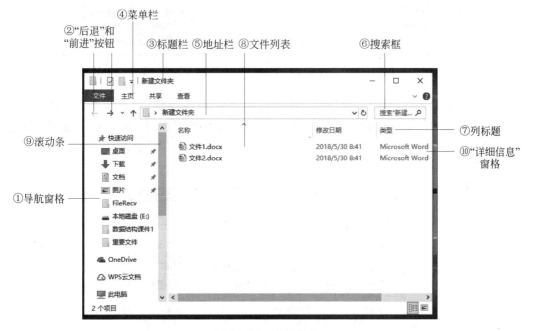

图 2-1-19　文档窗口

标题栏:位于窗口的最顶端,主要用于显示文档和程序的名称。其中左侧显示了应用程序的图标和标题,单击该图标可以显示如图 2-1-20 所示的系统菜单,从中可以选择移动、最小化、最大化、关闭等命令。其最右侧有三个按钮:最小化按钮、最大化按钮和关闭按钮,这些按钮分别可以隐藏窗口、放大窗口使其填充整个屏幕以及关闭窗口。

菜单栏:一般位于标题栏的下方,它上面的每一个菜单都有下拉式菜单,每个下拉菜单中都有一些命令,如图 2-1-21 所示。如果在菜单命令后面有省略号,表示选择该命令会打开对话框;如果在菜单命令后面有一个小三角形,表示该命令还有下一级子菜单;如果某个菜单命令为灰色,表示该命令当前不能使用。一般来说,通过菜单可以访问应用程序的所有命令。

滚动条:分为水平滚动条和垂直滚动条,在当前窗口无法显示文档的全部内容时,通过拖动滚动条可以显示文档的不同部分。

2. 认识对话框

对话框是用户更改程序设置或提交信息的特殊窗口,常用于需要人机对话等进行交互操作的场合。对话框有许多和窗口相似的元素，如标题栏、关闭按钮等，不同的是，通常对话框没有菜单栏，大小固定，不能进行缩放和最大化等操作。

图 2-1-20　程序图标下的系统菜单

图 2-1-21　菜单栏中的命令

对话框通常包含标题栏、选项卡、复选框、单选按钮、文本框、列表框等。对话框中的标题栏同窗口中的标题栏相似，给出了对话框的名称和关闭按钮。对话框的选项呈黑色时表示为可用选项，呈灰色时则表示为不可用选项。图 2-1-22 所示的就是一个 Windows 的对话框。

图 2-1-22　"字体"对话框

任务实施

1. 最大化与最小化窗口

窗口通常有三种显示方式：一种是占据屏幕的一部分显示，一种是全屏显示，还有一种是将窗口隐藏。改变窗口的显示方式需要涉及三种操作，即最大化、还原和最小化窗口。

1）最大化与还原窗口

当窗口较小不便操作时，可将窗口最大化到整个屏幕，方法有以下几种。

（1）单击窗口右上角的"最大化"按钮，即可将窗口最大化。最大化窗口之后，"最大化"按钮将变为"向下还原"按钮，单击该按钮，窗口将恢复为原来的大小。

（2）双击窗口的标题栏可将窗口最大化，在最大化时再次双击标题栏即可还原为原窗口大小。

（3）单击标题栏并拖动窗口至屏幕顶端，窗口会自动变为最大化状态，向下拖动窗口，窗口将还原为原始大小。

2）最小化窗口

该操作可以使窗口暂时不在屏幕上显示。其具体方法是：直接单击窗口右上角的"最小化"按钮，或在标题栏左侧应用程序图标处单击，在弹出的菜单中选择"最小化"命令。

最小化窗口后，窗口并未关闭，对应的应用程序也未终止运行，只是暂时被隐藏起来在后台运行，只要单击任务栏上相应的程序按钮，即可恢复窗口的显示。

2. 移动窗口位置

移动窗口的位置就是改变窗口在屏幕上的位置。方法是将鼠标指针指向窗口的标题栏上，按住鼠标左键往任意方向拖动鼠标，这时窗口会跟着鼠标指针一起移动，拖到合适的位置后释放鼠标左键即可。"计算机"窗口移动前后如图 2-1-23 和图 2-1-24 所示。

图 2-1-23　窗口移动前

3. 改变窗口的大小

如果用户需要改变窗口的大小，可以对窗口进行缩放操作。将鼠标指针移动到窗口的边框或边角上，当鼠标指针变成双向箭头时，如图 2-1-25 所示，按下鼠标左键并拖动窗口，使其大小到合适位置时松手即可。

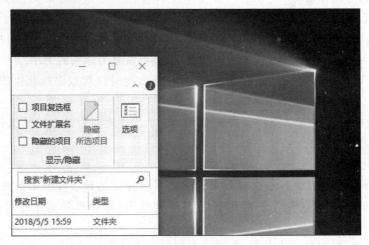

图 2-1-24　窗口移动后

4. 关闭窗口

要关闭窗口，只需单击窗口右上方（标题栏右侧）的"关闭"按钮即可。另外，还可以通过以下方法来关闭窗口。

1）通过标题栏图标关闭窗口

如图 2-1-26 所示，在程序窗口的标题栏左侧图标处单击，在弹出的下拉菜单中选择"关闭"命令。

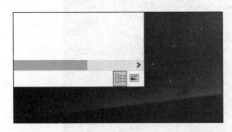

图 2-1-25　利用边框改变窗口的大小

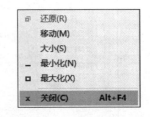

图 2-1-26　单击图标关闭窗口

2）通过任务栏关闭窗口

（1）将鼠标指针指向任务栏中的程序按钮，弹出程序窗口的缩略图，如图 2-1-27 所示，单击缩略图右上方的"关闭"按钮即可。

（2）在任务栏"程序"按钮处右击，在弹出的快捷菜单中选择"关闭窗口"命令，也可关闭窗口，如图 2-1-28 所示。

3）通过快捷键关闭窗口

选择需要关闭的窗口，按 Alt＋F4 组合键，即可快速关闭当前活动窗口。

图 2-1-27 在缩略图中关闭窗口

图 2-1-28 程序按钮右击关闭窗口

知识拓展

1. Live Taskbar 预览

在 Windows 10 中,鼠标光标指向任务栏上的按钮可以查看其打开窗口的实时预览(包括网页和视频等)。将鼠标光标移动至缩略图上方可全屏预览窗口,单击可打开窗口。还可以直接从缩略图预览中关闭窗口以及暂停视频和歌曲,非常方便快捷。图 2-1-29 所示为预览效果。

图 2-1-29 Live Taskbar 预览

Live Taskbar 预览仅在 Windows 10 家庭高级版、专业版、旗舰版和企业版中适用。

2. 切换窗口

在 Windows 10 系统中,用户可以同时运行多个应用程序。如果想要对其中某个窗口进行程序操作或编辑,需要先将该窗口变为当前活动窗口。默认情况下,当前窗口会显示在最前端,切换窗口可让窗口变为当前窗口,基本方法主要有以下两种。

(1) 在桌面上单击某个窗口的任意部位,即切换到该窗口。

(2) 在任务栏中单击某个程序的窗口,即切换到该窗口。

如果打开了多个同一类型的窗口，在任务栏中它们会被合并到同一按钮中，将鼠标光标指向程序按钮，会显示该组所有窗口的缩略图，单击要切换的窗口的缩略图，即可切换到该窗口。

技能拓展

1. 使用 Alt＋Tab 组合键进行窗口预览与切换

使用 Alt＋Tab 组合键可以在所有打开的窗口之间轮流切换，操作方法是：按下 Alt 键不放，然后按下 Tab 键，在桌面中央将出现一个对话框，它显示了目前正在运行的所有窗口，还有一个透明的突出的外框包围其中一个窗口缩略图，如图 2-1-30 所示。按住 Alt 键，不停地按动 Tab 键，透明外框会依次从左到右在不同的缩略图中移动（如按住 Shift＋Alt＋Tab 组合键，则可以从右往左切换），外包围的是什么缩略图，在释放 Alt 键时，该程序窗口就会显示在桌面的最上层。

图 2-1-30　窗口切换缩略图

2. 使用 Aero 三维窗口进行窗口预览与切换

Windows 10 还提供了一种 3D 模式的窗口切换方式——Areo 三维窗口切换，它以三维堆栈排列窗口，按下"Windows 徽标键＋Tab"组合键可进入 Windows Flip 3D 模式。使用三维窗口切换的步骤如下。

（1）按下 Windows 徽标键（简称 Win 键）的同时按 Tab 键，可打开三维窗口切换功能，此时所有窗口将显示有一定倾斜角度的 3D 预览界面，如图 2-1-31 所示。

（2）在按住 Win 键不放的同时反复按 Tab 键，可以让当前打开的程序窗口从后向前滚动。

（3）释放 Win 键可以显示堆栈中最前面的窗口，用户也可以单击堆栈中的某个窗口的任意部分来选择窗口作为当前窗口。

图 2-1-31　窗口切换的 3D 预览界面

任务总结

通过本子任务的实施,应掌握下列知识和技能。

- 了解窗口的构成。
- 了解对话框的构成。
- 掌握窗口的菜单操作。
- 熟悉 Windows 10 系统下窗口的打开、关闭、最大化、最小化和还原操作。

任务 2.2　管理文件和文件夹

子任务 2.2.1　认识文件与文件夹

任务描述

信息资源的主要表现形式是程序和数据,在 Windows 10 系统中,所有的程序和数据都是以文件的形式存储在计算机中。要管理好计算机中的信息资源就要管理好文件和文件夹。本子任务将介绍文件和文件夹的基本概念和操作方法,便于大家管理好计算机中的资源。

相关知识

1. 文件的基本概念

文件是指存储在磁盘上的一组相关信息的集合,包含数据、图像、声音、文本、应用程序等,它们是独立存在的,且都有各自的外观。一个文件的外观由文件图标和文件名称组

93

成,用户通过文件名对文件进行管理。文件名由主文件名和扩展名两部分组成,中间用
"."隔开,如"志忑.mp3""歌词.txt""光雾山.jpg"等,其中主文件名表示文件的内容,扩展
名表示文件的类型。图 2-2-1 所示是一些常见的文件图标。

简历　　　　腾讯QQ　　　　迅雷7　　　　boy

图 2-2-1　常见的文件图标

2. 文件的类型

在 Windows 10 操作系统下,文件大致可以分为两种: 程序文件和非程序文件。当用
户选中程序文件,双击或按 Enter 键后,计算机就会打开程序文件,打开的方式就是运行
它。当用户选中非程序文件,双击或按 Enter 键后,计算机也会打开它,这个打开的方式
是用特定的程序去打开,而用什么特定程序来打开则取决于这个文件的类型。

文件的类型一般以扩展名来标识,表 2-2-1 列出了常见的扩展名对应的文件类型。

表 2-2-1　常见的扩展名对应的文件类型

扩展名	文件类型	扩展名	文件类型
.com	命令程序文件	.txt /.doc /.docx	文本文件
.exe	可执行文件	.jpg /.bmp /.gif	图像文件
.bat	批处理文件	.mp3 /.wav /.wma	音频文件
.sys-	系统文件	.avi /.rm /.asf /.mov	影视文件
.bak	备份文件	.zip /.rar	压缩文件

3. 文件夹的作用

文件夹是文件的集合,即把相关的文件存储在同一个文件夹中,它是计算机系统组织
和管理文件的一种形式。由于对文件进行合理的分类是整理计算机文件系统的重要工作
之一,因此文件夹显得十分重要。文件夹也有名称,但是没有扩展名,在文件夹中还可以
建立其他文件夹(子文件夹)和文件。默认情况下文件夹的外观是一个黄色的图标,如
图 2-2-2 所示。

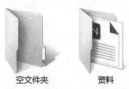

空文件夹　　　资料

图 2-2-2　空文件夹和包含文件的文件夹

任务实施

1. 浏览文件和文件夹

用户查看和管理文件的主要工具是"计算机"窗口,通过"开始"菜单打开"计算机"窗口,可看到窗口中显示了所有连接到计算机的存储设备。如果要浏览某个盘中的文件,只需双击该盘的分区图标即可。

在打开文件夹时,可以更改文件在窗口中的显示方式来进行浏览。操作方式有下面两种。

(1) 单击窗口工具栏中的"视图"按钮,每单击一次都可以改变文件和文件夹的显示方式,显示方式在五个不同的视图间循环切换,即大图标、列表、详细信息、平铺、内容。

(2) 单击"视图"按钮右侧的黑色箭头,则有更多的显示方式可供选择,如图 2-2-3 所示。向上或向下移动滑块可以微调文件和文件夹图标的大小,随着滑块的移动,可以改变图标的显示方式。

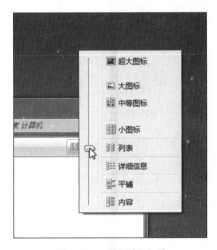

图 2-2-3　"视图"选项

2. 查找文件

如果计算机中的文件信息较多,查找文件可能会浏览众多的文件夹和子文件夹,为了快速查找到所需文件,可以使用搜索框进行查找。

1) 使用"开始"菜单中的搜索框

若要使用"开始"菜单查找文件或程序,可遵循以下操作步骤。

(1) 单击"开始"按钮,打开"开始"菜单。

(2) 鼠标光标定位在"开始"菜单下方的搜索框中,如图 2-2-4 所示。

图 2-2-4　"开始"菜单搜索框

（3）在搜索框中输入文件名或文件名的一部分，如图 2-2-5 所示。

（4）在搜索框中输入内容后，与所输入文本相匹配的项将出现在"开始"菜单上，搜索结果基于文件名中的文本、文件中的文本和标记、其他文件属性。

2）使用文件夹窗口中的搜索框

搜索框位于窗口的顶部，搜索将查找文件名和内容中的文本，以及标识等文件属性中的文本。执行的操作是：打开某个窗口作为搜索的起点，在搜索框中输入文件名或文件名的一部分，输入时，系统将筛选文件夹中的内容，以匹配输入内容的每个连续字符，看到需要的文件后，可停止输入。图 2-2-6 和图 2-2-7 所示为在窗口的搜索框中查找文件。

图 2-2-5　"开始"菜单搜索框的匹配结果

图 2-2-6　"计算机"窗口中的搜索框

3. 设置个性化的文件夹图标

默认模式下文件夹都为黄色的图标，难免单调且不易区分，用户可根据自己的喜好更改文件夹图标的样式，操作步骤如下。

（1）右击需要更改图标的文件夹，在弹出的快捷菜单中选择"属性"命令，如图 2-2-8 所示。

（2）在弹出的"属性"对话框中切换到"自定义"选项卡，单击"更改图标"按钮，如图 2-2-9 所示。

（3）在弹出的"更改图标"对话框图标列表中选择需要设置的图标，如图 2-2-10 所示。

（4）依次单击"确定"按钮以保存设置，文件夹的图标就被更换了，如图 2-2-11 所示。

图 2-2-7 搜索框匹配结果

图 2-2-8 文件夹属性

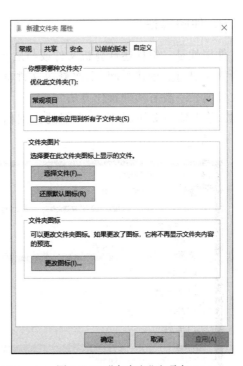

图 2-2-9 "自定义"选项卡

图 2-2-10　"更改图标"对话框

图 2-2-11　文件夹更改图标后的效果

知识拓展

1. 文件的属性

文件属性是一组描述计算机文件或与之相关的元数据，提供了有关文件的详细信息，如作者姓名、标记、创建时间、上次修改文件的日期、大小、类别、只读属性、隐藏属性等。查看文件属性一般有两种操作方法。

（1）单击选中文件，在窗口底部的详细信息窗格中会显示出该文件的部分属性，如图 2-2-12 所示。

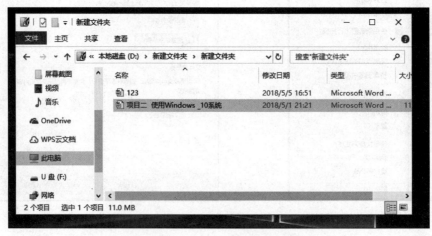

图 2-2-12　窗口的"详细信息"窗格

（2）右击文件，在弹出的快捷菜单中选择"属性"命令，也可查看文件的属性，如图 2-2-13 所示。

图 2-2-13　文件的"属性"对话框

2. 路径

在 Windows 10 中，文件夹是按树形结构来组织和管理的。在文件夹树形结构中，每一个磁盘分区都有唯一的一个根文件夹，在根文件夹下可以建立子文件夹，子文件夹下还可以继续建立子文件夹。从根文件夹开始到任何一个文件或文件夹都有唯一的一条通路，我们把这条通路称为路径。路径以盘符开始，盘符是用来区分不同的硬盘分区、光盘、移动设备等的字母。一般硬盘分区从字母 C 开始排列。路径上的文件或文件夹用反斜线"\"分隔，盘符后面应带有冒号，如"C:\Windows \System32\cmd.exe"，表示 C 盘下 Windows 文件夹中的 System32 文件夹的 cmd.exe 文件。

技能拓展

1. 更改文件的只读或隐藏属性

文件通常有存档、只读、隐藏几种属性，如果不希望文件被他人查看或修改，可将文件属性设置为"只读"或"隐藏"。设置的步骤如下。

（1）在文件夹窗口中右击要设置的文件，在弹出的快捷菜单中选择"属性"命令，如图 2-2-14 所示。

（2）在弹出的"属性"对话框中选中下方的"只读"或"隐藏"复选框，然后单击"确定"按钮即可。若设置为"隐藏"，则文件变成浅色图标，刷新窗口后，文件即消失而不可见。

如果要取消文件的"只读"或"隐藏"属性，只需按上面的操作方法取消选中的"只读"或"隐藏"复选框即可。

图 2-2-14　文件的快捷菜单

2. 显示隐藏文件和文件夹

如果需要显示被隐藏的文件，可以按照以下的操作修改文件夹的设置。

（1）在任意文件夹窗口中单击工具栏中的"查看"按钮，在弹出的下拉菜单中选择"隐藏的文件"命令。

（2）在弹出的"文件夹选项"对话框中切换到"查看"选项卡，在"高级设置"列表框中选中"显示隐藏的文件、文件夹和驱动器"选项。

执行以上操作后，被隐藏的文件将重新以浅色图标显示在窗口中。如果要取消隐藏文件，只需重新进入文件的"属性"对话框，取消选中的"隐藏"复选框即可。

任务总结

通过本子任务的实施，应掌握下列知识和技能：

* 了解文件和文件夹的概念。
* 了解常见文件类型的分类。
* 掌握文件夹图标的修改方法。
* 掌握搜索文件和文件夹的方法。
* 掌握文件夹选项设置的步骤。

子任务 2.2.2　文件和文件夹的操作

任务描述

管理文件和文件夹是日常使用最多的操作之一，除可以对文件和文件夹进行浏览查看外，文件和文件夹的基本操作还包括：新建文件（夹），重命名文件（夹），移动和复制文件（夹），删除和恢复文件（夹）等。本子任务将介绍这些操作的方法，以完成对计算机信息资源的管理。

相关知识

1．认识 Windows 10 的库

库是 Windows 10 提供的新功能，使用库可以更加便捷地查找、使用和管理计算机文件。库可以收集不同位置的文件，并将其显示为一个集合，而无须从其存储位置移动文件。可以在任务栏上单击 📁 打开库，也可选择"开始"→"所有程序"→"附件"→"Windows 资源管理器"命令打开库。

2．库的类别

Windows 10 提供了文档库、图片库、音乐库和视频库，如图 2-2-15 所示。用户可以对库进行快速分类和管理。

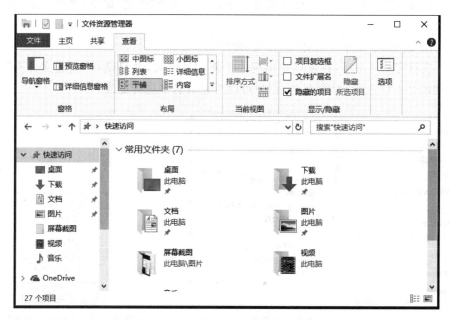

图 2-2-15　Windows 10 中库的类别

- 文档库：使用该库可组织和排列字处理文档、电子表格、演示文稿以及其他与文本有关的文件。默认情况下，移动、复制或保存到文档库的文件都存储在"我的文档"文件夹中。
- 图片库：使用该库可组织和排列数字图片，图片可从照相机、扫描仪或者从其他人的电子邮件中获取。默认情况下，移动、复制或保存到图片库的文件都存储在"我的图片"文件夹中。
- 音乐库：使用该库可组织和排列数字音乐，如从音频 CD 翻录或从 Internet 下载的歌曲。默认情况下，移动、复制或保存到音乐库的文件都存储在"我的音乐"文件夹中。
- 视频库：使用该库可组织和排列视频，例如取自数字相机、摄像机的剪辑，或者从

Internet 下载的视频文件。默认情况下，移动、复制或保存到视频库的文件都存储在"我的视频"文件夹中。

任务实施

1. 创建文件夹

当我们对文件进行归类整理时，通常需要创建新文件夹，以便将不同用途或类型的文件分别保存到不同的文件夹中。

用户可以在 Windows 10 的很多地方创建文件夹，Windows 10 将新建的文件夹放在当前位置。创建新文件夹的具体步骤如下。

（1）在计算机的驱动器或文件夹中找到要创建文件夹的位置。

（2）在窗口的空白处右击，打开快捷菜单并从中选择"新建"命令，弹出如图 2-2-16 所示的子菜单。

（3）在"新建"子菜单中选择"文件夹"命令。

（4）执行完前 3 步后，在窗口中出现一个新的文件夹，并自动以"新建文件夹"命名，名称框如图 2-2-17 所示，呈亮蓝色，用户可以对它的名字进行更改。

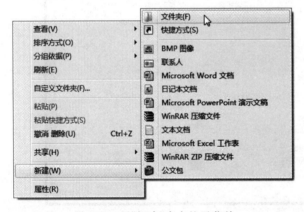

图 2-2-16　"新建"命令的子菜单

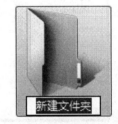

图 2-2-17　"新建文件夹"图标

（5）输入文件夹的名称，在窗口中的其他位置单击或按 Enter 键，即完成了文件夹的创建。

如果当前文件夹窗口中已经有了一个新建文件夹且未改名，则再次新建的文件夹将命名为"新建文件夹（1）"，并以此类推。

2. 选定文件和文件夹

在对文件或文件夹进行移动、复制、删除等操作时，首先应选定文件或文件夹，也就是说对文件和文件夹的操作都是基于选定操作对象的基础上的。

- 选定单个对象：单击对象即可。
- 选定连续对象：如果要选定一系列连续的对象，可在列表中选定所需的第一个对象后按住 Shift 键,再单击所需的最后一个对象,这样就能将首尾之间的文件全部选中。还可以单击文件列表中的空白处,按住鼠标左键不放,然后拖动鼠标拉出一个大小可变的选框,如图 2-2-18 所示,框中要选取的对象即可。

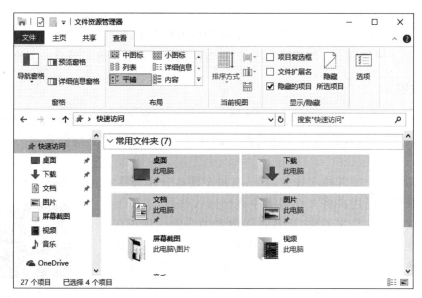

图 2-2-18　利用鼠标拖动框选文件和文件夹

- 选定多个分散的对象:如果要选定多个不连续的对象,按住 Ctrl 键,然后单击每个所需选择的对象。
- 选定全部对象:如果要选定窗口中的所有对象,选择"组织"→"全选"命令,也可以使用 Ctrl＋A 组合键快速选定所有对象。

将鼠标光标移动到窗口上任何空白处单击,就可以取消选中的文件或文件夹。

3. 重命名文件和文件夹

在使用计算机的过程中经常要重新命名文件或文件夹,因此可以给文件或文件夹一个清晰易懂的名字。要重命名文件或文件夹,可以按照下列方法之一进行操作。

(1) 单击需要重命名的文件或文件夹,停顿片刻(避免双击),再次在名称的位置单击,使之变成可修改状态,输入新名称后按 Enter 键确认。

(2) 右击需要修改的文件或文件夹,在弹出的快捷菜单中选择"重命名"命令,输入新名称后按 Enter 键确认。

(3) 单击需要修改的文件或文件夹,再按 F2 键,使其名称变为可修改状态,输入新名称后按 Enter 键确认。

知识拓展

1. 剪贴板的概念和特点

剪贴板是内存中的一部分,是 Windows 系统用来临时存放数据信息的区域,它好像是数据的中间站，可以在不同的磁盘或文件夹之间进行文件（或文件夹）的移动或复制操作，也可以在不同的应用程序之间交换数据。剪贴板不可见，因此即使使用它来复制和粘贴信息，在执行操作时也是看不到剪贴板的。

剪贴板的特点如下。

- 剪贴板中的信息保存在内存中，关机后就不存在了。
- 剪贴板中的信息可以使用多次，但是剪贴板中保存的信息是最近一次的。

2. 回收站

回收站主要用来存放用户临时删除的文档资料，存放在回收站的文件可以恢复。用好和管理好回收站，打造富有个性功能的回收站，可以更加方便我们日常的文档维护工作。

回收站是一个特殊的文件夹，默认在每个硬盘分区根目录下的 Recycler 文件夹中，而且是隐藏的。当用户将文件删除并移到回收站后，实质上就是把它放到了这个文件夹，仍然占用磁盘的空间。只有在回收站里删除它或清空回收站，才能使文件真正被删除，使计算机获得更多的磁盘空间。图 2-2-19 所示是回收站的默认图标。

图 2-2-19　"回收站"图标

技能拓展

1. 移动和复制文件、文件夹

每个文件和文件夹都有它们的存放位置。复制是将选定的文件或文件夹复制到其他位置，新的位置可以是不同的文件夹、不同的磁盘驱动器。复制包含"复制"与"粘贴"两个操作。复制文件或文件夹后，原位置的文件或文件夹不发生任何变化。

移动是将选定的文件或文件夹移动到其他位置，新的位置可以是不同的文件夹、不同的磁盘驱动器。移动包含"剪切"与"粘贴"两个操作。移动文件或文件夹后，原位置的文件或文件夹被删除。

1）复制操作

用鼠标拖动：选定对象，按住 Ctrl 键的同时拖动鼠标到目标位置。

用快捷键：选定对象，先按 Ctrl＋C 组合键，将对象内容存放于剪贴板中，然后切换到目标位置，再按 Ctrl＋V 组合键。

用快捷菜单：选定对象后右击，在弹出的快捷菜单中选择"复制"命令，然后切换到目标位置，右击窗口空白处，在弹出的快捷菜单中选择"粘贴"命令。

用菜单命令：选定对象后，在工具栏上选择"组织"→"复制"命令，然后切换到目标位置，选择"组织"→"粘贴"命令。

2）移动操作

用鼠标拖动：选定对象，按住鼠标左键不放，拖动鼠标到目标位置。

用快捷键：选定对象，先按 Ctrl＋X 组合键，将对象内容存放于剪贴板中，然后切换到目标位置,再按 Ctrl＋V 组合键。

用快捷菜单:选定对象后右击,在弹出的快捷菜单中选择"剪切"命令,然后切换到目标位置,右击窗口空白处,在弹出的快捷菜单中选择"粘贴"命令。

用菜单命令:选定对象后,在工具栏上选择"组织"→"剪切"命令,然后切换到目标位置,选择"组织"→"粘贴"命令。

2. 删除和恢复文件、文件夹

在管理文件或文件夹时为了节省磁盘空间,可以将不再使用的文件或文件夹删除。删除方式有两种,一种是逻辑删除,另一种是物理删除。逻辑删除可以恢复;物理删除是永久删除,无法直接恢复。

1) 逻辑删除文件或文件夹

(1) 在窗口中选定要删除的对象。

(2) 选择工具栏上的"组织"→"删除"命令,或者右击并在弹出的快捷菜单中选择"删除"命令,再或者直接按下键盘上的 Delete 键,这时会出现如图 2-2-20 所示的"删除文件"的消息对话框。如果直接拖动待删除对象至桌面回收站图标上,也可快速完成删除操作,如图 2-2-21 所示,但不会显示图 2-2-20 所示的消息对话框。

图 2-2-20　"删除文件"对话框

(3) 如果要将删除的文件放到回收站,可单击"是"按钮,否则单击"否"按钮取消操作。

2) 恢复文件或文件夹

恢复被删除文件或文件夹的具体步骤如下。

(1) 在桌面上双击"回收站"图标,打开"回收站"窗口,如图 2-2-22 所示。

(2) 在窗口中选中要恢复的文件或文件夹。

(3) 选中想要还原的文件,单击"还原选定的项目"按钮,全部还原时单击"还原所有项目"按钮,如图 2-2-23 所示。

3) 永久删除文件或文件夹

在窗口中选定要删除的文件或文件夹,按 Shift＋Delete 组合键,弹出如图 2-2-24 所

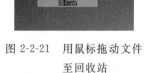

图 2-2-21　用鼠标拖动文件
至回收站

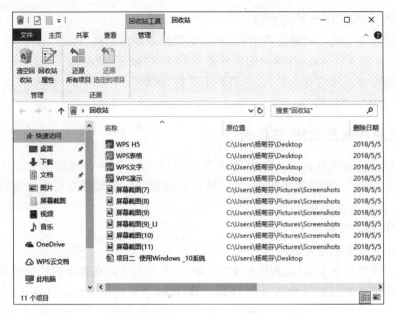

图 2-2-22 "回收站"窗口

图 2-2-23 工具栏中还原项目的按钮

图 2-2-24 永久删除文件的消息对话框

示的消息对话框，如果要删除文件，可单击"是"按钮；如果不删除，则单击"否"按钮来取消操作。单击"是"按钮之后会彻底删除文件，而不是删除至回收站，一旦删除将无法恢复，因此需要谨慎操作。

永久删除也可以在回收站中进行。操作方法如下。

（1）在桌面上双击"回收站"图标，打开"回收站"窗口。

（2）在窗口中选中要永久删除的文件或文件夹，右击并选择"删除"命令，如图 2-2-25 所示。

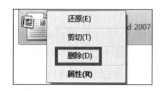

图 2-2-25　利用快捷菜单永久删除文件或文件夹

（3）弹出一个消息对话框，单击"是"按钮，确认用户进行永久删除的行为。

任务总结

通过本子任务的实施，应掌握下列知识和技能。

- 了解库的概念和运用。
- 了解剪贴板的特点。
- 掌握剪贴板和回收站的功能和使用方法。
- 掌握新建文件（夹）、重命名文件（夹）、移动和复制文件（夹）、删除和恢复文件（夹）的方法。

任务 2.3　Windows 10 设置

子任务 2.3.1　外观和主题设置

任务描述

我们都希望在使用计算机时能有轻松自在的感觉，而 Windows 10 操作系统在以前版本基础上对系统外观上做了很大的改进，有许多使计算机更有个性、更加便捷和有趣的方式。本子任务主要讲述如何设置一个合适且美观的系统外观，可以将计算机与我们的心情融为一体。

相关知识

1. 界面

Windows 10 为我们的计算机带来了全新的外观，它的特点是透明的玻璃图案带有精致的窗口动画和新窗口颜色。它包括与众不同的直观样式，将轻型透明的窗口外观与强大的图形高级功能结合在一起，提供更加流畅、更加稳定的桌面体验，让我们可以享受具有视觉冲击力的效果和外观，方便浏览和处理信息。

Window 10 包括以下几种特效。

- 透明毛玻璃效果。

107

- Windows Flip3D 窗口切换。
- 桌面预览。
- 任务栏缩略图及预览。

计算机的硬件和视频卡必须满足硬件要求才能显示图形。最低硬件要求如下。

- 1 千兆赫(GHz)、32 位(x86)或 64 位(x64)处理器。
- 1 千兆字节(GB)的随机存取内存(RAM)。
- 128 兆字节(MB)图形卡。
- Aero 还要求硬件中具有支持 Windows Display Driver Model 驱动程序、Pixel Shader 2.0 和 32 位每像素的 DirectX 9 类图形处理器。

2. 屏幕保护程序

设计屏幕保护程序的初衷是为了防止计算机监视器出现荧光粉烧蚀现象。早期的 CRT 监视器(特别是单色 CRT 监视器)在长时间显示同一图像时往往会出现这种问题。这些荧光粉用于生成显示的像素，若一个亮点长时间在屏幕上某一处显示，则该点容易老化，而整个屏幕长时间显示固定不变的画面，则老化程度就不均匀，影响显示器的寿命。屏幕保护程序就是通过不断变化的图形显示避免电子束长期轰击荧光粉的相同区域来减少这种损害。虽然显示技术的进步和节能监视器的出现从根本上已经消除了对屏幕保护程序的需要，但我们仍在使用它，主要因为它能给用户带来一定的娱乐性和安全性等。如设置好带有密码保护的屏保之后，用户可以放心地离开计算机，而不用担心别人在计算机上看到机密信息。

任务实施

1. 更改窗口的颜色

Windows 10 为用户提供了可自定义的窗口，用户可以使用其提供的颜色对窗口着色，或者使用颜色合成器创建自己的自定义颜色。操作步骤如下。

(1) 在桌面空白处右击，在弹出的如图 2-3-1 所示快捷菜单中选择"个性化"命令。

(2) 打开"个性化"窗口，单击窗口下方的"窗口颜色"链接，如图 2-3-2 所示。

(3) 接着弹出"选择自定义主题色"窗口。在颜色列表框中选择一款喜欢的颜色，然后拖动"颜色浓度"滑块来调节颜色的深浅，在当前窗口中即可预览颜色效果，如图 2-3-3 所示。

(4) 如果对自带提供的颜色均不满意，可以单击窗口下方的"显示颜色混合器"按钮，在显示的颜色混合器设置项目中，分别拖动"色调""饱和度"和"亮度"滑块，调出满意的颜色，如图 2-3-4 所示。

图 2-3-1　桌面右键快捷菜单

（5）设置完成后单击"保存修改"按钮。

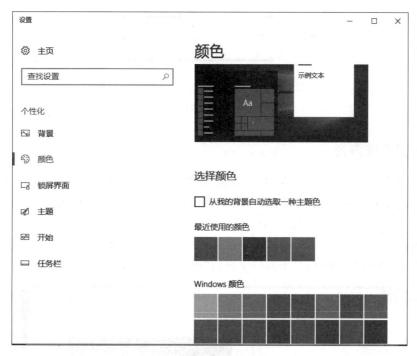

图 2-3-2　"个性化"窗口

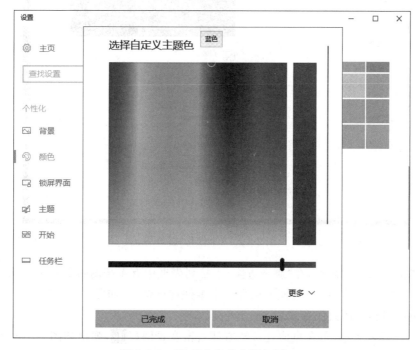

图 2-3-3　"选择自定义主题色"窗口

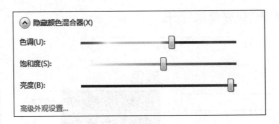

图 2-3-4　"颜色混合器"滑块

2. 设置系统声音

当用户使用计算机执行某些操作时往往会发出一些提示声音,如系统启动退出的声音、硬件插入的声音、清空回收站的声音等。Windows 10 附带多种针对常见事件的声音方案,用户也可根据需要进行设置,具体方法如下。

(1) 在桌面空白处右击,在弹出的快捷菜单中选择"个性化"命令。

(2) 打开"个性化"窗口,单击窗口下方的"声音"链接,如图 2-3-5 所示。

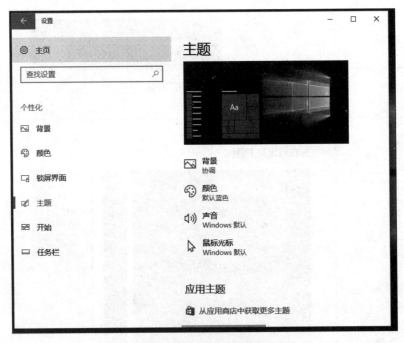

图 2-3-5　"个性化"窗口

(3) 弹出"声音"对话框,在"声音方案"下拉列表框中有系统附带的多种方案,任选其一后,可在下方"程序事件"列表框中选择一个事件进行试听,如图 2-3-6 所示。

(4) 单击"确定"按钮保存设置。

如要更改音量大小,可在桌面任务栏右侧右击音量图标 ,弹出如图 2-3-7 所示的消息框,拖动滑块可增大或减小音量。如需对不同程序进行音量控制,可单击"合成器"链接,打开"扬声器"对话框,如图 2-3-8 所示,拖动不同程序下方的滑块即可。

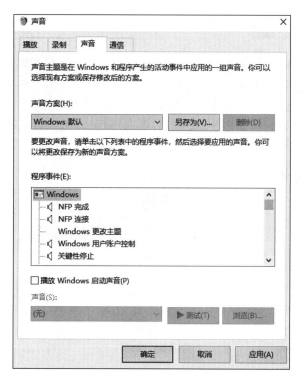

图 2-3-6 "声音"对话框

图 2-3-7 "扬声器"消息框

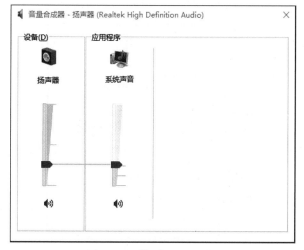

图 2-3-8 "扬声器"对话框

3. 设置屏幕保护程序

用户可以设置屏幕保护程序,以便在一段时间内没有对鼠标和键盘进行任何操作时,自动启动屏幕保护程序,起到美化屏幕和保护计算机的作用。其具体操作步骤如下。

(1)在桌面空白处右击,在弹出的快捷菜单中选择"个性化"命令。

(2)打开"个性化"窗口,如图 2-3-9 所示,单击"锁屏界面",将滚动条拉到最下面,找到"屏幕保护程序设置"。

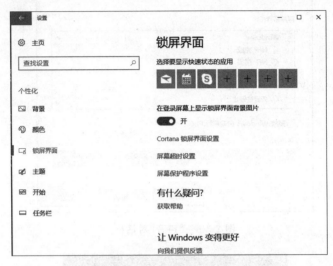

图 2-3-9 "个性化"窗口

(3)弹出"屏幕保护程序设置"对话框,如图 2-3-10 所示,在"屏幕保护程序"下拉列表框中选择一种方案如"彩带"。如果选择"三维文字""照片"等,可单击右侧的"设置"按钮,

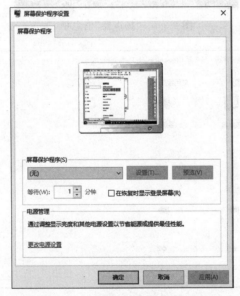

图 2-3-10 "屏幕保护程序设置"对话框

112

从而进行更详细的参数设置。

(4) 设置等待时间。如需要在退出屏保时输入密码,可选中"在恢复时显示登录屏幕"复选框。

(5) 单击"确定"按钮保存设置。

知识拓展

1. 屏幕分辨率

屏幕分辨率是指屏幕上显示的文本和图像的清晰度。分辨率越高,项目越清楚。同时屏幕上的项目越小,因此屏幕可以容纳越多的项目。

可以使用的分辨率取决于监视器支持的分辨率。CRT 监视器通常显示 800 像素 × 600 像素或 1024 像素×768 像素的分辨率,使用其他分辨率可能效果更好。LCD 监视器和笔记本电脑屏幕通常支持更高的分辨率,并在某一特定分辨率时效果最佳。

监视器越大,通常所支持的分辨率越高。是否能够增加屏幕分辨率,取决于监视器的大小和功能及视频卡的类型。

2. 刷新频率

刷新频率是指图像在屏幕上更新的速度,也即屏幕上的图像每秒钟出现的次数,它的单位是赫兹(Hz)。刷新频率越高,屏幕上图像闪烁感就越小,稳定性也就越高,换言之,对视力的保护也越好。闪烁的 CRT 监视器可以导致眼睛疲劳和头痛,可以通过加大屏幕刷新频率来减少或消除闪烁。LCD 监视器不创建闪烁,因此不需要为其设置较高的刷新频率。一般人的眼睛不容易察觉 75Hz 以上刷新频率带来的闪烁感,因此最好能将显示卡刷新频率调到 75Hz 以上。

技能拓展

1. 设置桌面字体大小及屏幕分辨率

当分辨率过大时,用户会感到桌面上的图标文字、任务栏提示文字、窗口标题及菜单文字等会很小。为了不影响观看,可以自己设置桌面字体、屏幕分辨率和刷新频率。其操作方式如下。

(1) 单击"开始"菜单栏,选择"设置"命令,得到 Windows 设置界面,如图 2-3-11 所示。

(2) 选择"系统"选项,得到的界面如图 2-3-12 左侧图所示,先选择"显示"选项,再单击"更改文本、应用等项目的大小"下拉列表框,可选择合适的字体来改变桌面字体的大小,然后在图 2-3-12 的右侧图 中单击"应用"按钮。

(3) 设置屏幕分辨率,单击"分辨率"下拉列表框,选择合适的值可改变屏幕分辨率,在确认界面中单击"保留更改"按钮,如图 2-3-13 所示。

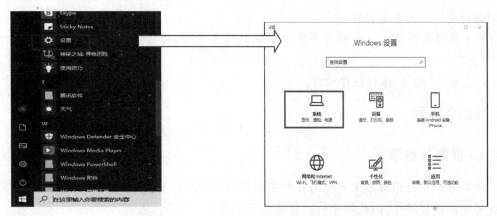

图 2-3-11　进行 Windows 的相关系统设置

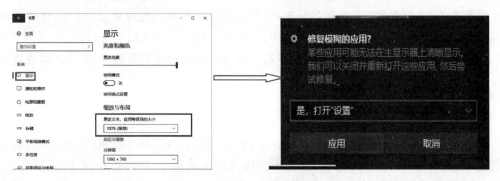

图 2-3-12　"更改桌面字体"窗口

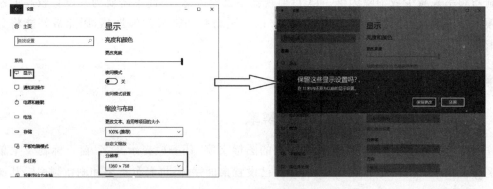

图 2-3-13　更改屏幕分辨率

2. 设置刷新频率

设置刷新频率的操作方式如下。

（1）进入系统设置界面，选择"多显示器设置"选项区下的"高级显示设置"选项后，弹出"高级显示设置"界面，如图 2-3-14 所示，然后单击"显示器 1 的显示适配器属性"选项。

（2）打开如图 2-3-15 所示的对话框，选择"监视器"选项卡，然后可以在"屏幕刷新频率"下拉列表框中选择合适的刷新频率。

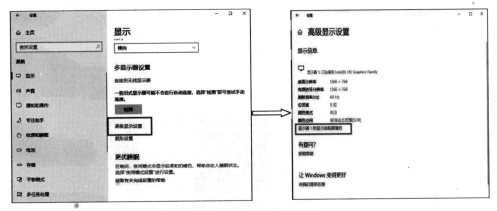

图 2-3-14　高级显示设置

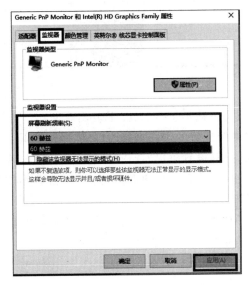

图 2-3-15　更改屏幕的刷新频率

（3）设置好后，单击"应用"按钮保存设置。

3. 更改主题

主题是桌面背景、窗口颜色、声音和屏幕保护程序的组合，是操作系统视觉效果和声音的组合方案，如图 2-3-16 所示。

在"控制面板"的"个性化"窗口中，包含有以下四种类型的主题。

- 我的主题：这是用户自定义、保存或下载的主题。在对某个主题进行更改时，这些新设置会在此处显示为一个未保存的主题。
- Windows 主题：这是对计算机进行个性化设置的 Windows 主题。所有的 Aero 主题都包括毛玻璃效果，其中的许多主题还包括桌面背景幻灯片放映效果。
- 已安装的主题：这是计算机制造商或其他非 Microsoft 提供商创建的主题。
- 基本和高对比度主题：为了提高计算机性能或让屏幕上的项目更容易查看而专

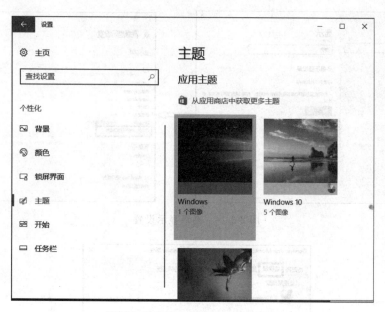

图 2-3-16　Windows 10 主题内容

门设计的主题。该类主题不包括 Aero 毛玻璃效果。

如果用 Windows 10 系统预置的主题来修改，具体操作如下。

（1）单击"开始"按钮，打开设置菜单，选择"控制面板"命令，弹出"控制面板"窗口。

（2）单击"更改主题"链接，或者在桌面空白处右击并在弹出的快捷菜单中选择"个性化"命令，弹出"个性化"窗口。

（3）单击选中主题中的"Windows 10"，则会看到桌面背景变成了其他图片，并用黄昏的窗口颜色、都市风景的系统声音等，如图 2-3-17 所示。

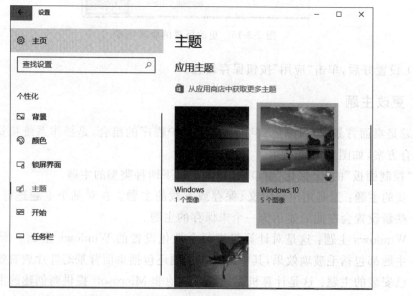

图 2-3-17　在"个性化"窗口中更改主题

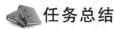

任务总结

通过本子任务的实施,应掌握下列知识和技能。

- 了解 Windows 10 界面的特点和运行特效的硬件配置要求。
- 了解设置屏幕保护程序的意义。
- 掌握屏幕分辨率和刷新频率的概念。
- 能够进行外观和主题的各种设置。

子任务 2.3.2　其他系统设置

任务描述

在使用 Windows 10 操作系统的过程中,经常需要对系统的硬件和软件配置进行适当的修改,这些配置主要由控制面板来完成。本子任务讲述通过控制面板可完成的一系列系统设置。

相关知识

1. 认识控制面板

控制面板是用户对 Windows 10 操作系统进行硬件和软件配置的主要工具。利用控制面板中的选项可以设置系统的外观和功能,还可以添加/删除程序、设置网络连接、管理用户账户、更改辅助功能等。

控制面板有两种视图模式,一种是类别模式,另一种是图标模式,如图 2-3-18 和图 2-3-19 所示。单击窗口右侧的"查看方式"下拉按钮,在弹出的下拉列表中可以选择视图模式。在任何一种模式下,单击图标或链接都能进入相关的设置页面进行设置。

图 2-3-18　"控制面板"窗口的类别模式

图 2-3-19　"控制面板"窗口的图标模式

2. 鼠标操作

用户可以使用鼠标与计算机屏幕上的对象进行交互，如对对象进行移动、打开、更改等操作，这些操作只需要借助鼠标就能完成。

鼠标一般有两个按钮：主要按钮（通常是左键）和次要按钮（通常是右键），通常情况下使用主要按钮。现在一般鼠标的按钮之间还有一个滚轮，用于滚动文档和网页等。

鼠标的操作包括指向、拖动、单击、双击、右击等。

用户可通过多种方式自定义鼠标，如交换鼠标按钮的功能，改变鼠标指针的样式，更改鼠标指针的移动速度、滚轮的滚动速度、双击速度等。

任务实施

1. 启动控制面板

利用控制面板对系统环境进行设置，首先需要启动控制面板。可以通过多种方式启动控制面板。

（1）单击搜索框 在这里输入你要搜索的内容 ，输入"控制面板"，再单击搜索出的选项。

（2）打开"此电脑"窗口，在如图 2-3-20 所示的位置单击"打开控制面板"按钮，即可启动控制面板。

（3）在"运行"（在"开始"菜单处右击即可找到"运行"命令）窗口中输入 control 命令，即可打开"控制面板"。

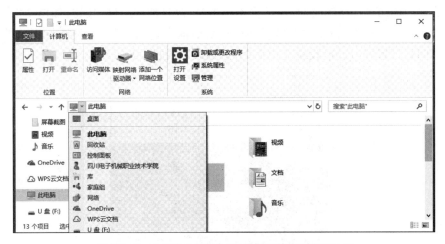

图 2-3-20　"此电脑"窗口中的"打开控制面板"按钮

2. 设置系统时间和日期

在 Windows 10 中,系统会自动为存档文件标上日期和时间,以供用户检索和查询。任务栏右侧显示了当前系统的日期和时间,用户可以更改日期和时间,具体步骤如下。

(1) 打开"设置"选项,选择"时间和语言",弹出如图 2-3-21 所示的窗口,单击"自动设置时间"开关,将"自动设置时间"选项关闭。

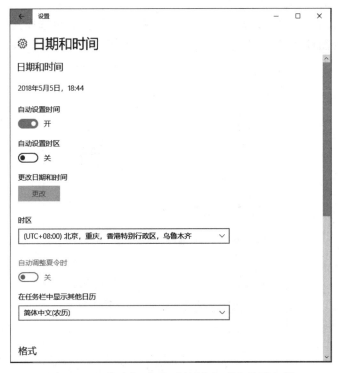

图 2-3-21　单击"日期和时间"按钮弹出的消息框

（2）在弹出的"日期和时间"对话框中单击"更改日期和时间"按钮，如图 2-3-21 所示。

（3）在如图 2-3-22 所示的"日期和时间"对话框中，在日期栏中设置好当前的年、月、日，在时间栏设置好时、分，设置完成后单击"更改"按钮即可。

图 2-3-22 "日期和时间"对话框

3. 修改鼠标的设置

1）更改鼠标按钮的工作方式

（1）打开"设置"，选择"设备"选项，然后选择"鼠标"选项，再选择其他鼠标选项。

（2）切换到图标模式，单击"鼠标"链接，打开"鼠标 属性"对话框，如图 2-3-23 所示。

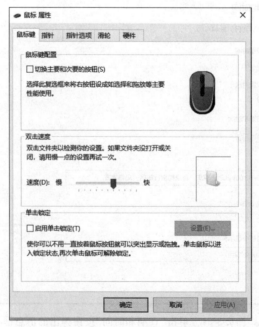

图 2-3-23 "鼠标 属性"对话框

（3）若要交换鼠标左右键的功能,则选中"切换主要和次要的按钮"复选框;若要更改双击的速度,可在"双击速度"下方拖动速度滑块进行调整。

（4）单击"确定"按钮完成设置。

2）更改鼠标指针的外观

（1）按照前面的方法打开"鼠标 属性"对话框,选择"指针"选项卡,如图 2-3-24 所示。

图 2-3-24　"指针"选项卡

（2）若要为所有指针修改新的外观,可单击"方案"下拉列表,然后单击并选择新的鼠标方案;若只是更改单个指针样式,可在"自定义"下单击列表中选择要更改的指针,单击"浏览"按钮,在打开的对话框中选择要使用的指针样式,然后单击"打开"按钮。

（3）单击"确定"按钮完成设置。

知识拓展

1. 电源管理

Windows 10 系统增强了自身的电源管理功能,使用户对系统电源的管理更加方便和有效。

Windows 10 系统为用户提供了包括"已平衡""节能程序"等多个电源使用计划,同时还可快速通过电源查看选项,调整当前屏幕亮度和查看电源状态,如电源连接状态、充电状态、续航状态等。

电源计划是控制便携式计算机如何管理电源的硬件和系统设置的集合。Windows 10有以下两个默认计划。

（1）已平衡。此模式为默认模式，CPU 会根据当前应用程序的需求动态调节主频，在需要时提供完全性能和显示器亮度，但是在计算机闲置时 CPU 耗电量下降，会节省电能。

（2）节能程序。这是延长电池寿命的最佳选择，此模式会将 CPU 限制在最低倍频工作，同时其他设备也会应用最低功耗工作策略，电压也低于 CPU 标准工作电压，整个计算机的耗电量和发热量都最低，性能也会更慢。

2. 应用程序的安装

操作系统自带了一些应用软件，我们可以直接使用，例如画图工具、多媒体播放软件Windows Media Player、Windows 照片查看器等。但这些软件远远不能满足我们的应用需要，因此还需要下载第三方应用程序，对其进行安装、卸载和使用。

要在计算机上安装的程序取决于用户的应用需求，常用的有办公辅助软件、影音播放软件、图片浏览和处理软件、压缩/解压缩软件、聊天软件、下载软件、系统安全软件等。

一般情况下，大部分应用软件的安装过程大致都是相同的，安装方式通常有两种，一种是从光盘直接安装，另一种是通过双击相应的安装图标启动安装程序。一般启动安装程序后，会出现安装向导，用户可以按照向导提示一步一步地进行操作，正确设置其中的选项，就能安装成功。在安装成功后，计算机会给出提出，表示安装成功，有些软件在安装成功后需要重启计算机才能生效。如果安装不成功，计算机也会给出提示，用户可以根据提示重新安装。

技能拓展

1. 更改电源设置

Windows 10 提供的电源计划并非不可改变，如果觉得系统默认提供的方案都无法满足要求，可以对其进行详细设置，具体操作如下。

（1）打开"控制面板"，在图标模式下单击"电源选项"按钮，如图 2-3-25 所示。

（2）打开"电源选项"窗口，选择要设置的电源计划，单击其后的"更改计划设置"链接，如图 2-3-26 所示。

（3）进入"编辑计划设置"窗口，修改关闭显示器的时间和自动进入睡眠状态的时间。如果还需要更详细的设置，则单击"更改高级电源设置"链接，如图 2-3-27 所示。

（4）在"电源选项"对话框（图 2-3-28）中对所需设置的项目（如 USB 设置、笔记本盒子设置等）进行选择即可。

（5）单击"确定"按钮，再回到"编辑计划设置"窗口中，单击"保存修改"按钮完成设置。

图 2-3-25　在"控制面板"中选择"电源选项"

图 2-3-26　"电源选项"窗口

123

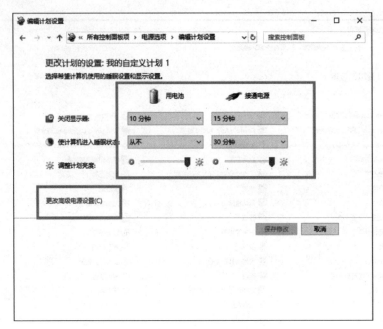

图 2-3-27   "编辑计划设置"窗口

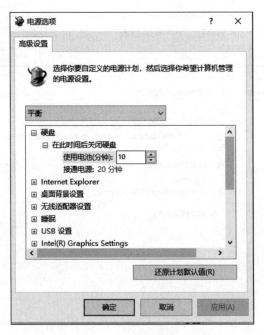

图 2-3-28   "电源选项"对话框

2. 卸载应用程序

对于不再使用的应用程序可以将其删除（又叫卸载），以释放磁盘空间。当应用程序出现故障时，也可以将其卸载后重新安装。卸载应用程序的具体步骤如下。

（1）打开"控制面板"，在类别模式下选择"卸载程序"链接（图 2-3-29）或在图标模式下单击"程序和功能"链接（图 2-3-30）。

图 2-3-29 在类别模式中的"卸载程序"链接

图 2-3-30 在图标模式中的"程序和功能"链接

（2）进入"程序和功能"窗口，此页面显示了系统当前所有已安装的工具软件，从程序列表中单击选中要卸载的程序，单击列表框上方的"卸载"按钮，或者右击并在弹出的快捷菜单中选择"卸载"命令，如图 2-3-31 所示。

图 2-3-31 "程序和功能"窗口

（3）弹出程序卸载向导对话框，根据提示完成程序的删除。

任务总结

通过本子任务的实施，应掌握下列知识和技能。

- 了解控制面板的功能。
- 了解鼠标的操作和电源的管理。
- 掌握更改日期及时间，安装及卸载程序的方法。
- 能够使用"控制面板"对系统进行各种设置。

子任务 2.3.3　管理用户账户

任务描述

Windows 10 是一个多用户的操作系统，当多个用户使用一台计算机时，可以使用不同的用户账户来保留各自对操作系统的环境设置，以使每一个用户都有一个相对独立的空间。Windows 要求一台计算机上至少有一个管理员账户。本子任务介绍用户账户的概念和用户账户的相关操作。

相关知识

1. 什么叫用户账户

用户账户是一个信息集,定义了用户可以在 Windows 系统中执行的操作。在独立计算机或作为工作组成员的计算机上,用户账户建立了分配给每个用户的特权。通过用户账户,可以在拥有自己的文件和设置的情况下与多个人共享计算机,每个人都可以使用用户名和密码访问其用户账户。

2. 用户账户的类别

Windows 10 中有三种类型的账户,每种类型为用户提供不同的计算机控制级别。

- 标准账户:适用于日常计算。
- 管理员账户:可以对计算机进行最高级别的控制,但应该只在必要时才使用。
- 来宾账户:主要针对需要临时使用计算机的用户。

任务实施

1. 创建新账户

如果想在本地计算机中创建一个管理员账户,命名为"网络",具体的操作步骤如下。

(1)打开"控制面板"窗口,在图标模式下选择"更改账户类型"选项,进入"管理账户"窗口,单击"在电脑设置中添加新用户"选项,如图 2-3-32 所示。

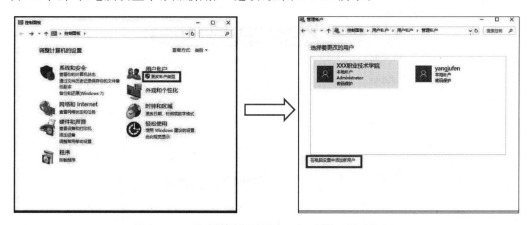

图 2-3-32　通过"控制面板"窗口打开"管理账户"窗口

(2)进入设置界面,在左侧选择"家庭和其他人员"选项,在右侧菜单栏中单击"将其他人添加到这台电脑"按钮,如图 2-3-33 所示。

(3)进入"Microsoft 账户"界面,输入要添加的联系人的电子邮件地址或电话号码。如果他们使用的是 Windows、Office、Outlook、OneDrive、Skype 或 Xbox,请输入他们用于登录的电子邮件地址或电话号码,然后单击"下一步"按钮,如图 2-3-34 所示。

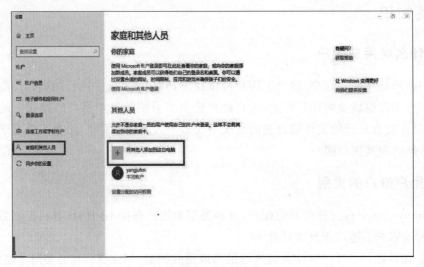

图 2-3-33　添加其他成员

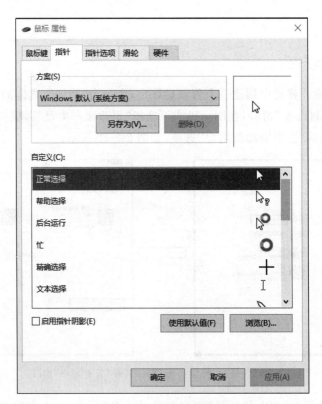

图 2-3-34　"指针"选项卡

（4）进入创建新账户界面，根据系统提示将信息填写完整并保存，再单击"下一步"按钮，如图 2-3-35 所示。

（5）名称为"网络"的新账户已创建成功，如图 2-3-36 所示。

图 2-3-35　"创建新账户"窗口

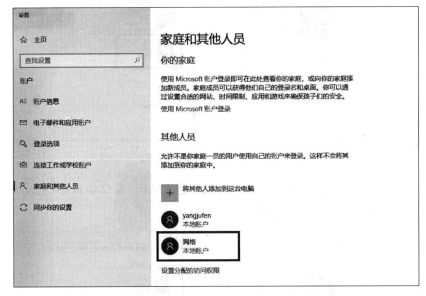

图 2-3-36　新账户创建成功的界面

2. 更改用户密码

在计算机中若要更改用户密码,具体的操作如下。

(1) 选择控制面板下的"用户账户"选项,打开如图 2-3-37 所示界面。

(2) 在图 2-3-37 中选择"用户账户"选项,打开二级的"用户账户"窗口,选择"更改账户信息"选项区下的"管理其他账户"选项,跳转到"管理账户"界面,单击更改密码的账户"网络",如图 2-3-38 所示。

图 2-3-37 "用户账户"窗口

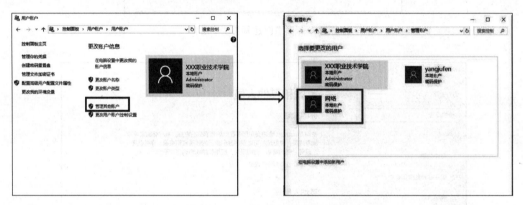

图 2-3-38 更改账户的信息

（3）在打开的"更改网络的账户"窗口中，在"更改密码"窗口中单击"更改密码"按钮并按要求更改密码，最后保存设置，如图 2-3-39 所示。

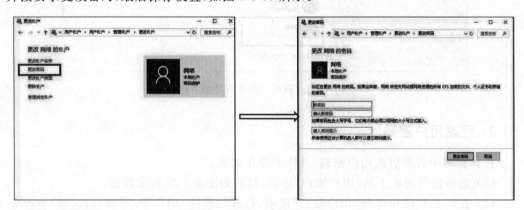

图 2-3-39 更改账户密码

3. 更改账户的头像

为"网络"账户选择一张动物的图片,显示在欢迎屏幕和"开始"菜单中。更改账户头像的方法如下。

(1)打开"设置"窗口,进入"账户"界面。

(2)在"你的信息"栏中有相应的设置。

(3)在"创建你的头像"选项区中有"相机"和"通过浏览方式查找一个"选项,如图 2-3-40 所示。

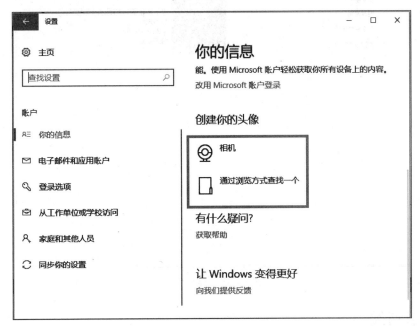

图 2-3-40　更改头像

4. 切换账户

如果要从当前账户切换到新创建的"网络"账户,操作如下。

(1)单击"开始"按钮,打开"开始"菜单。

(2)此时有几个账户就会显示几个头像,如图 2-3-41 所示,直接单击想要切换的用户的头像,即可实现账户的切换。

5. 删除账户

如果要删除"网络"账户,则必须使用管理员账户登录系统。注意,不能删除当前正在使用的账户。删除账户的操作如下。

(1)确认当前登录的用户是管理员账户,如果不是,

图 2-3-41　切换用户

131

则切换到管理员用户。

（2）打开"控制面板"，进入"用户账户"窗口，单击"管理其他账户"链接。

（3）单击"网络"账户图标，进入"更改账户"窗口，单击"删除账户"（若只有一个账户，则没有"删除账户"选项）链接。如图 2-3-42 所示为删除账户后的显示。

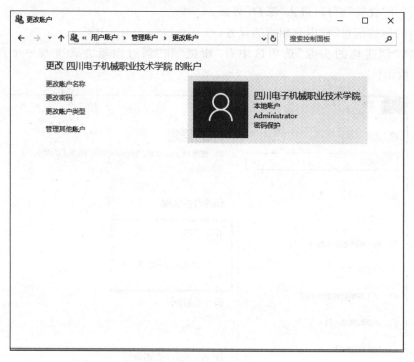

图 2-3-42　删除账户

知识拓展

下面说明如何进行用户账户控制。

用户账户控制（user account control，UAC）是微软为提高系统安全性而引入的技术，可帮助计算机防范黑客或恶意软件的攻击。它要求所有用户在标准账户模式下运行程序和任务，只要程序要对计算机执行重要更改，UAC 就会通知用户，并询问用户是否许可。

UAC 最初在 Windows Vista 中引入，现在它产生的干扰已经减少，而且更加灵活了。UAC 的工作原理是调整用户账户的权限级别。如果正在执行标准用户可以执行的任务（如阅读电子邮件、听音乐或创建文档），则即使以管理员的身份登录，也具有标准用户的权限。

如果具有管理员特权，则还可以在"控制面板"中微调 UAC 的通知设置。对计算机做出需要管理员级别权限的更改时，UAC 会发出通知。如果是管理员，则可以单击"是"按钮才能继续操作。如果不是管理员，则必须由具有计算机管理员账户的用户输入其密码才能继续。如果授予一个账户管理员的权限，则将暂时具有管理员权限来完成任务，任务完成后，所具有的权限将仍是标准用户权限。

技能拓展

下面说明更改用户账户控制设置的方法。

用户账户控制功能虽然大大增强了系统的安全性,但是难免会对我们的工作产生一定的干扰,因此用户可以定义用户账户控制的消息通知方式。其操作方式如下。

(1) 打开"控制面板",在"系统和安全"选项区中单击"查看你的计算机状态"链接(图 2-3-43),进入"系统和安全"窗口(图 2-3-44)。

图 2-3-43　单击"查看你的计算机状态"链接

图 2-3-44　"系统和安全"窗口

133

（2）打开"安全和维护"窗口，如图 2-3-45 所示，单击左侧的"更改用户账户控制设置"链接。

图 2-3-45 "安全和维护"窗口

（3）打开"用户账户控制设置"窗口，拖动左侧的滑块即可设置用户账户控制的通知方式，每一个选项都有相应的说明，可根据需要进行设置，如图 2-3-46 所示。

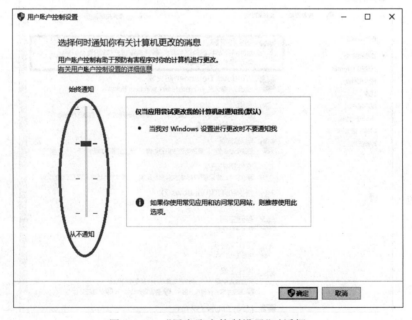

图 2-3-46 "用户账户控制设置"对话框

（4）单击"确定"按钮完成设置。

 任务总结

通过本子任务的实施，应掌握下列知识和技能。

- 了解 Windows 10 用户账户。
- 了解用户账户控制的方法。
- 掌握账户的创建与删除的方法。
- 掌握账户的配置与管理的方法。

课 后 练 习

1. 简答题

（1）操作系统的主要功能是什么？

（2）怎样启动 Windows 10？

（3）切换用户和注销的区别有哪些？

（4）睡眠功能有哪些特点？

（5）任务栏的组成部分有哪些？

（6）简述窗口的构成。

（7）窗口和对话框的区别有哪些？

（8）简述文件和文件夹的区别。

（9）常见的文件类型有哪些？

（10）如何更改文件夹图标？

（11）简述更改文件夹选项的步骤。

（12）简述 Windows 10 界面的特点。

2. 操作题

（1）在桌面上创建记事本程序的快捷方式。

（2）将任务栏设置为隐藏。

（3）更改桌面背景，图片可以任意选择。

（4）使用快捷键在不同窗口之间进行切换。

（5）在 D 盘中搜索所有扩展名为 .jpg 的图片文件。

（6）在 D 盘下创建一个新文件夹"我的学习资料"，并在其中建立一个以用户本人名字为文件夹名的文件夹。

（7）在 C 盘中搜索扩展名为 .txt 的文件。

（8）将第 7 题中搜索到的文件复制到第 6 题建立的个人姓名命名的文件夹中。

（9）在第 8 题的操作基础上任意选定多个不连续的文件进行逻辑删除。

（10）更改系统声音设置，调整音量大小。

（11）更改屏幕保护程序为"照片"，选择计算机中某个图片文件夹的图片显示，设置等待时间为 10 分钟，退出屏保需要输入密码。

（12）自定义主题并保存主题。

（13）安装迅雷软件，然后将其卸载。

（14）修改显示器关闭的时间和自动进入睡眠状态的时间。

（15）为计算机创建一个标准账户，设置密码和图片。

项目 3 文档编辑

任务 3.1 Word 2016 基本操作

Office 2016 是美国微软公司开发的最新版本的办公软件,它是一个功能强大的软件包,囊括了用于文档编辑和排版的 Word;用于数据计算、数据分析、数据处理的电子表格 Excel;用于制作演示文稿的 PowerPoint 等组件。

其中 Word 凭借着强大的文本处理能力,成为 Office 办公软件中最重要的组件之一。而本项目将通过 5 个大的任务依次介绍 Word 2016 的操作界面、文本的输入与编辑、文档的设置、表格处理以及文档的图文混排等功能的使用方法。

子任务 3.1.1 认识 Word 2016 操作界面

任务描述

系学生会宣传部需要为系部开展的某项活动撰写一份宣传稿,要求做到文字精练,内容生动。作为宣传部部长的小周在最新的系统上创建了一个 Word 文档,以便录入稿件的内容。通过此任务的实现,让大家掌握 Word 2016 文字处理软件的启动方法,熟悉 Word 的操作界面,为后续完成 Word 的基本操作打下基础。

相关知识

1. Word 2016 的启动

要使用 Word 录入文档,必须先"启动"Word。Word 的启动有三种方式。

(1) 单击桌面左下方的"开始"图标,依次选择"所有程序"→"Word"命令,便可启动 Word。

(2) 如果 Office 2016 安装时创建了快捷方式,则可以直接双击桌面图标 来启动 Word。

(3) 可通过双击一个现有的 Word 文件来启动 Word。

前两种方法启动 Word 2016 后,系统会自动生成一个名为"文档 1. docx"的空白文档。Word 2016 创建的所有文档扩展名均为 docx。

2. Word 2016 的操作界面

当 Word 启动后,就可以进入 Word 的操作界面,Word 2016 的操作界面由快速访问工具栏、标题栏、功能选项卡、功能区、文档编辑区等组成,其窗口组成如图 3-1-1 所示。

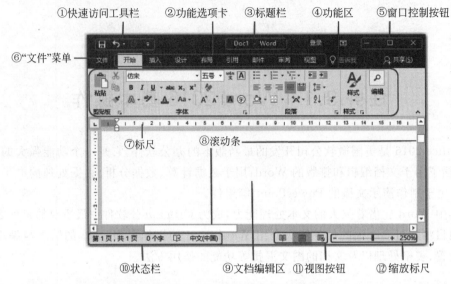

①快速访问工具栏　②功能选项卡　③标题栏　④功能区　⑤窗口控制按钮

⑥"文件"菜单

⑦标尺　⑧滚动条

⑩状态栏　⑨文档编辑区　⑪视图按钮　⑫缩放标尺

图 3-1-1　Word 2016 操作界面

Word 窗口各组成部分的功能如下。

① 快速访问工具栏:位于整个操作窗口的左上方,用于放置一些常用工具按钮,在默认情况下包括"保存""撤销""恢复"3 个按钮。用户可以根据需要添加新的按钮,通过单击快速访问工具栏最右边的下拉按钮 ▼,在需要添加的功能前打钩即可。

② 功能选项卡:用于切换功能区,单击功能选项卡的相应名称,便能完成功能选项卡的切换,如从"开始"选项卡切换到"插入"选项卡。

③ 标题栏:用于显示当前正在编辑的文档名称。

④ 功能区:用于放置编辑文档时所需的功能按钮。系统将功能区的按钮根据功能划分为一个一个的组,称为工作组,在某些工作组右下角有"对话框启动器"按钮 ,单击该按钮可以打开相应的对话框,在打开的对话框中包含该功能区中的相关操作选项。

⑤ 窗口控制按钮:此组按钮包括"最小化""最大化""关闭"3 个按钮,"最大化"和"最小化"按钮主要用于对文档窗口大小进行控制,"关闭"按钮可以关闭当前文档。

⑥ "文件"菜单:用于打开"保存""打开""关闭""新建""打印"等针对文件的操作命令。

⑦ 标尺:标尺包括水平标尺和垂直标尺,用于显示或定位文本所在的位置。

⑧ 滚动条:滚动条分为水平滚动条和垂直滚动条。拖动滚动条可以查看窗口中没有完全显示的文档内容。

⑨ 文档编辑区:这是显示或编辑文档内容的工作区域。编辑区中不停闪烁的光标称为插入点,用于输入文本内容和插入各种对象。

⑩ 状态栏：用于显示当前文档的页数、字数、拼写和语法状态、使用的语言、输入状态等信息。

⑪ 视图按钮：用于切换文档的视图方式，选择相应选项卡，便可切换到相应视图。Word 2016 提供了"页面视图""阅读视图""Web 版式视图""大纲视图"以及"草稿视图"5 种视图。

⑫ 缩放标尺：用于对编辑区的显示比例和缩放尺寸进行调整，用鼠标拖动缩放滑块后，标尺左侧会显示缩放的具体数值。

任务实施

完成本子任务的操作步骤如下。

（1）启动 Word。在 Windows 桌面左下方的"开始"菜单中选择"所有程序"→Word 命令，可启动 Word 2016。

（2）创建 Word 文档。当 Word 2016 启动后，系统自动生成一个文件名为"文档1. docx"空白文档。也可以通过选择"文件"菜单的"新建"命令建立空白文档，其操作如下。

单击"文件"菜单，选择"新建"命令，在右侧选项区中双击"空白文档"，如图 3-1-2 所示；或者先选择"空白文档"，再单击右侧的"创建"图标。

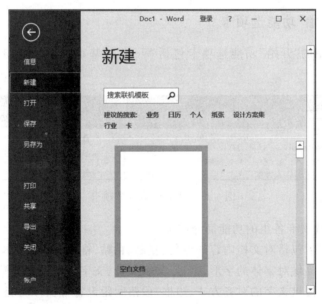

图 3-1-2 "空白文档"选项

知识拓展

1. 熟悉 Word 2016 的"文件"菜单

在 Word 窗口的左上角，单击"文件"菜单，便会出现它所包含的关于文件的相关操作命令，如图 3-1-3 所示。

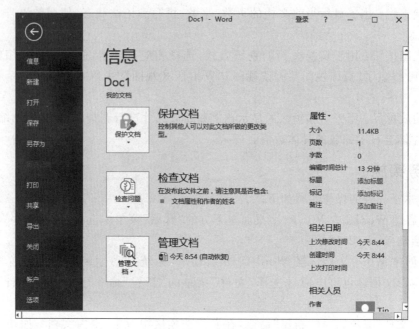

图 3-1-3 "文件"菜单对应的窗口

2. 认识"开始"功能选项卡

Word 2016 中的"开始"功能选项卡包括 Word 的基本操作功能,其界面如图 3-1-4 所示。

图 3-1-4 "开始"功能选项卡

"开始"功能选项卡各组的功能简介如下。

(1)"剪贴板":包括对文档内容的剪切、复制、粘贴、格式刷等设置操作功能。

(2)"字体":提供对字体的字形、字号、文字颜色、文字加粗设置等操作功能。

(3)"段落":提供文字的对齐方式、边框、段落间距设置等操作功能。

(4)"样式":提供对文字标题样式、正文样式的设置功能。

(5)"编辑":提供对文本的查找、替换、选择等功能。

技能拓展

1. 直接在 Word 软件中创建新文档

在当前打开的文档中按下 Ctrl＋N 组合键,或者选择"文件"→"新建"命令,便可直接创建一个空白文档。

2. 利用模板创建文档

如果对新建的文档在格式方面有比较严格的要求，可以通过已有的模板文档进行新建，如要求用 Word 软件创建一张系部某项比赛的获奖证书，便可通过 Word 提供的"证书、奖状"模板来创建一个 Word 文档。Office.com 中的模板网站为许多类型的文档提供模板，包括证书奖状、简历、传单海报、邀请函等。利用模板创建文档的方法如下。

1）用"新建"命令创建

选择"文件"→"新建"命令，在右侧选项区执行下列操作之一。

- 单击"样本模板"按钮，选择计算机上的可用模板。
- 在搜索对话框中查询更多的可用模板，选中后直接双击（注：要使用搜索功能，需要网络连接至 Internet）。

2）通过已有模板创建

如果更改了下载的模板，则可以将其保存在自己的计算机上以再次使用。通过单击"新建文档"对话框中的"我的模板"，可以轻松找到所有的自定义模板。新建的文档中包含所选模板中的所有内容。

 任务总结

通过子本任务的实施，应掌握下列知识和技能。

- 掌握 Word 2016 启动的方法。
- 掌握 Word 2016 操作界面的组成。
- 了解 Word 2016 的"文件"菜单和"开始"功能选项卡的组成及功能。
- 掌握 Word 文档的新建方法。
- 学会利用 Word 模板创建文档。

子任务 3.1.2　Word 2016 基本操作

任务描述

文档创建好后，小周同学在 Word 的文档编辑区录入了以下样文，并将输入的内容以文件名"植树活动.docx"保存在"E：\Word 素材"目录中。通过本子任务的完成，让大家熟悉 Word 2016 文档的保存、关闭等基本操作。

样文：2018 年 3 月 12 日是我国第 40 个植树节，是开展全民义务植树运动的第 37 周年，同时也是开展"学雷锋"活动的第 55 周年。为全面贯彻"绿色和谐，你我同盟"和"弘扬雷锋精神"这两大宗旨，也为增强大学生保护大自然的生态意识和热情，电子信息工程系的全体老师和部分同学在校外松垭镇德政社区开展了植树绿化活动。

📦 相关知识

1. 文档的保存

当文档中输入的内容需要保留时,需要对文档执行"保存"操作。文档的保存有两种方式,一是直接保存新文档;二是使用"另存为"命令保存文档。

1) 直接保存新文档

在新文档中完成编辑操作后,需要对新文档进行保存。Word 2016 提供了三种文档的保存方法。

（1）单击"快捷访问工具栏"中的"保存"按钮 🖫。

（2）单击"文件"菜单,执行其中的"保存"命令。

（3）使用 Ctrl＋S 组合键。

当文档首次执行"保存"操作时,右侧会出现"最近访问的文件夹""浏览"等选项。单击"浏览"按钮,就会出现如图 3-1-5 所示对话框。

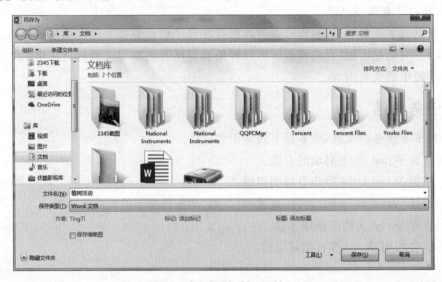

图 3-1-5 "另存为"对话框

在对话框左侧的"组织"列表框中选择文档的保存路径,默认情况下保存在"文档"文件夹中;"文件名"右侧的文本框用于输入用户设定的文件名;文件的"保存类型"默认为"Word 文档"。当设定好保存路径、文件名及保存类型后,单击右下方的"保存"按钮,系统即执行保存操作。若不想保存,则单击"取消"按钮并继续编辑文档。

2) 使用"另存为"命令保存文档

在保存编辑的文档时,如果要将当前文档以新名字或新格式保存到其他位置时,可以使用"另存为"命令保存,这样的操作形成一个当前文档的副本,可以防止因原始文档被覆盖而造成的内容丢失。其操作方法如下。

（1）选择"文件"菜单中的"另存为"命令,弹出"另存为"对话框。

（2）在"另存为"对话框中可为文件选择不同的保存位置,或输入不同的文件名,然后单击"保存"按钮,原文档被关闭,取而代之的是在原文档基础上以新地址和新文件名打开的文档。

2. 文档的关闭、退出

文档编辑完成,就可关闭文档。

单个文档的关闭有以下四种方法。

- 单击文档窗口右上角窗口控制按钮区的"关闭"按钮 ⊠。
- 选择"文件"→"关闭"命令。
- 按下 Alt+F4 组合键。
- 双击屏幕左上角 Word 图标位置。

任务实施

完成本子任务的操作步骤如下。

1. 输入文档内容

按照样文输入汉字、数字和标点符号。

2. 保存文档

在"快速访问工具栏"中单击"保存"按钮 ,在"另存为"对话框的"保存位置"列表框中选择文档保存位置"E:\Word 素材",在"文件名"文本框中输入新建文档的文件名"植树活动.docx"(文件扩展名".docx"可省略,系统将按照"保存类型"中指定的文件类型自动为文件加上扩展名),单击"保存"按钮。

文档保存后,Word 窗口的标题栏显示用户输入的文件名"植树活动",如图 3-1-6 所示。任何一次对文档的修改必须执行"保存"操作才能生效。

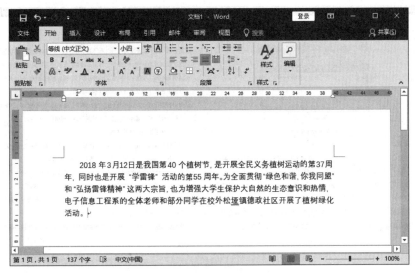

图 3-1-6 样文的保存操作结果

3. 关闭文档

用前面讲述的方法关闭当前文档。如果当前文档在编辑后没有保存，关闭前会弹出提示框，询问是否保存对文档的修改，如图 3-1-7 所示。

单击"保存"按钮可保存并关闭文档；单击"不保存"按钮可不保存并关闭文档；单击"取消"按钮则取消关闭文档，可继续编辑。

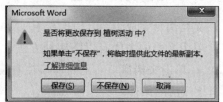

图 3-1-7 "保存"文档时的系统提示框

📖 知识拓展

下面介绍 Word 2016 的五种文档显示视图。

Word 2016 提供了页面视图、阅读版式视图、Web 版式视图、大纲视图以及草稿视图，这五种视图能以不同角度和方式来显示文档。下面详细介绍这五种视图的功能和作用。

1. 页面视图

页面视图是最常用的视图，它的浏览效果和打印效果完全一样，即"所见即所得"。页面视图用于编辑页眉/页脚、调整页边距、处理分栏和插入各种图形对象。文档的页面视图可参考图 3-1-6 所示。

2. 阅读版式视图

阅读版式视图是便于在计算机屏幕上阅读文档的一种视图。文档页面在屏幕上充分显示，大多数的工具栏被隐藏，只会保留导航、批注和查找字词等工具。阅读版式视图效果如图 3-1-8 所示。

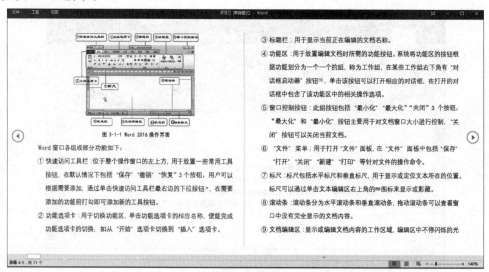

图 3-1-8 文档的"阅读版式视图"效果

在文档阅读版式视图的右上角,可以通过设置"视图"选项(图 3-1-9)来设置阅读版式视图的显示方式。

图 3-1-9　阅读版式的"视图"选项列表

3．Web 版式视图

Web 版式视图是文档在 Web 浏览器中的显示外观,将显示为不带分页符的长页面,并且表格、图形将自动调整以适应窗口的大小,还可以把文档保存为 HTML 格式。其视图效果如图 3-1-10 所示。

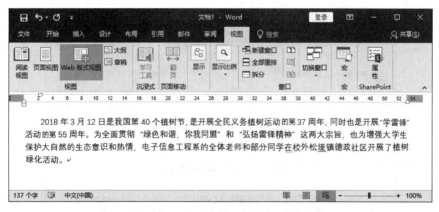

图 3-1-10　Web 版式视图效果

4．大纲视图

大纲视图以缩进文档标题的形式显示文档结构的级别,并显示大纲工具。大纲视图显示文档结构默认为显示 3 级。大纲视图效果如图 3-1-11 所示。

5．草稿视图

在草稿视图中,可以输入、编辑和设置文本格式,但草稿视图只显示文本格式,简化了页面布局,可以快速地输入和编辑文本。草稿视图效果如图 3-1-12 所示。

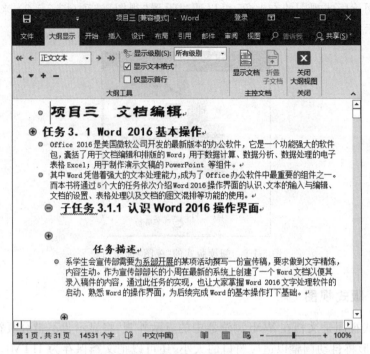

图 3-1-11　大纲视图效果

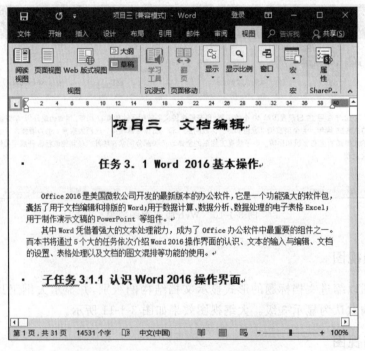

图 3-1-12　文档的"草稿视图"效果

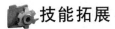
技能拓展

1. 模板的保存

要将模板保存在"我的模板"文件夹中,执行下列操作。

(1)选择"文件"→"另存为"命令。

(2)在"另存为"对话框中的"保存类型"列表中单击"Word 模板"按钮。

(3)在"文件名"框中输入模板名称,单击"保存"按钮。

2. 设置密码保存文档

为了提高文档的安全性,Word 提供了密码保护功能,在保存文档时设置密码。当其他用户打开此文档时,系统会提示输入密码,密码不正确将无法打开文档。其操作步骤如下。

(1)在需要设置密码的文档中选择"文件"→"另存为"命令。

(2)弹出"另存为"对话框,单击对话框左下角的"工具"按钮,在弹出的列表中选择"常规选项",如图 3-1-13 所示。

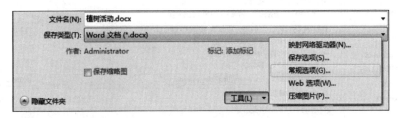

图 3-1-13　"另存为"对话框中的"工具"列表

(3)在"常规选项"对话框中,可在"打开文件时的密码"文本框中输入打开权限的密码,在"修改文件时的密码"文本框中输入修改权限的密码,如图 3-1-14 所示,单击"确定"按钮。

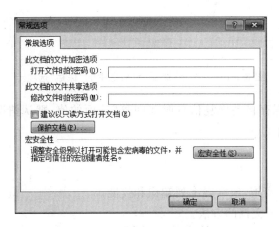

图 3-1-14　"常规选项"对话框

（4）在弹出的"确认密码"对话框中重新输入打开权限的密码，单击"确定"按钮；在弹出的"确认密码"对话框中再次输入修改权限的密码，单击"确定"按钮。

（5）单击"另存为"对话框中的"保存"按钮（注：密码是区分大小写的）。

3. 文档自动保存的时间设置

在使用 Word 2016 编辑文档的过程中，为了尽可能减少文档在损坏或被非法修改后所造成的损失，用户可以启用 Word 2016 自动创建备份文件的功能。通过启用自动创建备份文件功能，可以在每次修改而保存 Word 文档时自动创建一份备份文件。除此之外，还可以设置文档每隔一段时间自动保存一次。

（1）选择"文件"→"选项"命令，弹出"Word 选项"对话框，选择"保存"选项卡，如图 3-1-15 所示。

图 3-1-15　"Word 选项"对话框中的"保存"选项卡

（2）可以修改"保存自动恢复信息时间间隔"选项的值，默认情况下是 10 分钟，修改后再单击"确定"按钮。

任务总结

通过本子任务的实施，应掌握下列知识和技能。
- 熟悉保存、关闭文档的方法。
- 学会设置文档的密码。
- 掌握文档的自动保存时间间隔的设置方法。

任务 3.2　输入与编辑文档

Word 有强大的文字排版、表格处理、数据统计、图文混排功能。用户对文档进行复杂的排版前，必须掌握对文档最基本的操作，如文本的输入、选择、复制、粘贴、移动、查找、替换等操作。本任务通过 4 个子任务来学习文本的基本操作。

子任务 3.2.1　输入文本

📑 任务描述

某高校计划举办一次演讲比赛，请制作一份通知，通知的样文如图 3-2-1 所示。通过完成本子任务，应掌握文字、标点符号、英文字母和数字、符号等文本的输入方法，掌握空格键和 Enter 键的用法。

✲✲✲关于举办英文演讲比赛的通知✲✲✲

为提高学生的英文交流能力，学院决定举办英文演讲比赛，欢迎全校同学积极报名参赛。比赛

相关事项安排如下：

演讲主题：　I Have A Dream
报名时间：　2018-3-13 至 2018-3-19
报名地点：　教学楼 132
比赛时间：　2018-6-1　19:00-21:00
比赛地点：　学术报告厅（二）

电子信息工程系
二○一八年三月六日

图 3-2-1　通知的样式

请按照样文输入文字，以文件名"演讲比赛.docx"保存在"E:\Word 素材"文件夹下。

🗃 相关知识

1. 输入法的切换

Word 文档中通常既有英文字符，也有中文字符。英文字符输入非常简单，直接按键盘上对应字母即可；中文字符则需在 Word 中切换到中文输入法状态才能输入。

1）中文输入法的切换

中文输入法的切换有以下两种方法。

（1）通过鼠标切换。在打开的文档中，单击任务栏右下角的输入法图标，在弹出的列表中移动鼠标光标到需要的输入法上，单击即可选中该输入法，如图 3-2-2 所示。

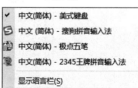

图 3-2-2　输入法选择列表

（2）用快捷键盘切换。在 Word 中，可以通过 Ctrl＋Shift 组合键在各种已安装的输入法之间切换。

2）中/英文输入法的切换

中/英文输入法的切换可以通过 Ctrl＋Space（Space 为空格键）组合键实现。若当前是中文输入法，按下 Ctrl＋Space 组合键则转换成英文输入法；若再次按下 Ctrl＋Space 组合键，则又回到默认的中文输入法。

2. 符号的插入

为了美化文档，可在需要的位置插入 Word 提供的符号。选择"插入"功能选项卡，在"符号"组中选择"符号"选项，如图 3-2-3 所示。

图 3-2-3 "符号"组的"符号"选项

单击"符号"的下三角按钮，在打开的下拉面板中选择"其他符号"选项，进入"符号"对话框，如图 3-2-4 所示，在"字体"列表中选择需要的字体，再在符号选择区单击需要的符号，单击"插入"按钮即可。

图 3-2-4 "符号"对话框

3. 段落的产生

Word 系统对于段的定义以回车符 ↵ 为单位,一个回车符表示一段文本。当一个自然段文本输入完毕时,按 Enter 键,便会自动插入一个段落标记 ↵ 。

在录入文本时,输入的文字到达右边界时不用使用 Enter 键换行,Word 会自动根据纸张的大小和段落的左右缩进量自动换行。

如果需要在一行内容没有输入满时需要强制另起一行,则可按下 Shift＋Enter 组合键,此时产生一个向下的箭头符 ↓,这样新起行的内容与上行的内容将会保持同一个段落属性。

4. 文本的输入

选择需要的输入法后,便可在文档编辑区输入文本。当输入的文本中出现多余的或出错的字符时,则可按键盘上的退格键 Backspace 删除闪烁的插入点前的字符;或者按 Delete 键可以删除插入点后的字符。

如果需输入的文本在当前文档或者其他文档中部分或全部存在时,则可将已有的文本复制到当前位置,以加快文档编辑的速度,提高工作效率。

5. 插入日期和时间

如果文档中需要输入当前的日期或时间,可以选择"插入"→"文本"→"日期和时间"选项,如图 3-2-5 所示,弹出"日期和时间"对话框。从中选择合格的显示方式,单击"确定"按钮即可。

图 3-2-5　选择"日期和时间"选项

任务实施

完成本子任务的操作步骤如下。

1. 新建 Word 文档

在打开的 Word 软件中按下 Ctrl＋N 组合键,新建一个文档。

2. 插入符号

在打开的文档编辑区中,依次选择"插入"→"符号"组→"符号"按钮→"其他符号选项",出现"符号"对话框。选择字体为"Wingdings 2",在符号选择区选择符号✳,单击对话框的"插入"按钮,连续插入 3 次符号。

3. 输入文本

(1) 按下 Ctrl＋Shift 组合键,将输入法切换到合适的中文输入法,如"搜狗输入法"。

(2) 按照样文输入文字"关于举办英文演讲比赛的通知",再插入三个符号✳。

(3) 按下 Enter 键,在新段中输入余下的文字。

4. 插入日期和时间

选择"插入"→"文本"→"日期和时间"选项，打开"日期和时间"对话框，如图 3-2-6 所示。选择倒数第三种格式，便可插入当前的日期。

图 3-2-6 "日期和时间"对话框

在"日期和时间"对话框中选中"自动更新"复选框，则在每次打开该文档时，插入的时间都会按当前的时间进行更新显示。

5. 保存文档

单击"快速启动工具栏"中的"保存"按钮，将文档命名为"演讲比赛.docx"，保存路径是"E:\Word 素材"。

知识拓展

1. 打开已有的文档

文档的打开是指计算机将指定文档从外存调入内存，并显示出来。若对一个已经存在的文档进行再次编辑时，则需要先"打开"文档。

Word 文档的打开方法通常有以下两种。

(1) 进入文档所在的文件夹，双击要打开的 Word 文件。

(2) 进入 Word 操作界面，选择"文件"→"打开"命令，在弹出的"打开"对话框中选择文件所在的文件夹，选中需要打开的文档，单击"打开"按钮即可，如图 3-2-7 所示。

2. 以特殊方式打开文档

1) 以只读方式打开文档

为了提高文档的安全性，禁止随便对文档进行修改，我们可以选择以只读方式打开文

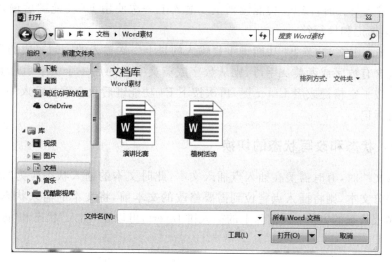

图 3-2-7　"打开"对话框

档。此时如果要保存文档中修改的部分,则只能将文档以"另存为"的方式进行保存。以只读方式打开文档的方法如下。

(1) 选择"文件"→"打开"命令,弹出"打开"对话框。

(2) 在对话框的文件列表中单击要打开的文件,单击"打开"按钮右侧的下拉按钮,如图 3-2-8 所示。

(3) 选择"以只读方式打开"。打开文档后,会在标题栏的文档名后显示"只读"两字。

2) 以副本方式打开文档

为了避免对源文件的破坏,可以以副本的方式打开文档,当以这种方式打开文件时,Word 会自动创建一个与源文件完全相同的文件,用户在打开文档并完成文件编辑后,对源文件所做的改变将保存在副本文档中,对源文件不会产生影响。其操作方法是在图 3-2-8 中选择"以副本方式打开",打开的文件自动在源文件名前加"副本(1)"。如果重复以副本方式打开同一文件,文件名将会依次在源文件名前加"副本(2)""副本(3)"。

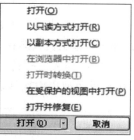

图 3-2-8　文件打开方式选择列表

技能拓展

1. 快速输入重复文字

Word 2016 提供了随时记忆功能,当用户在编辑文档时,有些内容需要反复输入,便可使用 F4 功能键快速输入已经输入过的内容。

操作方法:按下 F4 功能键,输入需要重复输入的内容,再次按下 F4 功能键,便可实现两次按下 F4 功能键期间输入内容的重复输入。

需要注意的是,在输入英文和中英文内容时,F4 功能键的作用不完全相同。

（1）当输入英文时，按 F4 功能键则重复输入上一次使用 F4 功能键后输入的所有内容，包括回车标记和换行符。

（2）当输入中文时，按 F4 功能键重复输入的是上一次输入的一句完成的话。若输入的内容中包含有数字或者英文字母，则从数字或英文字母的后一个文字后开始重复。如果在句子后按了空格键或者 Enter 键，再次按下 F4 功能键后只会重复输入一个空格或增加一个段落标记。

2. 插入状态和改写状态的切换

在编辑文档时，有时需要在插入点插入文本，此时文本的输入状态应为"插入"状态。若要修改部分文本，则将插入点定位到需要修改的文本前，将文本的输入状态设置为"改写"，改变输入状态的方法：按键盘上的插入键 Insert，可以在"插入"状态和"改写"状态间切换。

3. 在文档中输入公式

在文档中有时需要输入各种公式，公式的输入有两种方式。

1）插入 Word 内置的公式

Word 2016 提供了一个新颖的工具，内置了一些常用的公式，如果需要，直接插入需要的公式即可。该工具只能在 2016 版本下才能用，兼容模式下不能用。其操作步骤如下。

（1）选择"插入"→"符号"组，单击"公式"选项的下拉按钮，如图 3-2-9 所示中插入点所指，在弹出的列表中选择需要的内置公式，便会在文档中的插入点创建一个公式。

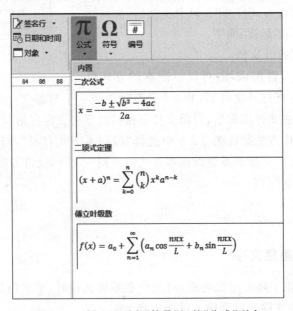

图 3-2-9　插入选项卡"符号"组的"公式"列表

单击公式对象中的内容，按 Delete 键，可将原来的内容删除，并输入新的内容，便可修改公式。

（2）如果内置公式中没有需要的公式，可在"公式"选项的下拉列表中选择"插入新公式"命令，此时文档中会插入一个小窗口，用户在其中输入公式，通过"公式工具"中的"设计"功能选项卡内的各种工具可以输入公式，如图 3-2-10 所示。

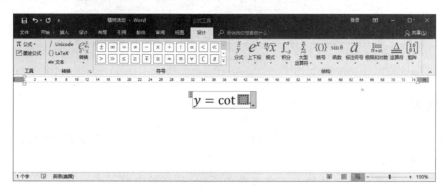

图 3-2-10　"公式工具"的"设计"功能选项卡

2）使用公式编辑器

Word 2016 自带有公式编辑器，使用公式编辑器输入公式的操作步骤如下。

（1）在文档中将插入点定位到输入公式的位置，单击"插入"功能选项卡，在"文本"组中选择"对象"选项，如图 3-2-11 所示，弹出"对象"对话框。

图 3-2-11　"插入"功能卡的"文本"组

（2）在"对象"对话框中选择"对象类型"列表框中的"Microsoft 公式 3.0"选项，如图 3-2-12 所示。

图 3-2-12　"对象"对话框

（3）单击"确定"按钮，启动公式编辑器，如图 3-2-13 所示。选择需要的公式符号，插入公式模板，即可编辑公式。

图 3-2-13 "公式"编辑器

4. 文本的插入

文本的插入通常操作如下：将插入点定位到需要插入新内容的位置，从键盘上输入要插入的内容即可。

除此之外，也可以通过其他方式向文档中添加、补充新内容。

1）插入空行

如果要在两个段落之间插入空行，可采用两种方法：一是把插入点定位到段落的结束处，按 Enter 键，将在当前段落下方产生一个空行。二是把插入点定位到段落的开始处，按 Enter 键，将在当前段落的上方产生一个空行。

2）插入其他文档的内容

若需在当前文档中插入另一文档中的内容，选择"插入"功能选项卡，在"文本"组中单击"对象"右侧的下拉按钮，选择"文件中的文字"选项，如图 3-2-14 所示。

在弹出的插入文件对话框中选择需要插入的文件，单击"插入"按钮，便可完成文档的插入。

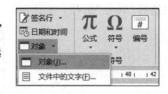

图 3-2-14 插入文件中的文字

任务总结

通过本子任务的实施，应掌握下列知识和技能。

- 学会中/英文输入法的切换方法。
- 理解段落的含义。
- 掌握文本的输入方法以及符号的插入方法。
- 学会使用 F4 功能键快速输入重复内容。
- 会使用只读/副本方式打开文档。
- 会在文档中插入公式。

子任务 3.2.2 选择文本

任务描述

为了体现"通知"的正规性和严肃性，学院要求将通知的第一行花哨的符号❋删除。通过本子任务的实现，大家可学会文本的不同选择方法。

相关知识

1. 连续文本区域的选择

1）鼠标选择方式

将插入点移动到需要选择的文本区的第一个字符/文字前，按住鼠标左键不放，拖动鼠标到文本的最后一个字符后，即可选定此连续的区域。

2）键盘选择方式

将插入点移动到需要选择的文本区的第一个字符/文字前，按住 Shift 键不放，移动键盘上的方向键，可选择一片连续文本。

3）键盘鼠标相结合的方式

将插入点移动到需要选择的文本区的第一个字符/文字前，按住 Shift 键不放，将鼠标光标移动到待选择区域的最后一个字符后，再次单击，即可选定此连续的区域。

2. 非连续文本区域的选择

（1）选中需要选择的一个区域。

（2）按住 Ctrl 键不放，即用鼠标选择下一个需要选择的区域。

（3）重复步骤（2）的操作，选择其他需要选择的区域。

任务实施

完成本子任务的操作步骤如下。

（1）打开文件。进入"E:\Word 素材"文件夹下，双击文档"演讲比赛.docx"，打开该文档。

（2）选定即将要删除的对象。移动鼠标光标，将插入点定位到需要删除的对象❋❋❋之前，按住左键拖动鼠标至第三个❋后。按住 Ctrl 键不放，以同样的方式选择后面的符号❋❋❋，如图 3-2-1 所示。

（3）删除对象。按下 Delete 键删除❋❋❋。

知识拓展

1. 一行文本的选择

若要选择一行文本，将光标移动到要选择的文本行左侧的空白位置，当鼠标指针由I变换为⤢时，单击即可选择整行文本，如图 3-2-15 所示。

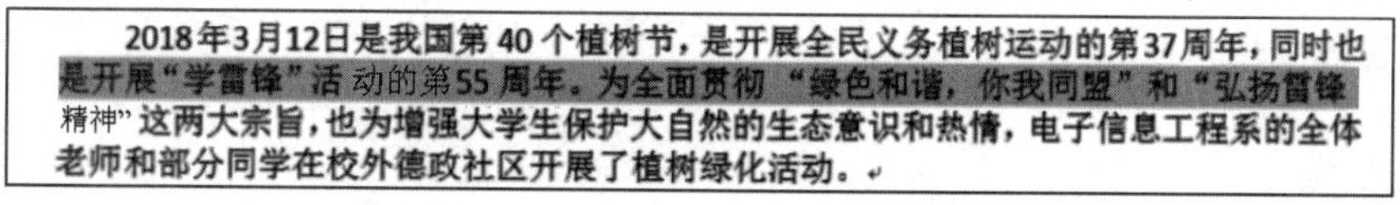

图 3-2-15　单行文本的选择示例

157

2. 一段文本的选择

要选择一段文本,可将鼠标光标移动到所要选择的段落左侧空白区,当鼠标指针由I变换为∅时,双击即可选择指针所指向的整个段落,如图 3-2-16 所示。

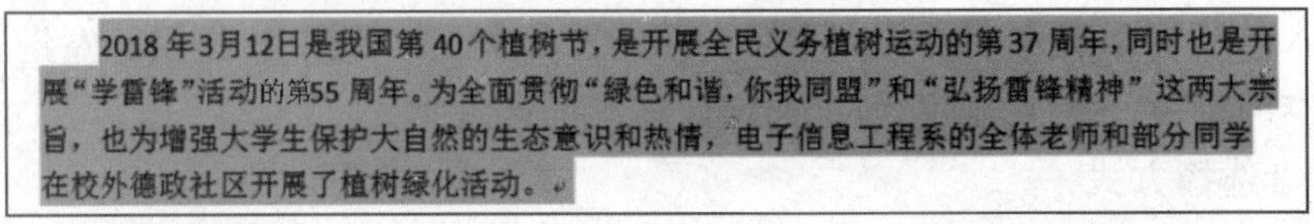

2018 年 3 月 12 日是我国第 40 个植树节,是开展全民义务植树运动的第 37 周年,同时也是开展"学雷锋"活动的第 55 周年。为全面贯彻"绿色和谐,你我同盟"和"弘扬雷锋精神"这两大宗旨,也为增强大学生保护大自然的生态意识和热情,电子信息工程系的全体老师和部分同学在校外德政社区开展了植树绿化活动。

图 3-2-16 整段文本的选择示例

3. 整个文档内容的选择

要选择整个文档内容,可将鼠标光标移动到所要选择的文档的左边界,当鼠标指针由I变换为∅时,三击鼠标左键,即可选择指针所指向的整个文档。

技能拓展

对于文本中不需要的文本对象,需要将其删除。删除文本的常用方法如下。

(1)按 Backspace 键可以删除插入点之前的文本。

(2)按 Delete 键可以删除插入点之后的文本。

(3)选中要删除的大段区域的文本,按 Backspace 或 Delete 键删除选中的文本。

(4)选定要删除的文本,单击"开始"选项卡"剪贴板"组中的"剪切"按钮,也可以删除文本。

任务总结

通过本子任务的实施,应掌握下列知识和技能。

- 会通过键盘、鼠标选择连续区域和非连续区域的文本。
- 掌握文本的几种插入方法。
- 会删除文本。

子任务 3.2.3 查找和替换文本

任务描述

将"E:\Word 素材"文件夹下的"演讲比赛. docx"文档中的所有"英文"字样修改为"英语"。通过本子任务的实现,让学生掌握 Word 提供的"查找和替换文本"工具的使用方法。

相关知识

1. 查找

Word 2016 增强了查找功能,用户在文档中查找不同类型的内容时更方便,可以使用查找功能找到长文档中指定的文本并定位该文本,还可以将查找到的文本突出显示出来。其查找步骤如下。

(1)打开文档,选择"开始"功能选项卡,在"编辑"组中选择"查找"选项。弹出"导航"窗格。

(2)在"导航"窗格的文本框中输入要查找的内容,如"植树节",此时文档中的"植树节"字样将在文档窗口中呈黄色突出显示状态,"导航"窗格及查找结果如图 3-2-17 所示。

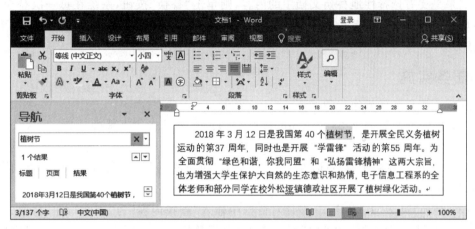

图 3-2-17　进行文本查找的"导航"窗格

2. 替换

当在长文本中修改大量文本时,可以使用 Word 的替换功能,文本的替换与查找内容的操作相似,因为替换内容之前需要找到指定的被替换内容,再设置替换内容,然后进行替换。其操作方法如下。

(1)打开文档,选择"开始"功能选项卡,在"编辑"组中选择"替换"选项,弹出"查找和替换"对话框,如图 3-2-18 所示。

图 3-2-18　"查找和替换"对话框

(2)在该对话框的"查找内容"文本框中输入要查找的文本,在"替换为"文本框中输入要替换的文本,单击"全部替换"按钮,弹出替换操作提示框,如图 3-2-19 所示。

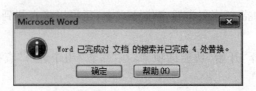

图 3-2-19　替换操作提示框

如果是要有选择性地替换文档中的内容，则单击"替换"按钮，系统在每一次替换前，都将要替换的内容以淡蓝色背景突出显示。如果不替换当前的内容，则单击"查找下一处"按钮。

任务实施

完成本子任务的操作步骤如下。

（1）打开文档。进入"E:\Word 素材"文件夹，双击文档"演讲比赛.docx"，打开文档。

（2）打开"查找和替换"对话框。选择"开始"功能选项卡，在"编辑"组中选择"替换"选项，弹出"查找和替换"对话框。

（3）替换"英文"为"英语"。在该对话框中输入"查找内容"为"英文"，在"替换为"文本框中输入"英语"，如图 3-2-20 所示。单击"全部替换"按钮，再在打开的提示对话框中单击"确定"按钮。

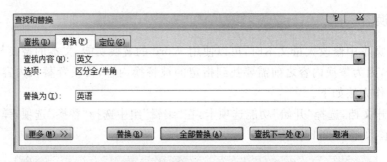

图 3-2-20　将"英文"替换为"英语"

（4）保存文档。按 Ctrl＋S 组合键保存文档。

知识拓展

用户在录入文本、编辑文本时，Word 会将用户所做的操作记录下来。如果用户出现错误的操作，可以通过"撤销"功能将错误的操作取消。如果在"撤销"时也产生错误，则可以利用"恢复"功能恢复到"撤销前的内容"。

1. 撤销操作

1）撤销最近一次的操作

单击快速访问工具栏上的"撤销"按钮 ，可撤销最近一次的操作。

图 3-2-21　撤销多步操作
的示例

2) 撤销多步操作

单击"撤销"按钮旁的下拉按钮 ▾，在弹出的列表中选择需要撤销到的某一步操作，如图 3-2-21 所示。移动鼠标光标到需要恢复的内容前并单击。

2. 恢复操作

恢复操作可恢复上一步的撤销操作，每执行一次恢复操作只能恢复一次。如果要恢复多次操作，就需要多次执行恢复操作。只有执行了"撤销"操作后，"恢复"功能才能生效。

1) 鼠标方式的"恢复"操作

单击"快速访问工具栏"的恢复按钮 ↻，可恢复上一次的操作。多次单击"恢复"按钮，可恢复多步操作。

2) 键盘方式的"恢复"操作

按 Ctrl＋Z 组合键，可以撤销最近一次操作。连续多次按 Ctrl＋Z 组合键，可恢复多次操作。

技能拓展

下面介绍 Word 2016 的查找及替换技巧。

（1）按 Ctrl＋H 组合键，可以快速启动"查找和替换"对话框。

（2）将查找出来的文本突出显示。

按 Ctrl＋H 组合键，启动"查找和替换"对话框，单击"更多"按钮，再单击左下角的"格式"按钮，如图 3-2-22 所示，然后进行特定内容的查找及替换。

图 3-2-22　查找对象的格式
设置选择菜单

任务总结

通过本子任务的实施，应掌握下列知识和技能。

- 掌握文本的查找操作。
- 掌握文本的替换操作。
- 掌握文档的撤销和恢复操作。
- 了解查找与替换的操作技巧。

子任务 3.2.4　复制与移动文本

任务描述

文本的复制、粘贴、剪切、移动是文本编辑最常用的操作，通过这些操作，可以修改输入的位置错误，节约录入时间，从而提高录入速度。通过本子任务的完成，让大家掌握文本编辑中最常用的文本的复制粘贴、移动等常用操作。

打开"项目 3\子任务 3.2.4"文件夹下的文档"计算机.docx"，文档内容如图 3-2-23 所示。将第 3 段文本复制到第 1 段文本之前，将"计算机是一种……"所在段移动到"早期的计算机……"所在段之前。

计算机及其相关技术的快速发展和普及，推动了整个社会的信息化进程，从根本上改变了人们的工作、生活、消费、娱乐等活动方式，极大地提高了全社会的工作效率和生活质量。计算机已经成为人类社会不可缺少的一种工具，人们好像已经聆听到"数字化生存"时代的脚步声。

计算机是一种能快速、自动完成信息处理的电子设备，具有运算速度快、计算精确度高、存储容量大、逻辑判断能力强、自动化程度高等特点。现在的微型机的运算速度已达到每秒10亿次以上，巨型机的运算速度已达到每秒亿亿次以上。

早期的计算机仅仅作为一种计算工具用于数值计算。目前，计算机的应用已远远超出"计算"的范围，广泛深入地渗透到人类社会的各个领域，从科研、国防、生产、教育、卫生到家庭生活，几乎无所不在。

图 3-2-23　文档内容

相关知识

1. 文本的复制

当文档中需要输入已存在的内容或者将前文中的内容移动到当前位置时，可以使用文本的复制与剪切功能。"复制"是指把文档中的一部分"复制"一份，然后放到其他位置，而被"复制"的内容仍按原样保留在原位置。文本的复制及粘贴的方法如下。

（1）选择文本。

（2）复制文本。文本的复制有以下 3 种实现方式。

① 使用快捷键方式：选择复制的文本，按 Ctrl＋C 组合键。

② 选择需要复制的文本，右击，在弹出的快捷菜单中选择"复制"命令。

③ 在"开始"功能选项卡中单击"剪贴板"组的"复制"按钮 复制 。

（3）定位文本插入的位置。

（4）粘贴文本。粘贴操作的实现方法如下。

① 在"开始"功能选项卡中单击"剪贴板"组的"粘贴"按钮。

② 右击，选择快捷菜单上的"粘贴"命令，在打开的面板中可根据需要选择不同的粘贴模式。

③ 按 Ctrl＋V 组合键。

2. 文本的移动

1）利用剪贴板移动文本

利用剪贴板移动文本的操作有以下三步。

（1）选择要剪切的文本，按 Ctrl＋X 组合键，或右击并在弹出的快捷菜单中选择"剪切"命令。

（2）移动鼠标光标，将插入点定位到要移动的目标文本的位置。

（3）粘贴已剪切的文本。

2）鼠标拖动方式

将鼠标放在选定文本上，同时按住鼠标左键将其拖动到目标位置，松开鼠标左键。在此过程中鼠标指针右下方带一方框。

任务实施

完成本子任务的操作步骤如下。

（1）选择并复制第 3 段文本。将鼠标光标移动到第 3 段文本的左侧空白区，当鼠标指针由 I 变换为 分 时，双击选择第 3 段文本；按下 Ctrl＋C 组合键，将第 3 段文本复制到剪贴板中，如图 3-2-24 所示。

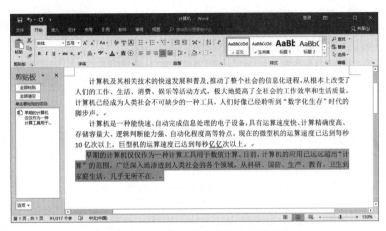

图 3-2-24　第 3 段文本的选择结果

（2）定位插入文本的位置。移动鼠标光标至第 1 段文本之前，将插入点定位在文本"计算机及其相关……"之前。

（3）粘贴文本。按 Ctrl＋V 组合键，第 3 段文本被复制到第 1 段文本之前，如图 3-2-25 所示。

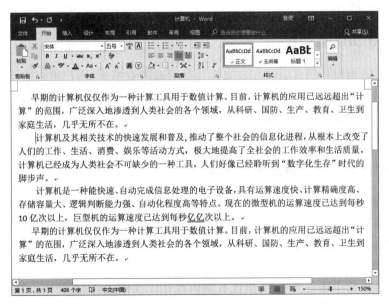

图 3-2-25　第 3 段文本的复制结果

（4）移动文本。选中"计算机是一种……"这段文本，按住鼠标左键不放，拖动文本到"早期的计算机……"之前，松开鼠标左键，完成文本的移动，如图 3-2-26 所示。

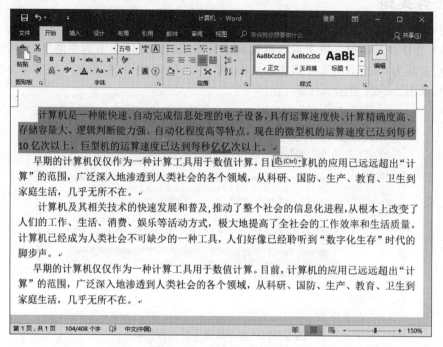

图 3-2-26　文本移动的结果

（5）删除文本。选中最后一段文本，按下 Backspace 键或者 Delete 键可删除多余的文本。

🖫 知识拓展

1. Word 2016 剪贴板

Word 2016 剪贴板用来临时存放交换信息。通过剪贴板，用户可以方便地在各个文档中传递和共享信息，它最多可以存放 24 项内容。如果继续复制，复制的内容会添加至剪贴板最后一项并清除第一项内容。

若把在输入文本时常用到的词组复制到剪贴板，就可大大提高输入速度。

2. 鼠标拖动实现文本的复制及粘贴

1）左键拖动

将鼠标指针放在选定文本上，按住 Ctrl 键，同时按鼠标左键将其拖动到目标位置，在此过程中鼠标指针右下方带一个"＋"号。

2）右键拖动

将鼠标指针置于选定文本上，按住右键向目标位置拖动，到达目标位置后松开右键，在快捷菜单中选择"复制到此位置"。

技能拓展

1. 剪贴板的使用方法

通过 Office 剪贴板,可以有选择地粘贴暂存于 Office 剪贴板中的内容,使粘贴操作更加灵活。Word 中使用 Office 剪贴板的步骤如下。

(1)打开需要操作的文档,选中一部分需要复制或剪切的内容,并执行"复制"或"剪切"命令。单击"开始"功能选项卡,单击"剪贴板"组右下角对话框启动器 ,弹出剪贴板窗格,如图 3-2-27 所示。

(2)在打开的"剪贴板"任务窗格中可以看到暂存在剪贴板中的项目列表,如果需要粘贴其中一项,只需选择该选项即可,如图 3-2-28 所示。

图 3-2-27 剪贴板任务窗格

图 3-2-28 在剪贴板窗格中选择粘贴项

如果需要删除 Office 剪贴板中的其中一项或几项内容,可以单击该项目右侧的下拉三角按钮,在打开的下拉列表中选择"删除"命令,如图 3-2-29 所示。

如果需要删除 Office 剪贴板中的所有内容,可以单击 Office 剪贴板内容窗格顶部的"全部清空"按钮,如图 3-2-30 所示。

图 3-2-29 删除剪贴板的内容

图 3-2-30 单击"全部清空"按钮

2. 将内容粘贴为无格式文本

当通过复制及粘贴方式录入文本时，如果直接粘贴文本，有时会出现不希望的格式，如文本带有边框。如果不需要这些格式，可以通过"选择性粘贴"功能将文字粘贴为无格式文本。方法如下：将需要的内容复制到粘贴板，单击"开始"功能选项卡，在"剪贴板"工具组中单击"粘贴"选项的下拉按钮，在打开的面板中选择"选择性粘贴"选项，如图 3-2-31 所示。再在弹出的列表中选择"只保留文本"选项。

图 3-2-31 "粘贴选项"面板

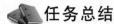 **任务总结**

通过本子任务的实施，应掌握下列知识和技能。
- 掌握文本复制的 3 种方法。
- 掌握文本粘贴的 3 种方法。
- 掌握文本移动的方法。
- 掌握剪贴板的使用方法。

任务 3.3 文档格式的设置

文档格式的设置包括设置字符格式、段落格式以及页面格式等内容。在 Word 中设置文档格式通常要用到"字体"组和"段落"组，"字体"和"段落"对话框，以及"页面布局"功能选项卡中的"页面设置"工具来设置文档的格式，使文档变得更加规范和美观。

子任务 3.3.1 设置字符格式

任务描述

唐××是某学院电子信息工程系的副主任兼党支部书记，他要求制作一张个人名片，名片正面和反面内容如图 3-3-1 所示。输入文本并设置字符格式，以文件名"名片.docx"将其保存在"E:\Word 素材"文件夹下。通过本子任务的完成，学生可掌握文本字体、字号、字体颜色等有关字符格式的设置操作。

图 3-3-1 制作完成的个人名片的正面和反面

相关知识

　　字符格式的设置包括文本的字体、字形、大小、颜色、下画线等内容的设置，Word 提供了两种对文本格式的设置方式。

1．工具组方式

　　（1）选定需要设置格式的文本。

　　（2）单击"开始"功能选项卡，可用"字体"组提供的功能按钮设置文本的格式，如图 3-3-2 所示。

　　① 设置字体。单击"字体"组"字体"列表框右侧的下拉按钮 宋体(中文正▾，弹出"字体"列表框，如图 3-3-3 所示，选择需要的字体并单击。

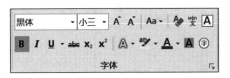

图 3-3-2　"字体"组　　　　　　　　　　　　图 3-3-3　"字体"列表框

　　② 设置字号。单击"字体"组"字号"列表框右侧的下拉按钮 五号 ▾，弹出"字号"列表框，如图 3-3-4 所示，选择需要的字号并单击。

　　③ 设置字体颜色。单击"字体"组的颜色设置按钮 **A** ▾ 的下拉按钮，在弹出的"颜色"列表框中选择合适的颜色（图 3-3-5）。若列表框中没有需要的颜色，可单击"其他颜色"按钮，再选择合适的颜色。

　　④ 设置下画线。设置字体的下画线，单击"字体"组的下画线按钮 **U** ▾ 的下拉按钮，在弹出的"下画线"列表中选择需要的"点—短线下画线"（图 3-3-6），还可单击"下画线颜色"按钮来设置下画线的颜色。

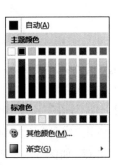

图 3-3-4　"字号"列表框　　　图 3-3-5　"颜色"列表框　　　图 3-3-6　"下画线"列表框

2. 对话框方式

在"开始"功能选项卡的"字体"组中可以设置字符的底纹、文字效果等字符的格式,但在"字体"组中没有"字符间距"的设置按钮,此时可单击"字体"组的对话框启动器,启动"字体"对话框(图 3-3-7),在此对话框的"字体"选项卡中可设置字体、字形、字号、效果等,在"高级"选项卡中可设置字符的间距。设置完毕,单击"确定"按钮。

图 3-3-7 "字体"对话框

3. 以快捷菜单方式打开"字体"对话框

选中需要设置格式的文本,右击,在弹出的快捷菜单中选择"字体"命令,也可启动"字体"对话框。

如果对文档内容设置了多次格式,文档的最终格式以最后一次设置的格式为准。

任务实施

完成本子任务的操作步骤如下。

(1) 输入文本。

新建一个文档,按照图 3-3-1 所示输入文本的内容。

(2) 设置名片正面的字符格式。

① 选择名片正面第 1 行的"唐××",在"字体"组中单击 宋体(中文正 ,选择字体为"楷体";单击 三号 ,设置字号为"二号";单击"字体"组的对话框启动器,启动"字体"对话框,打开"高级"选项卡,将字符间距加宽 8 磅,如图 3-3-8 所示。

② 选择文本"副主任""党支部书记",字体设置为"微软雅黑",字号为"小五号"。

图 3-3-8　设置字符间距

③ 选择第 2 行文本"××职业技术学院电子信息工程系",字体设置为"仿宋",字号为"小三号",字体颜色设置为"黄色"。

④ 选择第 3～6 行文本,设置字体为"宋体",字号为"小五号"。

(3) 设置名片反面的字符格式。

① 选择第 1 行文本,单击 宋体(中文正) ,弹出"字体"对话框,字体设置为"黑体",字号设为"小四号",字体颜色为"蓝色"。单击"下画线"按钮 **U** ▾ 右侧的下拉按钮,选择列表中第 1 种下画线。

② 选择第 2～4 行文本,字体设置为"仿宋",字号为"小四号",字体颜色为"蓝色"。

③ 选择第 5 行文本,字体设置为"楷体",字号为"二号",字体颜色为"红色"。

(4) 保存文档。

单击"快速启动工具栏"的"保存"按钮,将文档命名为"名片.docx",保存路径是"E:\Word 素材"。

知识拓展

下面介绍文字格式清除的方法。

如果对设置的文字格式和效果不满意,可以清除格式重新进行设置。格式的清除操作方法如下:选中要清除格式的文字,单击"开始"功能选项卡,单击"字体"组中的"清除格式"按钮，即可清除所选文本的格式。

技能拓展

1. 设置带圈字符

带圈字符一般用于将一些标注性的文字圈起来，其设置方法如下。

（1）在文档中选择要设置带圈字符的文本，单击"开始"→"字体"→"带圈字符"按钮⊕。比如要将文字"龙"设置为带圈字符，则需要先选择文本"龙"，再单击⊕按钮。

（2）在弹出的"带圈字符"对话框中，在"文字"文本框中输入需要设置的文字"龙"，再选择"圈号"列表框内的圆圈选项，设置样式为"缩小文字"，单击"圆圈"圈号，如图 3-3-9 所示。单击"确定"按钮，得到带圈字符⑩。

图 3-3-9　"带圈字符"对话框

2. 设置文字的上下标

为了区分标记和文字处理，通常设置文字的上下标，它将标记的位置设置在文字的右上方或右下方。如 3^3，其设置方法如下。

（1）选择要设置为上标的文字，如数字 3，选择"开始"功能选项卡，单击"字体"组的上标按钮 x^2，则将数字 3 设置成了上标。

（2）若需将文本设置为下标，其操作方式基本与方法（1）相同，不同之处在于选定文本后，单击下标按钮 x_2，则将数字 3 设置成了下标。

（3）选择设置上/下标的文字，右击并从快捷菜单中选择"字体"命令，打开"字体"对话框，在"效果"栏的"上标"或"下标"前的方框中打钩，单击"确定"按钮，也可设置文字的上下标。

任务总结

通过本子任务的实施，应掌握下列知识和技能。

- 了解字符设置的内容。
- 掌握字符格式设置的途径，可以用"开始"功能选项卡的"字体"组，也可以用"字体"对话框。
- 能够设置文本的字体、字号、效果、字体颜色、字间距、字符底纹等格式。
- 学会"清除文本格式"操作。
- 学会设置带圈字符、文字的上下标。

子任务 3.3.2　设置段落格式

任务描述

将文档"名片.docx"中的所有段落设置成与图 3-3-1 样文相同的段落格式，通过本子任务的实现,大家能掌握段落中文本的对齐方式、段落的缩进、段落底纹、行和段间距、边框和底纹等有关段落格式的设置方法。通过段落格式的设置可以使文档的层次分明。

相关知识

段落格式的设置包括段落文本对齐方式、段间距、段缩进、边框和底纹的设置等内容。可以通过"开始"功能选项卡中的"段落"组(图 3-3-10)提供的功能按钮设置段落格式。

1. 设置文本对齐方式

Word 段落的对齐方式有五种:左对齐、居中对齐、右对齐、两端对齐以及分散对齐。Word 的默认文本对齐方式是两端对齐。用户可以根据需要为文本设置对齐方式。如设置某一段落的文本对齐方式为左对齐,操作步骤如下。

(1)选定需要设置格式的段落。

(2)单击"段落"组的"左对齐"按钮 ,则可将段落设置为左对齐。

2. 设置底纹

(1)选中需要设置底纹的段落或文本。

(2)单击"段落"组的"底纹"按钮右侧的下拉按钮 ,在弹出的颜色列表中选择需要的颜色,如图 3-3-11 所示。

图 3-3-10　"段落"组

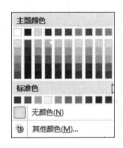

图 3-3-11　"颜色"列表框

3. 设置行和段间距

段间距是指段落与段落之间的间距,包括本段与上一段之间的段前间距、本段与下一段间的段后间距。行间距是指每行文本之间的距离。它们的设置可以通过"段落"对话框来设置,也可以通过"段落"组来设置。

1)设置段间距

(1)单击"段落"组的对话框启动器。

(2)在打开的段落设置对话框的"间距"栏的"段前""段后"的文本框中输入距离,如图 3-3-12 所示。

2)设置行间距

(1)选择需要设置行间距的段落。

(2)单击"行和段间距"按钮右侧的下拉按钮 。

（3）在弹出的下拉列表框（图 3-3-13）中选择合适的行间距。

图 3-3-12　"段落"对话框　　　　　　　图 3-3-13　"行和段间距"列表框

若没有合适的行间距值可选，单击"行距选项"，则会启动段落设置对话框，在"间距"栏可设置行间距。

4. 设置段落缩进

段落的缩进包括首行缩进、左缩进、右缩进及悬挂缩进。设置段落缩进可以使当前段落区别于前面的段落，使段落层次分明。

段落缩进的设置可以通过借助标尺来设置，也可以利用"段落"对话框准确地设置缩进值，比如要将文档的第一段设置为"左缩进，2字符"，操作步骤如下。

（1）选中文档中第一段文本。

（2）右击，在快捷菜单中选择"段落"命令，或直接单击"段落"组的对话框启动器按钮，均可打开"段落"对话框。在"缩进"选项区的"左侧"文本框中输入"2字符"。

（3）单击"确定"按钮。

5. 设置边框

通过设置文本/段落的边框和底纹，能够让所设置的对象突出显示。边框的设置方法如下。

（1）选中需要设置边框的文本或段落。

（2）单击"段落"组的"边框"  下拉按钮，打开边框的下拉列表框，如图 3-3-14 所示。

（3）若要设置边框颜色，可单击列表框中的"边框和底纹"选项，打开"边框和底纹"对话框，如图 3-3-15 所示。

（4）通过"样式"列表框可设置选择边框的线条，通过"颜色"列表框可设置线条的颜色，通过"宽度"列表框可设置线条的粗细。

（5）在"应用于"列表框中选择设置所起作用的范围，单击"确定"按钮。

6. 设置项目符号

项目符号是添加在段落前面的符号，可以是字符、符号，　图 3-3-14　"边框"下拉列表

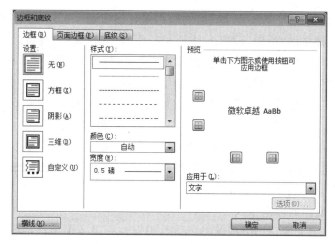

图 3-3-15　"边框和底纹"对话框

也可以是图片。添加项目符号可以让项目内容显示更清新。项目符号的插入方法如下。

(1) 选择需要添加项目符号的段落。

(2) 在"开始"功能选项卡的"段落"组中单击"项目符号"按钮 ⊞▾ 的下拉按钮,启动"项目符号库"列表框,如图 3-3-16 所示。

若项目符号库中没有需要的项目符号,则选择"定义新项目符号",从打开的对话框中可选择需要的项目符号。

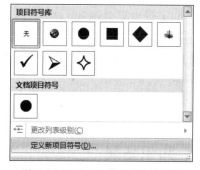

图 3-3-16　"项目符号库"列表框

任务实施

完成本子任务的操作步骤如下。

1) 打开文档

打开"E:\Word 素材"文件夹,双击文档"名片.docx"。

2) 设置名片正面的段落格式

(1) 选择名片正面的第一行。单击"段落"组的对话框启动器,在打开的"段落"对话框中设置内容如下:左侧缩进为 8 字符,"段前""段后"为 0.5 行,如图 3-3-17 所示,单击"确定"按钮。

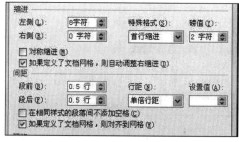

图 3-3-17　名片正面第一行段落格式的设置

（2）选择第 2 行文本，单击"段落"组的居中对齐按钮≡，单击"段落"组的对话框启动器，在"段落"对话框中的"行距"设置为"1.5 倍行距"，单击"确定"按钮。

（3）选择第 3～6 行文本，右击，选择"段落"命令，打开"段落"对话框，在"缩进"栏设置"左侧"为 2 个字符。"行距"设置为"固定值""15 磅"。

（4）选择第 4 行，打开"段落"对话框，设置"间距"的"段前"值为 0.5 行。

（5）设置第 2 行的边框。选择第 2 行，单击"段落"组的"边框"▦ ▾的下拉按钮，启动边框的下拉列表框。选择"边框和底纹"选项，选择"底纹"选项，在"颜色"栏选择"红色"底纹。选择"边框"选项，样式选择从上往下排列的第 12 种线条▅▅▅▅，颜色设置为"蓝色"，并应用于"段落"，再单击"确定"按钮。

3）设置名片反面的段落格式

（1）选择第 1 行文本，打开"段落"对话框，设置左缩进 4 个字符，"段前"为 1 行。

（2）选择第 2～4 行文本，打开"段落"对话框，设置左缩进为 4.5 个字符，"行距"为"1.5 倍行距"，"段前"为 0.5 行。

（3）选择第 5 行文本，在"段落"对话框中设置左缩进为 6 个字符，"段前"为 0.5 行。

（4）设置项目符号：选择 2～4 行文本；单击"段落"组中"项目符号"选项▤▾的下拉按钮，在"项目符号库"中单击"定义新项目符号"，弹出"定义新项目符号"对话框。单击"符号"按钮，在弹出的对话框中选择字体为 Wingdings，然后选择✍，单击"确定"按钮，再次单击"确定"按钮。

4）保存文档

单击"快速启动工具栏"上的"保存"按钮可保存文档。

📖 知识拓展

1. 大纲级别

设置文档的大纲级别，只需要单击"段落"组的对话框启动器，在打开的"段落"对话框中切换到"缩进和间距"选项卡，单击"大纲级别"下拉按钮，在下拉列表中选择相应的级别即可，如图 3-3-18 所示。

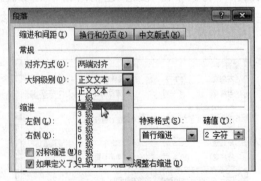

图 3-3-18　设置"大纲级别"

2．Word 五种对齐按钮的功能

（1）左对齐 ≣：将段落中每行文本以文档页面左边界为准向左对齐，这样的对齐方式会使英文文本的右边沿参差不齐。

（2）居中对齐 ≣：文本位于左右边界的中间。

（3）右对齐 ≣：每行文本以文档页面右边界为准向右对齐。

（4）两端对齐 ≣：除段落的最后一行文本，其余行的文本左右两端分别以文档的左右边界为基准向两端对齐。这是 Word 的默认对齐方式。

（5）分散对齐 ≣：把段落中所有行的文本左右两端分别以文档的左右边界为基准向两端对齐。

3．通过"页面布局"功能选项卡设置段缩进和段间距

Word 2016 在"页面布局"功能选项卡的"段落"组中也提供段缩进和段间距的设置方法。可以在功能选项卡中直接设置段的悬挂缩进值和段前及段后的距离，非常方便。

技能拓展

1．设置项目编号

项目编号可用于按顺序排列的项目，如操作步骤等，添加了项目编号的内容看起来更清晰。项目编号可以在输入文本时直接插入，也可以插入编辑库中的编号。

（1）选定段落，单击"开始"功能选项卡，选择"段落"组的"编号"选项 ≣ ▾。

（2）单击需要添加编号的段落，在"段落"组中选择"编号"选项 ≣ ▾ 的下拉按钮。在弹出的"编号库"列表中选择需要的编号，即可为段落添加合适的编号。

2．设置首字下沉

首字下沉是指文档或段落的第一个字符下沉几行或悬挂，使文档更醒目，容易明确文档的起始部分。首字下沉的设置有两种方式。

1）直接设置首字下沉

首字下沉有两种模式，一种是直接下沉，另一种是悬挂下沉。直接下沉的设置如下。

（1）将插入点定位到要设置首字下沉的段落。

（2）单击"插入"功能选项卡，在"文本"组中单击"首字下沉"按钮，在弹出的列表框中选择"下沉"选项，如图 3-3-19 所示。

2）通过首字下沉选项设置

如果对直接下沉的格式不满意，可在图 3-3-19 中选择"首字下沉选项"，打开的对话框如图 3-3-20 所示。在该对话框中可设置下沉文字的字体、下沉行数和下沉文字距离正文的距离。单击"确定"按钮，可使设置生效。

图 3-3-19 设置首字直接下沉　　　　　　图 3-3-20 "首字下沉"对话框

如果要取消首字下沉的效果，可把插入点定位到该段落，再单击"首字下沉"按钮，选择"无"选项即可。

3.格式刷的使用

在编辑文档时，如果文档中有多处需要设置相同的格式，不需多次设置重复的格式，可以使用格式刷来复制格式。

1）复制一次格式

（1）选中已设置格式的文本或段落。

（2）选择"开始"功能选项卡，在"剪贴板"组中单击"格式刷"按钮 格式刷 。

（3）当鼠标指针变为刷子形状时，按住鼠标左键选中要应用格式的段落或文本。松开鼠标左键，完成格式的复制。

2）多次复制相同格式

（1）选中已设置格式的文本或段落。

（2）选择"开始"功能选项卡，在"剪贴板"组中双击"格式刷"按钮 格式刷 。

（3）鼠标光标一直保持格式刷状态，可选择需要复制格式的多个段落或文本。

（4）如果不再需要复制格式，单击"格式刷"按钮 格式刷 ，取消格式复制。

任务总结

通过本子任务的实施，应掌握下列知识和技能。

- 掌握段缩进的设置方法。
- 掌握段间距、行间距的设置方法。
- 掌握边框和底纹的设置方法。
- 掌握项目符号、项目编号的插入方法。
- 学会设置首字下沉。
- 理解五种文本对齐方式的区别。
- 会使用格式刷复制段落格式。

子任务 3.3.3　设置页面格式

任务描述

Word 默认的纸张大小远远大于生活中所使用的名片大小,请对文档"名片.docx"中的页面进行修改,将纸张设置成高 6 厘米、宽 10 厘米的大小,并修改其上、下、左、右页边距为 0。通过本子任务的实现,大家能掌握页边距的设置、纸张大小的选择、分隔符的插入等有关页面设置的内容,通过知识和技能的扩展练习,大家可以学会页面背景设置、页面边框设置、页面水印设置等页面格式设置的内容。

相关知识

文档格式不仅包括字符格式和段落格式,还包括页面格式。页面格式的设置内容包括页面背景设置、页面布局等。页面设置是对页面布局进行排版的一种重要操作。

1. 插入各种间隔符

分隔符包括分页符和分节符两种。

1) 分页符

"分页符"在当前位置强行插入新的一页,它只是分页,前后还是同一节,用来标记一页终止并开始下一页的点,如文档由多张页面组成时,可通过插入分页符的方式来增加页面。

2) 分节符

"分节符"是分节,可以在同一页中分为不同节,也可以在分节的同时进入下一页开始一个新节。分节数有下一页、连续、偶数页、奇数页四种。

(1) 下一页:插入一个分节符并在下一页开始新节。

(2) 连续:插入分节符并在同一页开始新节。

(3) 偶数页:插入分节符并在下一偶数页上开始新节。

(4) 奇数页:插入分节符并在下一奇数页上开始新节。

3) 插入分隔符

选择"布局"功能选项卡,在"页面设置"组中单击"分隔符"按钮 ⊟分隔符 ▼,根据需要单击其中"分页符"或"分节符"。

2. 页面设置

页面设置的内容包括纸张大小、纸张方向、页边距、文档网络格式的设置等内容。

1) 纸张大小的设置

Word 2016 为用户提供了常用纸型,用户可以从预设的纸型列表中选择合适的纸型。

选择"布局"功能选项卡,在"页面设置"组中单击"纸张大小"按钮,弹出纸型选择列表框,如图 3-3-21 所示。

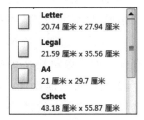

图 3-3-21　纸型选择列表框

如果列表框中没有合适的纸型，可以自定义纸张的大小，其操作步骤如下。

（1）单击"页面设置"组的对话框启动器，打开"页面设置"对话框。

（2）选择"纸张"选项卡（图 3-3-22），在"高度"和"宽度"文本框中分别输入需要的纸张高度和宽度的取值。

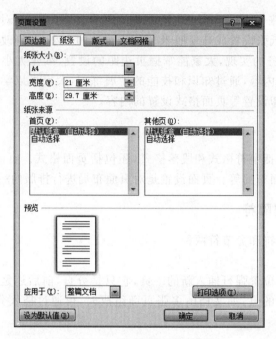

图 3-3-22　"页面设置"对话框

（3）单击"确定"按钮。

2）纸张方向的设置

Word 中的纸张有两个使用方向，一是纵向，二是横向。默认情况下纸张是纵向，但有些特殊文档则需要使用横向纸张，如横向表格等。纸张方向设置方法如下。

选择"布局"功能选项卡，在"页面设置"组中单击"纸张方向"按钮，弹出纸张方向选择列表框（图 3-3-23）。也可在"页面设置"对话框中选择纸张方向。

图 3-3-23　纸张方向选择列表框

3）页边距设置

页边距是文本区到页边界的距离。可用两种方法设置：一是通过选择预设的页边距；二是通过"页面设置"对话框设置页边距。

（1）预设页边距：选择"页面布局"功能选项卡，在"页面设置"组中单击"页边距"按钮，在弹出的页边距预设列表中单击需要的页边距。

（2）利用对话框设置：若列表框中没合适的选项，可单击列表框下面的"自定义边距"选项，弹出"页面设置"对话框（图 3-3-24），修改上、下、左、右的页边距值，单击"确定"按钮。

图 3-3-24　设置页边距

3. 设置页面背景

Word 2016 默认的工作区是纯白色的,用户可以通过给文档添加背景效果,使页面变得更生动。页面背景的设置包括添加水印、设置页面的背景颜色、设置页面边框等内容。

1)添加水印

水印是在页面内容后面插入虚影文字,通常表示要将文档特殊对待。其设置方法如下。

(1)选择"设计"功能选项卡,在"页面背景"组中选择"水印"选项,弹出水印选择列表,可从中选择预设的水印。

(2)若预设水印中没有需要的内容,可在列表中选择"自定义水印"选项,打开"水印"对话框,如图 3-3-25 所示。

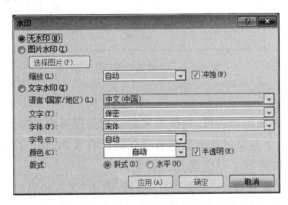

图 3-3-25　"水印"对话框

(3)单击图片水印或文字水印前的单选按钮,选定水印的形式。若要选择图片水印,则单击"选择图片"按钮,在出现的对话框的"查找范围"列表中指定图片的位置,在列表框中选择一张图片作为水印,单击"确定"按钮。若选择文字水印,则在文字右侧的文本框中输入作为水印的文字,也可设置水印文字的字体、字号、颜色等,再单击"确定"按钮。

(4)水印的删除。在"页面背景"组中选择"水印"选项,在弹出的列表中单击"删除水印"按钮,便可删除文档的水印。

2)设置页面的背景颜色

背景颜色有单色背景和图片填充背景两种,用于改变文档界面的显示效果。

(1)设置单色背景。

选择"设计"功能选项卡,在"页面背景"组中单击"背景颜色"按钮,在弹出的颜色列表中选择一种颜色。

（2）设置用图片填充背景。

除了可以使用某种颜色填充背景，还可以使用图片来填充背景。其设置方法如下：在"页面背景"组中单击"页面颜色"按钮，在颜色列表中单击"填充效果"按钮，启动"填充效果"对话框，选择"图片"选项卡，如图 3-3-26 所示。单击"选择图片"按钮，选定一张图片，单击"插入"按钮。单击"确定"按钮。

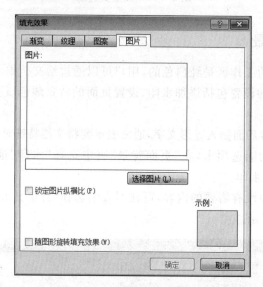

图 3-3-26 "填充效果"对话框

3）设置页面边框

页面边框是指为页面添加边框，边框效果的运用范围可以是整个文档，也可以是本节的所有页面，或者只用于本节的首页或除首页外的所有页面。它可以是直线型边框，也可以是由艺术图形组成的边框。其设置方法如下。

（1）在"页面背景"组中单击"页面边框"按钮，弹出"边框和底纹"对话框。

（2）在"边框和底纹"对话框中选择"页面边框"选项，为边框选择样式、颜色、宽度和运用范围。

（3）单击"确定"按钮。

任务实施

完成本子任务的操作步骤如下。

（1）打开文档。在"E:\Word 素材"文件夹下双击文档"名片.docx"。

（2）插入分页符。移动鼠标光标，将插入点定位到"业务范围"之前。单击"布局"→"页面设置"→"分隔符"按钮，在下拉列表中选择"分页符"选项。

（3）设置页边距与纸张大小。单击"页面设置"组的"页边距"按钮，单击"自定义边距"选项，在弹出的"页面设置"对话框中选择"页边距"选项卡，将上、下、左、右的页边距都设置为 0；再单击"纸张"选项卡，将"宽度"设置为"10 厘米"，将"高度"设置为"6 厘米"，最后单击"确定"按钮。

（4）添加水印。

① 单击"设计"→"页面背景"→"页面颜色"按钮，弹出背景设置下拉列表。

② 在下拉列表中选择"填充效果"选项，打开"填充效果"对话框。

③ 在"填充效果"对话框中选择"图案"选项，在图案列表中选择左上角的第一种图案，前景颜色设置为"淡蓝色"。

④ 单击"确定"按钮。

（5）保存文档。单击"快速启动工具栏"上的"保存"按钮，保存文档。

知识拓展

下面介绍分节符、分页符的区别。

除了概念的区别，分节符和分页符两者最大的区别主要体现在用法上，特别用于页眉/页脚与页面设置时，例如：

（1）文档编排中，某几页需要横排，或者需要不同的纸张、页边距等，那么将这几页单独设为一节，与前后内容不同节。

（2）文档编排中，首页、目录等的页眉/页脚、页码与正文部分的需要不同，那么将首页、目录等作为单独的节。

（3）如果前后内容的页面编排方式与页眉/页脚都一样，只是需要新的一页开始新的一章，那么一般用分页符即可，用分节符"下一页"也可以。

技能拓展

1. 设置页眉/页脚

页眉/页脚通常显示文档的附加信息，常用来插入时间、日期、页码、单位名称等。其中，页眉在页面的顶部，页脚在页面的底部。通常页眉也可以添加文档注释等内容。

Word 2016 提供了页眉/页脚样式库，通过样式库用户可以快速地制作出精美的页眉/页脚，具体方法如下。

1）插入页眉/页脚

（1）打开文档，选择"插入"功能选项卡。

（2）在"页眉和页脚"组中单击"页眉"按钮。

（3）在弹出的下拉列表中选择一种类型，如瓷砖型，则打开的对话框如图 3-3-27 所示。

2）编辑页眉/页脚

若要在页眉区显示文字，在页脚区显示页码，操作方法如下。

（1）进入页眉编辑区，在"键入文字"框中输入页眉文字。

（2）选择"设计"功能选项卡，在"导航"组中单击"转至页脚"按钮。

（3）将插入点定位到页脚区，单击"页眉和页脚"组中的"页码"按钮，弹出页码位置选择列表，如图 3-3-28 所示。

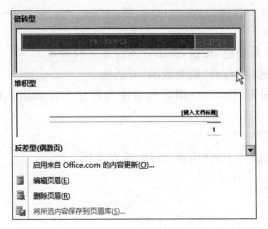

图 3-3-27　"填充效果"对话框　　　　　　图 3-3-28　页码位置选择列表

（4）在下一级列表中单击页码格式，则页眉/页脚设置完毕，单击"关闭页眉页脚"按钮，退出编辑状态。

2. 分栏

Word 文档默认只有一栏，使用分栏功能可将文档版面纵向划分成多个组成部分，增强文档的可读性。分栏功能可以借助"页面设置"组提供的功能按钮实现，也可通过分栏对话框方式实现。

1）工具组方式

（1）选择要分栏的内容。

（2）选择"布局"功能选项卡，在"页面设置"组中单击"栏"按钮。

（3）在弹出的下拉列表中单击分栏的栏数（图 3-3-29），如"两栏"，则分栏完成。

2）对话框方式

工具组方式只能满足分栏的一般要求。若对分栏有更多的设置，则需使用"分栏"对话框，通过该对话框可以设置栏的宽度、应用范围，并添加分隔线等。

（1）在"页面设置"组中单击"栏"按钮。

（2）在弹出的如图 3-3-29 所示的列表中选择"更多分栏"命令，打开"分栏"对话框（图 3-3-30）。

图 3-3-29　"分栏"下拉列表

（3）在"预设"选项区中单击选择栏数，比如"两栏"。

（4）选中"分隔线"复选框。

（5）设置栏的宽度和间距，单击"确定"按钮，则分栏完成。

任务总结

通过本子任务的实施，应掌握下列知识和技能。

- 了解页面设置的内容。

图 3-3-30　"分栏"对话框

- 会设置纸张大小、纸张方向、页边距。
- 掌握页面背景设置的内容。
- 会设置页面边框、页面水印、页面颜色。
- 理解分节符与分页符的区别。
- 会插入分隔符,会根据需要选择分隔符的类型。
- 会设置页眉/页脚。
- 会对文档分栏。

任务 3.4　制 作 表 格

用户在 Word 中不仅可以编辑文本,还提供了表格插入、表格编辑、表格计算等功能。借助这些功能用户可以设计出自己满意的各种表格。本任务通过制作一张学生成绩表和一张学生信息表,让大家掌握插入、编辑、格式设置以及数据计算等操作。

子任务 3.4.1　创建表格

任务描述

电子信息工程系教学秘书需要统计学生的成绩,将学生的各科成绩记录下来,并在其中作相应的运算,请为其制作一张学生成绩表,成绩表内容如图 3-4-1 所示。要求创建表格,输入文本内容,以文件名"成绩表.docx"将其保存在"E:\Word 素材"文件夹下。通过本子任务的完成,学生可掌握表格的创建操作方法。

相关知识

一张表格由若干行和若干列构成,单元格是表格的最小组成单位。如果表格中每一行的列数以及每一列的行数都相同,则是规格表格,否则就是不规则表格。在处理表格之

2016 级软件技术 1 班学生成绩表

学　号	姓　名	C语言	网络技术	网页设计	英语	大学语文	平均成绩	总分
160403001	丁　丁	90	92	75	70	60		
160403002	何　小	88	66	74	64	67		
160403003	陈富贵	75	70	92	75	76		
160403004	松　松	74	70	66	74	75		
160403005	王　二	92	95	96	92	90		
160403006	李　四	66	70	80	66	92		
160403007	张小七	60	66	77	73	66		
160403008	英　雄	67	68	69	65			
160403009	英　姿	88	85	79	71	84		

图 3-4-1　制作好的学生成绩表

前，需要事先创建表格，Word 提供了自动插入表格和手工绘制表格两种表格创建方法，一般采用自动插入表格方式，有时不规则表格的创建采用手工绘制方式。

1. 自动插入表格

如果插入的表格少于 8 行 10 列，可采用自动插入表格并拖动鼠标增减行列数的方式创建表格，方法如下。

1）拖动行、列数插入表格

（1）移动鼠标光标，将插入点定位到插入表格的位置，选择"插入"功能选项卡。

（2）在"表格"组中单击"表格"按钮，弹出预设的表格列表，如图 3-4-2 所示。

（3）在预设的方格内按住鼠标左键拖动鼠标，到所需要的行数及列数时松开鼠标左键，则表格插入完成。

2）利用"插入表格"对话框创建表格

如果创建的表格超过了 8 行 10 列，通过拖动的方法则无法实现表格的创建，此时可启动"插入表格"对话框。

图 3-4-2　Word 预设的表格列表

（1）移动鼠标光标，将插入点定位到插入表格的位置，单击"插入"功能选项卡。

（2）在"表格"组中单击"表格"按钮，弹出如图 3-4-2 所示的列表，选择"插入表格"选项，打开"插入表格"对话框，如图 3-4-3 所示。

（3）输入表格尺寸的值，即行数和列数，"自动调整"操作默认为"固定列宽"，单击"确定"按钮。

2. 手动绘制表格

上述方法比较适合在文档中插入规则表格。但在实际工作中,有时需要创建不规则的表格,可以通过"手动绘制绘表格"功能来完成。手动绘制表格的方法如下。

(1) 移动鼠标光标,定位插入点到表格插入的位置,选择"选择"功能选项卡。

(2) 在"表格"组中单击"表格"按钮。

(3) 在弹出的列表中选择"绘制表格"选项。

(4) 移动鼠标光标到文档编辑区,当鼠标指针变为"铅笔"状时按住鼠标左键,从左上角拖动到右下角,绘制指定大小的表格,如图 3-4-4 所示。

图 3-4-3　"插入表格"对话框　　　　图 3-4-4　绘制表格外框

(5) 按住鼠标左键从左到右拖动鼠标,绘制表格的行线,如图 3-4-5 所示。

(6) 按住鼠标左键自上到下拖动鼠标,绘制表格的列线,如图 3-4-6 所示。

图 3-4-5　绘制表格头行线　　　　图 3-4-6　绘制表格头列线

任务实施

完成本子任务的操作步骤如下。

(1) 创建新文档。

启动 Word 2016 或在打开的文档的基础上按 Ctrl＋N 组合键,即可创建新文档。

(2) 定位表格插入点。

输入第一行文字"2013 级计算机网络技术 1 班学生成绩表",按 Enter 键。

(3) 利用"表格插入"对话框创建表格。

① 选择"插入"功能选项卡,在"表格"组中单击"表格"按钮。

② 在弹出的列表中选择"插入表格",打开"插入表格"对话框。

③ 输入表格尺寸,"行数"为 10 行,"列数"为 9 列。

④ 单击"确定"按钮。

185

（4）输入表格内容。

移动鼠标光标，依次将插入点定位到需要输入内容的单元格中，输入内容。

（5）保存文档。

按 Ctrl+S 组合键，在打开的"另存为"对话框中指定保存路径为"E:\Word 素材"，文件名为"成绩表.docx"，单击"保存"按钮。

知识拓展

1. "插入表格"对话框的"自动调整"操作选项介绍

1）固定列宽

在"自动调整"操作区选中"固定列宽"，在右侧的微调框内设置表格列宽的数值。其中的"自动"选项值表示在设置的左右页面边缘之间插入相同宽度的表格列。

2）根据内容调整表格

系统根据表格的填充内容调整表格的列宽。

3）根据窗口调整表格

Word 根据当前文档的宽度自动调整表格的列宽。

2. "表格工具"功能选项卡的使用

绘制出表格后选中表格，功能区将显示"表格工具"功能选项卡，可对绘制的表格进行后期处理。

1）继续绘制表格

单击"布局"功能选项卡中"绘制边框"组的"绘制表格"按钮 ，可继续绘制表格。

2）擦除表格线条

单击"布局"功能选项卡中"绘制边框"组的"橡皮擦"按钮 ，鼠标指针变成"橡皮擦"形态，移动鼠标光标到需要删除的线条上并单击，可删除对应的线条。

3）修改绘制表格的线型、宽度

"绘制边框"组中，在"线型"下拉列表和"笔画粗细"下拉列表中可以分别设置表格的线型和边框线的粗细。

4）修改绘制表格的线条颜色

单击"线条边框"组的"笔颜色"按钮 ，选择合适的线条颜色，移动鼠标光标单击需要改变颜色的线条，所选线条颜色即可改变。

5）退出表格的绘制状态

在绘制状态下单击"绘图边框"组的"绘制表格"按钮 ，可退出绘制表格的状态。也可以按 Esc 键，退出绘制表格的状态。

技能拓展

下面介绍如何在 Word 中创建 Excel 表格。

在 Word 中不仅可以创建表格,也可以插入新建的 Excel 表格,还可以在 Excel 窗口中编辑和管理数据。其操作方法如下。

(1) 移动鼠标光标,将插入点定位到要插入表格的位置。

(2) 选择"插入"功能选项卡。

(3) 在"表格"组中单击"表格"按钮,弹出一个下拉列表。

(4) 在下拉列表中选择"Excel 电子表格"选项,然后插入一个 Excel 电子表格,如图 3-4-7 所示。

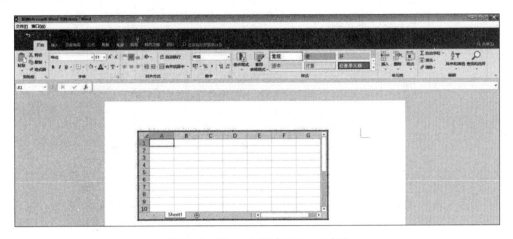

图 3-4-7　Word 中新建的 Excel 表格

任务总结

通过本子任务的实施,应掌握下列知识和技能。

- 学会根据不同的需要选择不同的表格绘制方式。
- 学会使用自动插入表格工具创建表格。
- 掌握手工绘制表格的操作方法。
- 理解表格列宽的"自动调整"操作区各选项的作用。
- 学会在 Word 中插入 Excel 电子表格。

子任务 3.4.2　编辑表格

任务描述

请为电子信息工程系制作一张学生信息表,登记卡内容如图 3-4-8 所示。创建表格后,输入文本内容,以文件名"信息表.docx"将其保存在"E:\Word 素材"文件夹下。通过本子任务的完成,学生可掌握添加表格的行与列、删除表格、表格的合并、调整表格的大小等对表格进行的编辑操作。

电子信息工程系学生信息表

姓名		性别		出生年月		
政治面貌		入团时间		民族		照片
家属住址						
身份证号			个人电话		QQ	
有无病史(何种病史)						
毕业学校			毕业班级		原班主任姓名	
班主任联系电话						
担任过何种职务			个人兴趣爱好特长			
所获奖励	何时		因何原因		何种称号	证明人
家庭主要成员	称谓	姓名	工作单位、职务		联系电话	备注

图 3-4-8 制作好的学生信息登记表

相关知识

1. 选择表格

对表格进行编辑前，首先要选择编辑的对象，表格的选择包括整个表格的选择、行/列的选择以及单元格的选择。表格的选择和文本的选择方法类似。

1）选择整个表格

选择整个表格的方式有以下两种。

（1）将鼠标光标定位到表格，当表格的左上方出现⊞标记时，单击选中整个表格。

（2）将鼠标光标定位到表格左上角的第一个单元格，按住鼠标左键拖动到表格右下角的单元格，松开鼠标左键，选择整个表格。

2）选择表格中的一行

将鼠标光标移动到所要选择的行左侧空白区，当鼠标光标由 I 变换为 ⇗ 时，单击即可选择指针所指向的一行表格。

3）选择表格中的一列

移动鼠标光标到需要选择列的上方，当鼠标光标由 I 变换为 ↓ 时，单击选择整列。

4）连续单元格与非连续单元格的选择

连续单元格与非连续单元格的选择与文本的选择类似。

2. 添加/删除单元格

如果在插入表格时没有规划好，一次性插入的单元格不符合要求，则需要在已经插入的表格中添加或删除单元格。

1）添加单元格

（1）将插入点定位到需要添加单元格的位置。

（2）右击，在快捷菜单中选择"插入"命令，弹出表格插入选项，如图 3-4-9 所示。若需插入一行或一列，可在列表中根据需要单击其中一项即可。

（3）若只插入一个单元格，则选择"插入单元格"选项，弹出如图 3-4-10 所示的"插入单元格"对话框。

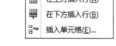

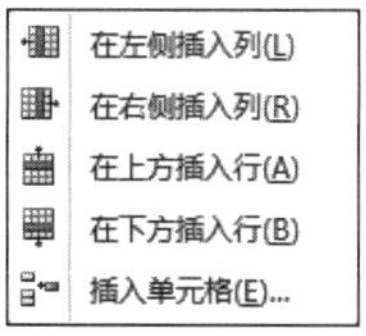

图 3-4-9　表格插入选项列表　　　图 3-4-10　"插入单元格"对话框

（4）在该对话框中根据需要单击对应选项前的单选按钮，再单击"确定"按钮。

2）删除单元格

将插入点定位到需要删除的单元格，右击，在快捷菜单中选择"删除单元格"命令，弹出"删除单元格"对话框，选择一种删除方式，单击"确定"按钮。

3. 合并/拆分单元格

编辑不规则表格时，常常要用到单元格的合并与拆分功能，制作复杂的表格和制作样式丰富的表格也需要类似的操作。

1）单元格的合并

合并单元格是在不改变表格大小的情况下将两个以上的多个单元格合并为一个单元格，其方法如下：选择需要合并的多个单元格，右击，弹出快捷菜单。在快捷菜单中选择"合并单元格"命令，如图 3-4-11 所示，完成单元格的合并。

2）单元格的拆分

（1）选择需要合并的多个单元格，右击，弹出快捷菜单。

（2）在快捷菜单中选择"拆分单元格"选项，弹出"拆分单元格"对话框（图 3-4-12），输入需要拆分的列数和行数，

图 3-4-11　快捷菜单的"合并
单元格"命令

189

单击"确定"按钮。

鼠标光标定位到需要编辑的表格中，窗体出现"表格工具"，单击"布局"功能选项卡，选择需要编辑的单元格，在"合并"组中单击"合并单元格"或"拆分单元格"选项，可完成表格的合并或拆分，如图 3-4-13 所示。

图 3-4-12 "拆分单元格"对话框   图 3-4-13 "合并"组

4. 调整单元格的大小

当表格中单元格内的文本与表格大小不匹配时，则需要对单元格的行高和列宽进行调整。

1）调整行宽

移动鼠标光标到表格区的竖线上，当鼠标指针变成"✛"时，按住鼠标左键向左或向右拖动，可改变列宽。

2）调整行高

移动鼠标光标到表格区的横线上，当鼠标指针变成"➗"时，按住鼠标左键向上或向下拖动，可改变行宽。

任务实施

完成本子任务的操作步骤如下。

（1）创建新文档。

启动 Word 2016 或在一个打开文档的基础上按 Ctrl＋N 组合键，可创建新文档。

（2）定位表格插入点。

输入第一行文字"电子信息工程系学生信息表"，按 Enter 键。

（3）创建表格。

① 在"插入"功能选项卡的"表格"组中单击"表格"按钮，弹出选项列表。

② 选择"插入表格"选项，打开"插入表格"对话框。

③ 在"行数"文本框中输入数值 17，在"列数"文本框中输入数值 7。"自动调整"操作区选择"根据内容调整表格"，单击"确定"按钮。

（4）合并单元格。

① 选中表格前三行的最后一列，右击。

② 在快捷菜单中选择"合并单元格"命令。

③ 其他需要合并的单元格依照此方法合并。

（5）调整表格大小。

移动鼠标光标到第一行右上方的单元格左边线上，当鼠标指针变成"✛"时，按住鼠标左键往左拖动到适当位置,再松开鼠标。

（6）输入文本。

在表格中按图 3-4-8 输入文本内容。

（7）保存文档。

按 Ctrl＋S 组合键,在打开的“另存为”对话框中指定保存路径为“E:\Word 素材”,文件名为“信息表.docx”,单击“保存”按钮。

知识拓展

1．用 F4 键快速删除和添加行、列

在表格中选择多行或多列后,再执行插入和删除命令,那么所添加和删除的行数、列数将与选定的行数、列数相同。用户在执行添加/删除命令后,按 F4 键可以重复操作,以提高工作效率。

2．利用“表格工具”添加/删除行、列

1）添加行/列

将插入点定位到需要添加单元格的相邻单元格。在表格工具中选择“布局”功能选项卡,在“行和列”组（图 3-4-14）中根据需要单击其中的一种插入方式,然后完成一行表格的插入。

（1）在上方插入：在选择行的上面插入新行。

（2）在下方插入：在选择行的下面插入新行。

（3）在左侧插入：在所选列的左边插入新列。

（4）在右侧插入：在所选列的右边插入新列。

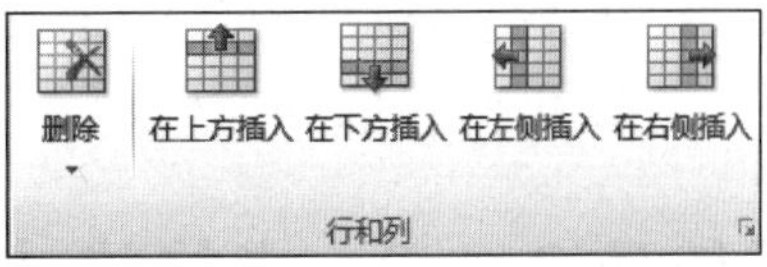

2）删除行/列

图 3-4-14　“行和列”组

（1）将插入点定位到需要删除的单元格。

（2）在“行和列”组中单击“删除”按钮,弹出“删除单元格”对话框,根据需要选择其中一种删除方式,单击“确定”按钮。

技能拓展

下面介绍如何精确调整表格的大小。

1）对话框方式

（1）选择需要调整表格大小的单元格,右击,弹出快捷菜单。

（2）在快捷菜单中选择“表格属性”命令,打开“表格属性”对话框,如图 3-4-15 所示。

（3）分别单击对话框的行或列选项卡,在“指定宽度”“指定高度”数值框内输入要调整的数值,单击“确定”按钮。

2）工具组方式

（1）选择需要调整表格大小的单元格,启动“表格工具”窗体。

（2）选择“布局”功能选项卡,在“单元格大小”组（图 3-4-16）的“高度”“宽度”数值框

输入要设置的行高和列宽值，可调整表格的大小。

图 3-4-15　"表格属性"对话框

图 3-4-16　"单元格大小"组

任务总结

通过本子任务的实施，应掌握下列知识和技能。

- 会改变单元格的大小。
- 会通过多种方式拆分和合并单元格。
- 会添加和删除单元格。

子任务 3.4.3　表格格式设置

任务描述

将文档"信息表.docx"中的表格设置成蓝色的双线外边框，文字"所获奖励""家庭主要成员"设置成纵向文字，并将"所获奖励""有无病史（何种病史）"所在单元格设置成粉色底色。通过本子任务的实现，让大家学会设置表格的边框和底纹，更改表格中文字的方向，设置文字的对齐方式等操作。

相关知识

1. 设置表格的边框和底纹

1）设置边框

Word 默认的表格边框为黑色实细线，用户可根据需要修改边框的线条和颜色。

（1）选择表格，选择"设计"功能选项卡。

（2）在"表格样式"组中单击"边框"下拉按钮，在列表中选择"边框和底纹"选项。

（3）在弹出的"边框的底纹"对话框中设置边框的线条样式、颜色、粗细、应用范围。

（4）单击"确定"按钮。

2）设置底纹

默认情况下，Word 表格中的单元格没有底纹颜色。添加了底纹的表格显示会更突出。

（1）选择要设置底纹的单元格。

（2）单击"表格样式"组的"底纹"下拉按钮，弹出颜色下拉列表。

（3）在列表中选择一种合适的颜色。

（4）如果没有合适的颜色可选，可选择"其他颜色"选项，在打开的"颜色"对话框中选择的颜色范围更广。

2. 设置文字在表格中的对齐方式

表格中的文字也可设置对齐方式，Word 提供了九种对齐方式。设置文字对齐的方法如下。

（1）选择需要设置文字对齐方式的单元格。

（2）选择"布局"功能选项卡。

（3）在"对齐方式"组（图 3-4-17）中选择合适的对齐方式。

图 3-4-17　"对齐方式"组

3. 设置文字的方向

（1）选择需要设置文字方向的单元格。

（2）选择"布局"功能选项卡，在"对齐方式"组中单击"文字方向"按钮。

（3）单击"文字方向"按钮，可将当前单元格的横排显示的文字改为竖排显示，再次单击，则可将竖排文字改为横排显示。

任务实施

完成本子任务的操作步骤如下。

（1）打开文档"信息表.docx"。

（2）设置文档的外边框。

① 选中整个表格，单击"设计"功能选项卡。

② 单击"表格样式"组的"边框"按钮的下拉按钮，在弹出的列表中选择"边框和底纹"选项，弹出"边框和底纹"对话框。

③ 将样式设置为"双实线"，颜色设为"蓝色"，粗细设为"2 磅"。单击预览的上、下、左、右四条外边框，可应用于"表格"，如图 3-4-18 所示。再单击"确定"按钮。

（3）设置底纹。

① 选中"所获奖励""有无病史（何种病史）"所在的单元格，右击。

② 在快捷菜单中选择"边框和底纹"选项，打开"边框和底纹"对话框。

③ 选择"底纹"选项，填充色选择"淡粉色"，再应用于"单元格"。最后单击"确定"按钮。

（4）设置文字的方向。

选择文字"所获奖励""家庭主要成员"，在"对齐方式"组中单击"文字方向"按钮，文字

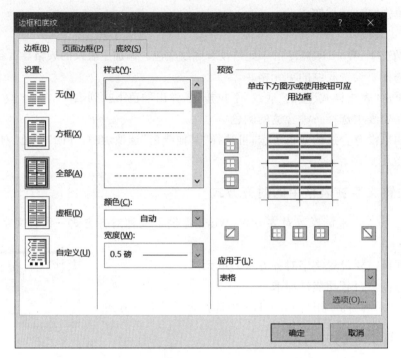

图 3-4-18　学生信息登记卡外边框的设置情况

方向变成纵向。

（5）保存文档。

按 Ctrl＋S 组合键来保存文档。

📖 知识拓展

1. 快速缩放表格

将鼠标光标移动到表格内任意一处，稍等片刻会在表格右下角看到一个尺寸控制点□，将鼠标光标移动到该尺寸控制点上，此时鼠标光标会变成 ⬉，按住鼠标向左上角或右下角拖动，就可实现表格的整体缩放。

2. 将两个表格合并为一个表格

若需将两个表格合并为一个表格，则将两个表格一上一下放置，中间不能有文字或其他内容，按 Delete 键删除两个表格之间的所有回车符，两个表格则会自动合并为一个表格。

⚙ 技能拓展

1. 快速插入带格式表格

Word 提供了预设好了格式的表格模板，利用表格模板插入表格后，在插入的表格模板中输入各单元的取值,便可完成表格的制作。

（1）在文档中定位表格的插入点,选择"插入"功能选项卡。

（2）在"表格"组中单击"表格"按钮,弹出一个下拉列表。

（3）在下拉列表中选择"快速表格"选项,在下一级列表中单击需要的表格式样,即可快速插入表格。图 3-4-19 所示是插入表格并应用快速样式的结果。

项目	所需数目
书籍	1
杂志	3
笔记本	1
便笺簿	1
钢笔	3
铅笔	2
荧光笔	2色
剪刀	1把

图 3-4-19　应用了快速
样式的表格

2. 快速应用表格格式

Word 2016 提供了丰富的表格样式库,可以快速地设置表格格式。其操作方式如下。

（1）将插入点定位于表格内容或选中表格,选择"表格工具"的"设计"功能选项卡。

（2）单击"表格样式"(图 3-4-20)组的下拉按钮,在弹出的样式列表中选择一种,单击后该样式即应用于当前表格。

图 3-4-20　"表格样式"组

任务总结

通过本子任务的实施,应掌握下列知识和技能。

- 会设置表格的边框和底纹。
- 会设置文字在表格中的对齐方式。
- 会设置表格中文字的方向。
- 会利用预设的表格格式美化当前表格。

子任务 3.4.4　表格排序与计算

任务描述

计算文档"成绩表.docx"中的"2013 级计算机网络技术 1 班学生成绩表"中的总分和平均成绩,并按学号由低到高排序。通过本子任务的完成,大家能够掌握 Word 中表格的简单计算以及表格中数据的排序方法。

相关知识

1. 单元格的表示

表格中的行用数字 1、2、3…来表示,叫作行号;列用字母 A、B、C…来表示,称为列标。一个单元格由行号和列标表示,如 A5 表示第 5 行第 A 列,A5 叫作单元格的地址。

2. 表格中的求和运算

（1）移动鼠标光标到存放求和结果的单元格中。

（2）在"表格工具"中选择"布局"功能选项卡，在"数据"组（图 3-4-21）中单击"公式"按钮。

（3）在弹出的"公式"对话框中（图 3-4-22），在"公式"栏输入"＝SUM（参数）"，默认情况下，函数 SUM 的运算参数为 LEFT，表示运算对象为当前单元格左侧所有单元格的数据。参数也可指定为运算的单元格区域，如 SUM(A2:E3)，表示对 A2 到 E3 这片区域内所有单元格求和。

图 3-4-21 "数据"组　　　　　　　　图 3-4-22 "公式"对话框

（4）单击"确定"按钮。

3. 表格中求平均值

（1）移动鼠标光标到存放平均值的单元格中。

（2）在"表格工具"中选择"布局"功能选项卡，在"数据"组中单击"公式"按钮。

（3）删除等号"＝"后的内容，单击"粘贴函数"下拉列表框，选中函数 AVERAGE，在函数的括号中输入运算区域，单击"确定"按钮。

4. 排序

为了快速查找数据或观察数据的趋势，需要对表格中的数据排序。其操作步骤如下。

（1）选择要排序的表格，切换到"表格工具"的"布局"选项卡。

（2）在"数据"组中单击"排序"按钮，弹出"排序"对话框（图 3-4-23）。

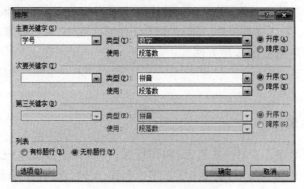

图 3-4-23 "排序"对话框

（3）在"主要关键字"下拉列表中选择首要排序的关键字,在"类型"下拉列表中选择所要进行排序的类型,单击"升序"或"降序"按钮进行排序,再单击"确定"按钮关闭对话框。

任务实施

完成本子任务的操作步骤如下。

（1）打开文档"成绩表.docx"。

（2）计算平均成绩。

① 定位插入点到第2行的平均成绩所在单元格H2中。

② 在"布局"功能选项卡中单击"数据"组的"公式"按钮,弹出"公式"对话框。

③ 删除"公式"栏的函数,单击"粘贴函数"下拉列表,选择函数AVERAGE。

④ 函数参数设置为C2:G2,如图3-4-24所示。单击"确定"按钮。

图3-4-24　计算第一个同学的平均成绩

⑤ 计算第3～10行的平均成绩,操作步骤与步骤①～④相同,行数依次将C3:G3更改为C10:G10。

（3）计算总分。

① 定位插入点到第2行的总分所在单元格I2。

② 在"布局"功能选项卡中单击"数据"组的"公式"按钮,弹出"公式"对话框。

③ 修改"公式"栏的SUM函数参数为C2:G2,单击"确定"按钮。

④ 第3～10行的操作步骤类似步骤①～③,第③步的参数从C3:G3依次变换到C10:G10。

（4）按学号排序。

① 选择A1:A10这片单元格。

② 单击"数据"组的"排序"按钮。

③ 在"排序"对话框中设置"主要关键字"为"学号","类型"为"数字",单击"升序"前的单行按钮。单击"确定"按钮。

（5）保存文档。

按Ctrl+S组合键保存文档。

知识拓展

表示地址中冒号(:)和逗号(,)的区别如下。

冒号(:)和逗号(,)都用来隔离两个单元格地址,区别在于:冒号(:)用来表示两个单元格之间的整片矩形区域;逗号(,)用来表示两个独立的单元格。

如C2:G2表示从C2到G2的矩形区域内的所有单元格。C2,G2表示单元格C2

和 G2。

技能拓展

针对数据的运算，除利用 Word 自带的函数以外，还可以在"公式"对话框中输入自定义公式来作运算。操作步骤如下。

（1）定位存放运算结果的单元格。

（2）在"表格工具"中选择"布局"功能选项卡，在"数据"组中单击"公式"按钮。

（3）在"公式"对话框中删除系统自带的函数，输入自定义的公式，如"＝A1＋A2 ∗ 3－4"。

（4）单击"确定"按钮。

任务总结

通过本子任务的实施，应掌握下列知识和技能。

- 理解单元格地址的含义。
- 理解冒号和逗号在表格地址表示中的区别。
- 学会使用公式对单元格数据进行运算。
- 学会对单元格的数据排序。

任务 3.5　图 文 混 排

Word 文档不仅可以包括文本、表格等内容，还可包括图片、艺术字、文本框等内容，插入的图片、艺术字等不仅可增强文档的美观性，还可让读者通过图文更加明确文档想要表达的意思。本任务通过 4 个子任务让大家掌握图片、艺术字、文本框、Smartart 图形对象的插入和编辑的方法。

子任务 3.5.1　插入图片对象

任务描述

电子信息工程系需要制作一份系部简报，其中一篇是关于"学雷锋，孝为先"的文章，要求录入下列文字并在文档中插入一张图片"学雷锋活动.jpg"，让文档显得更生动，插入图片和编辑图片后的效果如图 3-5-1 所示。以文件名"系部简报.docx"将其保存在"E:\Word 素材"文件夹下。通过本子任务，大家可掌握不同图片的插入操作方法。

相关知识

在 Word 中可以插入图片来增强文档的可读性，Word 能够支持的图片格式有 WMF、JPG、GIF、BMP 等。Word 中可以插入系统内部自带的图片，也可插入外部图片，为引导广大青少年学习雷锋精神，积极参与志愿服务，在全社会大力宣传"奉献、友爱、互助、进步"的志愿服务精神，倡导社会主义核心价值观，增强系部乃至全院师生关爱他人，奉献社会的责任感，也为了弘扬"仁孝"的优秀传统美德，电子信息工程系30多名师生志愿者赴曾口敬老院开展了以"学雷锋，孝为先"的敬老爱老志愿服务活动。

3月20日下午，在李主任带领下，电子信息工程系30多名师生志愿者冒着霏霏细雨来到了曾口敬老院。一到敬老院，志愿者们便为老人们送上水果、小礼物等慰问品，与老人们手拉手聊起了家常。接着，志愿者们分工协作，有序地开展了志愿清扫活动。有的打扫房间、整衣叠被；有点拿起扫把清理公共区域；有的帮老人洗脚、修指甲……他们的热情与真诚，深深地打动了老人们的心。

活动结束后，学生们感触颇深，认识到了孝顺和关爱他人的重要性，觉得能为老人提供服务，带去欢笑，是一件特别开心和有意义的事情。系部老师们表示，我们做得还很少，但我们一直在路上。

希望能通过自己的实际行动，发扬雷锋精神，弘扬中华民族传统美德，使敬老、爱老的良好社会风尚进一步发扬光大，在全系、全院乃至全社会引导形成"尊老、爱老、敬老"的良好氛围。

图 3-5-1 "学雷锋，孝为先"介绍

还可插入屏幕截图。

1. 插入剪贴画

剪贴画是微软公司为 Office 组件提供的内部图片，它们在 Office 软件安装时已随盘安装在计算机里。剪贴画一般都是矢量图，用 WMF 格式保存。插入步骤如下。

（1）定位插入点到需要插入剪贴画的位置，选择"插入"功能选项卡。

（2）在图 3-5-2 中选择"插图"→"联机图片"→"必应图像搜索"。

图 3-5-2 "插图"组

（3）选择图像，然后选择"插入"命令。

2. 插入外部图片

所谓外部图片，是指除系统自带的剪贴画外，保存在本机文件夹下的图片。

（1）定位插入点到插入图片的位置，选择"插入"功能选项卡。

（2）在"插图"组中单击"图片"按钮，弹出"插入图片"对话框（图 3-5-3）。

（3）在"查找范围"中选择图片所在的位置，在列表框中选择图片，单击"插入"按钮。

图 3-5-3 "插入图片"对话框

任务实施

完成本子任务的操作步骤如下。

（1）创建 Word 文档。

启动 Word，创建一个新文档。

（2）输入文本信息。

按照样文输入文本信息，将所有文本选中，设置文本为宋体、小五号。

（3）分栏。

选择第三段文本，选择"页面布局"功能选项卡，在"页面设置"组中单击"分栏"按钮，单击"两栏"按钮。

（4）插入图片。

将插入点定位到第二段的起始处，选择"插入"功能选项卡，再单击"图片"按钮，在"插入图片"对话框的"查找范围"中选择图片存放的位置为"项目三\子任务 3.5.1"，然后选中图片"学雷锋活动.jpg"，单击"插入"按钮。

（5）保存文档。

按 Ctrl＋S 组合键，在"另存为"对话框中指定保存路径为"E：\Word 素材"，文件名"系部简报.docx"，单击"保存"按钮。

知识拓展

下面介绍插入屏幕截图的方法。

Word 2016 提供了屏幕截图功能，因此在文档中不仅可以插入剪贴画，插入外部图片，还可以插入屏幕的截图。

屏幕截图既可截取部分屏幕图片，也可截取全屏图像。其方法如下。

1) 全屏截图

(1) 定位插入点到需要放置屏幕截图的位置,选择"插入"功能选项卡。

(2) 在"插图"组中单击屏幕截图按钮 。

(3) 在弹出的列表中选择需要截图的窗口,单击,则将整个全屏截图插入文档中的当前位置。

2) 部分截屏

(1) 定位插入点到需要放置屏幕截图的位置,选择"插入"功能选项卡,在"插图"组中单击屏幕截图按钮。

(2) 在弹出的下拉列表选择列表下方的"屏幕剪辑"选项。

(3) 单击要截屏的窗口,当指针变成十时,移动鼠标光标到截图的起始位置,按住鼠标左键拖动到要截图区域的右下角,松开鼠标左键,所截屏图片会插入文档的当前位置。

技能拓展

下面介绍如何一次提取 Word 文档中的所有图片。

将 Word 文档中所有图片一次提取出来,操作方法如下。

(1) 单击"文件"菜单,在弹出的"文件"面板中选择"另存为"命令。

(2) 在弹出的"另存为"对话框中,在"保存类型"下拉列表中选择"网页"。

(3) 单击"保存"按钮。

(4) 保存文档后,Word 会自动把其中内置的图片以 image001. jpg、image002. jpg 等名称保存,并在 Word 文档所在的文件夹中自动创建一个名为"原文档名+. files"的文件夹,用户进入相应文件夹即可对保存下来的图片进行查看、复制等操作。

任务总结

通过本子任务的实施,应掌握下列知识和技能。

- 掌握剪贴画的插入操作方法。
- 掌握外部图片的插入操作方法。
- 掌握屏幕截图的插入操作方法。

子任务 3.5.2　编辑图片

任务描述

文档"系部简报. docx"中的活动图片不仅占据了很大版面,图片还显得单调,请编辑该图片,要求编辑后效果如图 3-5-4 所示。通过本子任务的完成,大家可掌握图片大小的调整、设置图片的边框、图片的布局方式,调整图片的效果等有关图片的编辑操作。

为引导广大青少年学习雷锋精神，积极参与志愿服务，在全社会大力宣传"奉献、友爱、互助、进步"的志愿服务精神，倡导社会主义核心价值观，增强我系乃至全院师生关爱他人，奉献社会的责任感，也为了弘扬"仁孝"的优秀传统美德。2016年3月20日，电子信息工程系30多名师生志愿者赴曾口敬老院开展了以"学雷锋，孝为先"的敬老爱老志愿服务活动。

3月20日下午，在李代席主任带领下，我系30多名师生志愿者冒着霏霏细雨来到了曾口敬老院。一到敬老院，志愿者们便为老人们送上水果、小礼物等慰问品，与老人们手拉手聊起了家常。接着，志愿者们分工协作，有序地开展了志愿清扫活动。有的打扫房间、整衣叠被；有点拿起扫把清理公共区域；有的帮老人洗脚修指甲……他们的热情与真诚，深深地打动了老人们的心。

活动结束后，学生们感触颇深，认识到了孝顺和关爱他人的重要性，觉得能为老人提供服务，带去欢笑，是一件特别开心和有意义的事情。系部老师们表示，我们做得还很少，但我们一直在路上。希望能通过自己的实际行动，发扬雷锋精神，弘扬中华民族传统美德，使敬老、爱老的良好社会风尚进一步发扬光大，在全系、全院乃至全社会引导形成"尊老、爱老、敬老"的良好氛围。

图 3-5-4　图片编辑后的效果

相关知识

虽然插入的图片能够增强文档的可读性和变得美观，但有时插入的图片不够完美，不太符合排版要求，这就需要对图片进行修改和编辑才能达到更好的排版效果。Word 2016 提供的"图片工具"可以方便地对插入的图片进行编辑。

1. 调整图片的大小

图片大小的调整有两种方式，一是拖动鼠标调整；二是设置数据精确调整。

1）拖动鼠标调整图片的大小

（1）单击选中要调整的图片，图片周围出现 8 个白色的调整控制点（图 3-5-5）。

（2）移动鼠标光标至这 8 个控制点之一上，当鼠标指针变成双向箭头时，按住鼠标左键拖动到合适的位置，松开鼠标左键，完成图片大小的调整。

2）精确设置图片的大小

选择图片，在"图片工具"的"大小"组（图 3-5-6）中输入图片的高度和宽度，完成图片大小的精确设置。

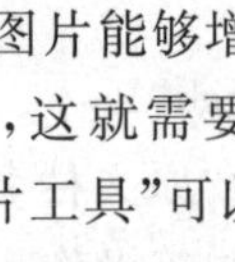

图 3-5-5　图片的调整控制点

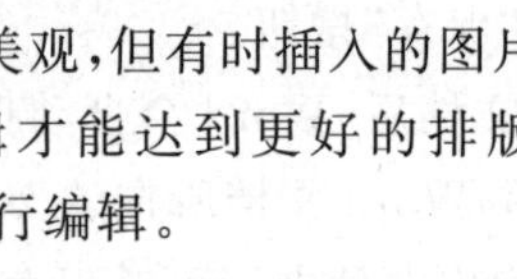

图 3-5-6　"大小"组

2. 设置图片布局

当文档中插入图片后,通常需要在文档中合理调整文档中图片与文字的位置,以及设置多张图片的叠放顺序,这是图片的布局。

1) 设置文字的环绕方式

(1) 选中图片,选择"图片工具"的"格式"功能选项卡,单击"排列"组的"自动换行"按钮。

(2) 在弹出的布局方式列表中(图 3-5-7)选择一种文字环绕方式。

2) 设置图片的排列顺序

如果文档中插入了多张图片,需要设置图片的排列顺序。图片的排列顺序有置于顶层、上移一层、下移一层、浮于文字上文、浮于文字下方。图片的排列顺序设置方法如下。

(1) 选中要排列的图片,在"格式"功能选项卡的"排列"组(图 3-5-8)中单击"上移一层"或"下移一层"按钮。

图 3-5-7　图片的布局列表

(2) 在弹出的列表中(图 3-5-9)单击要放置的图片的位置对应的操作方式,如"下移一层"。

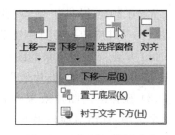

图 3-5-8　"排列"组　　　　　　　　图 3-5-9　"下移一层"列表

3) 设置图片在文档中的位置

如果需要调整文档在图片中的位置,可以通过"图片工具"提供的位置模板快速调整。其方法如下。

(1) 选择要调整位置的图片,在"布局"功能选项卡的"排列"组中单击"位置"按钮。

(2) 在弹出的位置列表中(图 3-5-10)中选择一种合适的位置方式,即可快速调整图片在文档中的位置。

(3) 如果系统提供的位置模板没有合适的可选,可单击图 3-5-10 中的"其他布局选项",在弹出的"布局"对话框中可以精确设置图片的排列效果。

3. 设置图片样式

同一张照片采用不同的样式可以显示出不同的视觉效

图 3-5-10　位置列表

果，可为图片添加边框、阴影等，可以增加图片的观赏性。

1）利用样式模板设置图片样式

（1）单击要设置样式的图片，选择"图片工具"的"格式"功能选项卡。

（2）在"图片样式"组（图 3-5-11）中选择一种合适的样式。所选样式运用于当前图片。

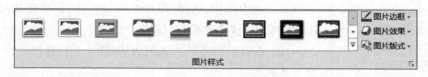

图 3-5-11　"图片样式"组

2）设置图片的边框

（1）单击要添加边框的图片，在"格式"功能选项卡中单击"图片样式"组的"图片边框"按钮。

（2）在弹出的列表框中单击"主题颜色"，设置边框的颜色；选择列表中的"粗细"选项，设置边框线的粗细；选择"虚线"选项，设置边框线条样式。

3）设置图片的效果

Word 2016 提供了预设、阴影、映像、发光、柔化边缘、棱台、三维旋转七种图片效果。设置方法如下。

（1）单击要设置效果的图片，在"格式"功能选项卡中单击"图片样式"组的"图片效果"按钮。

（2）在弹出的图片效果列表（图 3-5-12）中单击其中的某个选项，弹出对应效果的二级列表。

（3）移动鼠标光标到不同的效果上进行预览，单击选择合适的效果，可完成效果的添加。

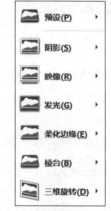

图 3-5-12　图片效果选项列表

4）设置图片的版式

设置图片版式时将所选图片转换为 SmartArt 图形，可以快速地调整图片大小，为图片添加标题。

（1）选择图片，单击"图片样式"组中的"图片版式"按钮。

（2）在弹出的列表中选择图片版式。

（3）编辑文本内容。

任务实施

完成本子任务的操作步骤如下。

（1）打开文档。

双击打开文档"系部简报.docx"。

（2）设置图片的布局。

① 单击选中"学雷锋活动"图片，选择"格式"功能选项卡。

② 在"排列"组中单击"自动换行"按钮,在下拉列表中选择"紧密型环绕"。

（3）设置图片的大小。

① 单击图片,出现白色控制点。

② 移动鼠标光标到右下角的控制点上,当鼠标光标变成↖形状时,按住鼠标右键向右下角方向拖动,适当增大图片。

（4）设置图片的边框。

① 单击图片,选择"格式"功能选项卡。

② 在"图片样式"组中选择 Word 内置的样式"简单框架,白色"。

（5）设置图片的效果。

① 单击图片,在"图片样式"组中单击"图片效果"按钮。

② 在弹出的列表中选择"发光"选项,在下级列表中选择第 4 行第 2 列的发光效果。

③ 在"图片效果"列表中选择"棱台"选项,选择第 2 行第 4 列的棱台效果。

（6）保存文档。

按 Ctrl＋S 组合键保存文档。

知识拓展

1. 文字环绕方式常见类型的含义

（1）四周型环绕:文字在对象四周环绕,形成一个矩形区域。

（2）紧密型环绕:文字在对象四周环绕,以对象的边框形状为准形成环绕区。

（3）嵌入型:文字围绕在图片的上下方,图片所在行没有文字出现。

（4）衬于文字下方:图片作为文字的背景。

（5）衬于文字上方:图片挡住图片区域的文字。

（6）上下型环绕:文字环绕在图片的上部和下部。

（7）穿越型环绕:常用于空心的图片,文字穿过空心部分,在图片周围环绕。

2. 图片叠放顺序的含义

（1）置于顶层:所选中的图片放置于所有图片的最上方。

（2）置于底层:所选中的图片放置于所有图片的最下方。

（3）上移一层:将图片向上移一层。

（4）下移一层:将图片向下移一层。

（5）浮于文字上方:文字位置不变,图片位于文字上方,遮挡了图片区的文字。

（6）浮于文字下方:文字位置不变,图片位于文字的下方,文字显示出来。

技能拓展

1. 图片的裁剪

图片的裁剪是一个很有用的功能,利用它可以剪掉文档中图片的多余部分,图片的裁剪可以通过拖动鼠标的方式任意裁剪。

（1）选择图片，在"大小"组中单击"裁剪"按钮。

（2）图片的控制点将变成形如 ⊥、⌐、∟ 等的裁剪标记，将鼠标指针放到裁剪位置的图片控制点上，此时鼠标指针将变成裁剪状态。

（3）按住左键拖动鼠标光标，图片显示裁剪后的虚框，拖动到目标位置后松开鼠标键，即可完成图片的裁剪。

2．插入形状

Word 2016 中自带的形状就是旧版本中的自选图形，是用绘图工具绘制的矢量图形，如矩形、圆形、流程图符号、星形等形状。形状的插入操作如下。

（1）选择"插入"选项卡，在"插图"组中单击"形状"按钮，弹出形状列表，如图 3-5-13 所示。

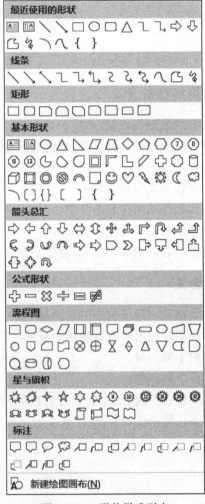

图 3-5-13　形状样式列表

（2）在形状样式列表中单击需要使用的形状。

（3）将鼠标光标移动到编辑区中，当鼠标指针变成十字形"十"时，拖动鼠标可绘制出需要的图形。

（4）对形状的编辑处理与对图片的编辑一样，也可使用相同的方式设置图形的线条，或填充颜色等。

（5）绘制的多个形状"组合"在一起，可构成一幅图片。选择所有需要组合的形状，右击，在弹出的快捷菜单中选择"组合"命令，在下级列表中选择"组合"命令，可将多个形状组合成一张矢量图片。

3. 文本框的插入和文本框内文本的简单编辑

文本框在文档中既可以当图形处理，也可当文本处理。如果将需要特殊排版的部分文本置于文本框，则文本框内的文字可像图片一样具有独立排版的功能。

（1）定位文本框的插入点。

（2）选择"插入"功能选项卡，在"文本"组中单击"文本框"按钮。

（3）在弹出的"文本框"列表中选择"绘制文本框"。

（4）鼠标指针变成"十"形状，按住左键拖动鼠标光标，文档窗口显示出插入后的文本边框。拖动鼠标光标到合适的位置松开，至此完成文本框的插入。

（5）文本边框的设置与图片边框的设置方法一样。

（6）文本框内文字的字体、段落间距、段缩进的设置与文档中文本格式的设置一致。

（7）选中文本框，在"格式"功能选项卡"文本"组中单击"文字方向"按钮，可设置文字的方向。

任务总结

通过本子任务的实施，应掌握下列知识和技能。

- 会在文档中插入图片。
- 会设置图片的大小。
- 会利用系统自带的图片样式模板设置图片样式。
- 会设置图片边框、图片效果。
- 会插入形状及设置矢量图形的图片样式。
- 会设置图片的布局。

子任务 3.5.3　插入艺术字

任务描述

艺术字是具有装饰效果的特殊文字，请在文档"系部简报.docx"中为文档增加视觉效果很突出的标题"学雷锋 孝为先"。将此标题设置成如图 3-5-14 所示。通过本子任务的实现，让我们掌握艺术字的插入、设置艺术字填充效果、文本轮廓等操作。

207

学雷锋 孝为先

图 3-5-14　艺术字标题效果

相关知识

1．插入艺术字

（1）定位插入点，选择"插入"功能选项卡，再单击"文本"组中的"艺术字"按钮。

（2）在弹出的艺术字样式列表（图 3-5-15）中选择需要的样式。

（3）在插入的艺术字文本框中输入要设置成艺术字的文字。

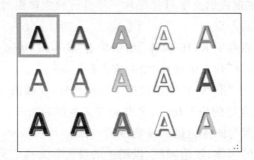

图 3-5-15　艺术字样式列表

2．设置艺术字的填充效果

（1）选择艺术字，单击"艺术字样式"组中的"文本填充"按钮。

（2）在弹出的列表中，在"主题颜色"中选择填充颜色。也可选择颜色样式，例如设置"渐变"；在下一级列表中选择渐变样式，如在"深色变体"中选择"渐变向下"样式。

3．设置艺术字的文本轮廓

（1）选择艺术字，单击"艺术字样式"组中的"文本轮廓"按钮。

（2）在弹出的颜色列表中选择轮廓颜色。

（3）单击"艺术字样式"组中的"文本轮廓"按钮，在弹出的颜色列表中选择"粗细"选项，在下一级列表中选择一种线条宽度。

（4）单击"艺术字样式"组中的"文本轮廓"按钮，在弹出的颜色列表中选择"虚线"选项，在下一级列表中选择一种线条样式。

4．设置艺术字的文本效果

用户可以利用系统提供的文本效果模板来快速更改艺术字的形状，方法如下。

（1）选择艺术字，单击"艺术字样式"组中的"文本效果"按钮，在弹出的列表中选择一种效果。

（2）在下级列表中移动鼠标光标，艺术字显示对应的文本效果，单击合适的效果，完成文本效果的设置。

任务实施

完成本子任务的操作步骤如下。

（1）打开文档。

双击打开文档"系部简报.docx"。

（2）插入艺术字。

① 定位插入点，选择"插入"功能选项卡，单击"文本"组中的"艺术字"按钮。

② 在弹出的艺术字样式列表中选择第 3 行第 3 列的样式。

③ 在插入的艺术字文本框中输入"学雷锋 孝为先"，设置为宋体、小初号。

（3）设置文本轮廓。

① 单击"艺术字样式"组中的"文本轮廓"按钮。

② 在弹出的颜色列表中选择轮廓颜色为"红色"。

（4）设置填充效果。

① 选择艺术字"学雷锋 孝为先"，单击"艺术字样式"组中的"文本填充"按钮。

② 在弹出的列表中，在"主题颜色"中选择填充"黄色"。

（5）设置文本效果

① 选择艺术字"学雷锋 孝为先"，单击"艺术字样式"组中的"文本效果"按钮。

② 选择"映像"选项，在下级列表中选择"第 1 行第 2 列"的效果。

（6）保存文档。

按 Ctrl＋S 组合键保存文档。

知识拓展

将普通文字设置成艺术字的方法如下。

（1）选择要设置成艺术字的文字，选择"插入"功能选项卡。

（2）单击"文本"组中的"艺术字"按钮。

（3）在弹出的艺术字样式列表中选择一种样式。

技能拓展

下面介绍文本框的链接。

文本框的链接是将两个以上的文本框链接在一起。在同一个文档中，文字在前一个文本框中排满，字符会自动转移到后面的文本框中。建立文本框链接的方法如下。

（1）创建文本框，选中第一个有内容的文本框，选择"格式"功能选项卡。

（2）在"文本"组中单击"创建链接"按钮。此时鼠标指针变成🥛。

（3）移动鼠标光标到下一个空文本框，当鼠标指针变为🥛时单击，完成链接。如果还想链接其他文本框，还可继续依次单击其余的空文本框。不再链接时，按 Esc 键可退出链接。

在 Word 2016 中最多可以链接 31 次，所以最多可以包括 32 个文本框。这些文本框必须同属一个文档，除第一个文本框外，其余文本框必须为空。

任务总结

通过本子任务的实施，应掌握下列知识和技能。
- 掌握艺术字的插入方法。
- 会设置艺术字的轮廓。
- 会设置艺术字的填充效果。
- 会设置艺术字的文本效果。
- 会将普通文本转换为艺术字。

子任务 3.5.4　插入 SmartArt 图形

任务描述

××大学需要将学院的组织机构图上传到学院网站，以便报考该院的学生及其他人员对学院的行政组织部分有一个清晰的了解，该院行政组织机构图如图 3-5-16 所示，以文件名"组织机构.docx"保存在"E:\Word 素材"文件夹下。

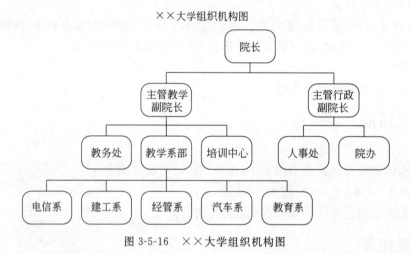

图 3-5-16　××大学组织机构图

通过本子任务的实现，我们可掌握 SmartArt 图形的插入、形状的添加及删除、设置 SmartArt 图形的样式等操作。

相关知识

SmartArt 图形是用一些特定的图形效果样式来显示文本信息。SmartArt 图形具有以下多种样式：列表、淤积、循环、层次结构、矩阵、关系和棱锥图等，不同的样式可以表达不同的意思，用户可以根据需要选择合适自己的 SmartArt 图形。

1. SmartArt 图形的插入

（1）选择"插入"功能选项卡，在"插图"组中单击 SmartArt 按钮。

（2）在弹出的"选择 SmartArt 图形"对话框中（图 3-5-17）选择一种图形样式，如"层次结构"。

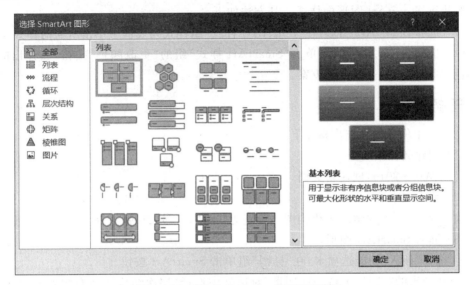

图 3-5-17　"选择 SmartArt 图形"对话框

（3）在右侧的列表中选择一种合适的结构图，如"组织结构图"，再单击"确定"按钮。

2. 添加和删除形状

通常插入的 SmartArt 图形形状都不能完全符合需要，当形状不够时需要添加，当形状多余时需要删除。

1）添加形状

（1）单击要向其添加框的 SmartArt 图形；单击最靠近要添加的新框的现有框。

（2）在"SmartArt 工具"下的"设计"功能选项卡上，单击"创建图形"组中"添加形状"的下拉按钮。

（3）执行下列操作之一。

图 3-5-18　"创建图形"组

- 若要在所选框所在的同一级别上插入一个框，但要将新框置于所选框后面，选择"在后面添加形状"。

- 若要在所选框所在的同一级别上插入一个框，但要将新框置于所选框前面，选择"在前面添加形状"。

- 若要在所选框的上一级别插入一个框，选择"在上方添加形状"。新框将占据所选框的位置，而所选框及直接位于其下的所有框均降一级。

- 若要在所选框的下一级别插入一个框，选择"在下方添加形状"。

211

2) 删除形状

若要删除形状,单击要删除的形状的边框,然后按 Delete 键。

3. 设置 SmartArt 图形样式

插入的 SmartArt 图形自带有一定的格式,用户也可以通过系统提供的图形样式快速修改当前 SmartArt 图形的样式。其方法如下。

(1) 选择 SmartArt 图形,在"SmartArt 样式"组样式列表框中单击所需的样式。

(2) 选择 SmartArt 图形,单击"SmartArt 样式"组的"更改颜色"按钮,在弹出的"主题颜色"列表中选择一种颜色方案。

任务实施

完成本子任务的操作步骤如下。

(1) 创建文档。

启动 Word 2016,创建新文档。

(2) 输入文本。

输入文本"××大学组织机构图",设置为"宋体、一号、红色"。按 Enter 键另起一段。

(3) 插入 SmartArt 图形。

① 选择"插入"功能选项卡,在"插图"组单击 SmartArt 按钮。

② 在弹出的"选择 SmartArt 图形"对话框中选择"层次结构",在右侧列表中选择第 2 行第 1 列的"层次结构",单击"确定"按钮。

(4) 添加形状。

① 单击第 3 行第 2 个形状,单击"创建图形"组的"添加形状"按钮的下拉按钮,在列表中选择"在后面添加形状"。

② 单击第 2 行第 2 个开关,单击"创建图形"组的"添加形状"按钮的下拉按钮,在列表中选择"在下方添加形状"。

③ 按照图 3-5-16,在上三层形状中输入对应文本信息。

④ 单击"教学系部"所在的形状,单击"创建图形"组的"添加形状"按钮的下拉按钮,在列表中选择"在下方添加形状"。

⑤ 再重复 4 次第④步的操作,在"教学系部"下方添加共 5 个形状。输入样本中的文本。

(5) 设置 SmartArt 样式。

① 选择插入的 SmartArt 图形,在"SmartArt 样式"组样式列表框中选择第三种样式"细微效果"。

② 单击"更改颜色",在弹出的对话框中选择"强调文字颜色 2"中的第二种"彩色填充"。

(6) 保存文档。

按 Ctrl+S 组合键,在"另存为"对话框中指定保存路径为"E:\Word 素材",文件名为"组织机构.docx",单击"保存"按钮。

知识拓展

SmartArt 图形的类型和功能介绍如下。

(1) 列表：用于创建显示无序信息的图示。

(2) 流程：用于创建在流程或时间线中显示步骤的图示。

(3) 循环：用于创建显示持续循环过程的图示。

(4) 层次结构：用于创建组织结构图，以便反映各种层次关系。

(5) 关系：用于创建对连接进行图解的图示。

(6) 矩阵：用于创建显示各部分如何与整体关系的图示。

(7) 棱锥图：用于创建显示与顶部或底部最大一部分之间的比例关系的图示。

技能拓展

设置 SmartArt 图形布局的方法如下。

(1) 选择 SmartArt 图形，选择"设计"功能选项卡。

(2) 在"布局"组的样式列表中选择需要的布局样式。

任务总结

通过本子任务的实施，应掌握下列知识和技能。

- 掌握 SmartArt 图形的插入方法。
- 掌握 SmartArt 图形的添加和删除方法。
- 掌握 SmartArt 图形样式的设置方法。
- 会设置 SmartArt 图形的布局。

课 后 练 习

一、选择题

1. Word 2016 文档使用的默认扩展名为(　　)。

　　A. txt　　　　　　　B. docx　　　　　　　C. ppt　　　　　　　D. xls

2. 在 Word 中，"剪切"命令的作用是(　　)。

　　A. 将选定的文本复制到剪切板

　　B. 仅将文本删除

　　C. 将剪切板中的文本粘贴到文本的指定位置

　　D. 将选定的文本移入剪切板

3. 在 Word 中，按(　　)组合键与工具栏上的"保存"按钮作用相同。

　　A. Ctrl＋C　　　　　B. Ctrl＋S　　　　　C. Ctrl＋A　　　　　D. Ctrl＋V

4. Word 中的替换功能(　　)。

　　A. 不能替换格式　　　　　　　　　　B. 只替换格式而不替换文字

C. 格式和文字均可替换 D. 以上都不对

5. 公式 SUM(A2:A5) 的作用是（　　）。

A. 求 A2 到 A5 四个单元格数值型数据之和

B. 不能正确使用

C. 求 A2 与 A5 单元格之比值

D. 求 A2、A5 两单元格数据之和

6. 在 Word 环境下，不可以对文本的字形设置（　　）。

A. 倾斜 B. 加粗 C. 倒立 D. 加粗并倾斜

7. 在 Word 2016 文档中，调整图片色调是通过"图片工具"的"格式"功能选项卡中的"色调"按钮完成的。而"图片工具"的"格式"功能选项卡是通过（　　）出现的。

A. "选项"设置 B. 系统设置

C. 添加功能选项卡 D. 选中图片后，系统自动

8. 在 Word 2016 的编辑状态下，执行两次"剪切"操作后，则剪贴板中（　　）。

A. 仅有第一次被剪切的内容 B. 仅有第二次被剪切的内容

C. 有两次被剪切的内容 D. 无内容

9. 下列操作中，不能退出 Word 2016 的操作是（　　）。

A. 双击文档窗口左上角的控制按钮 B. 右击程序窗口右上角的关闭按钮"×"

C. 选择"文件"→"退出"菜单命令 D. 按 Alt＋F4 组合键

10. 在 Word 文档中，要使文本环绕剪贴画产生图文混排的效果，应该在快捷菜单中选择（　　）命令。

A. 设置艺术字格式 B. 设置自选图形的格式

C. 设置剪贴画格式 D. 设置图片的格式

11. 在 Word 2016 的编辑状态下，关于拆分表格，正确的说法是（　　）。

A. 可以自己设定拆分的行列数 B. 只能将表格拆分为左右两部分

C. 只能将表格拆分为上下两部分 D. 只能将表格拆分为列

12. Word 文档编辑过程中，文字下面有红色波浪线表示（　　）。

A. 对输入的确认 B. 可能有拼写错误

C. 可能有语法错误 D. 已修改过的文档

13. 在 Word 2016 表格中求某行数值的平均值，可使用的统计函数是（　　）。

A. Sum() B. Total() C. Count() D. Average()

14. 在 Word 中查找和替换正文时，若操作错误，则（　　）。

A. 必须手工恢复 B. 可用"撤销"命令来恢复

C. 无可挽回 D. 有时可恢复，有时就无可挽回

15. 在 Word 中，（　　）用于控制文档在屏幕上的显示大小。

A. 页面显示 B. 缩放显示 C. 显示比例 D. 全屏显示

二、简答题

1. 简述新建文档有几种实现方式。

2. 简述文本复制、粘贴的实现方法有哪些。

3. Word 2016 文档有哪几种视图方式？如何切换？

4. 在 Word 2016 中"保存"与"另存为"有什么区别？

5. 试述在 Word 中创建表格的方法。

三、操作题

1. 创建一个文档，按样文输入内容，对文档的操作要求如下。

（1）在文档中加上标题"归去来兮辞"，与正文之间空两行。标题设为黑体、标准 3 号字，字体格式为粗体、居中。

（2）设置第一段首字下沉，第二段首行缩进两个字符。

（3）将第一段（除首字）字体设置为"宋体"，字号设置为"五号"。

（4）将第二段字体设置为"方正舒体"，字号设置为"四号"，加双横线下画线。

（5）在该页插入页眉/页脚，均输入"归去来兮辞"。将文本"归去来兮"作为水印插入文档，水印格式版式中的"斜式"颜色为"黄色"，其他均为默认值。

（6）将文本内容以文件名"Word 基本操作.docx"保存在"D：\Word 作业"文件夹下，设置文档的打开密码为 OPEN。设置文档的自动保存时间为 5s。

> 　　归去来兮，请息交以绝游。世与我而相违，复驾言兮焉求？悦亲戚之情话，乐琴书以消忧。农人告余以春及，将有事于西畴。或命巾车，或棹孤舟。既窈窕以寻壑，亦崎岖而经丘。木欣欣以向荣，泉涓涓而始流。羡万物之得时，感吾生之行休。
>
> 　　已矣乎！寓形宇内复几时？曷不委心任去留？胡为乎惶惶欲何之？富贵非吾愿，帝乡不可期。怀良辰以孤往，或植杖而耘耔。登东皋以舒啸，临清流而赋诗。聊乘化以归尽，乐夫天命复奚疑！

2. 在 Word 中创建一个表格，输入表 3-6-1 的内容，并进行如下操作。

表 3-6-1　成绩表

	高等数学	大学英语	计算机应用基础
张三	94	90	88
李四	88	93	85
王二	80	85	76
肖五	75	70	69
吴六	88	93	95
田七	73	68	70

（1）将表的外框线设置为 3 磅的粗线，内框线为 1 磅，第一行的下线与第一列的右框线为 1.5 磅的双线，然后对第一行添加 10% 的底纹；字符对齐方式：居中对齐。

（2）在表的上面插入一行，合并单元格，然后输入标题"成绩表"，格式为黑体、三号、居中，取消底纹。

（3）在"计算机应用基础"的右边插入一列，列标题为"平均分"。利用 Word 自带的函数计算各人的平均分（保留 1 位小数），并按分数从高到低排序。

项目 4　制作电子表格

Microsoft Excel 是微软公司的办公套装软件 Microsoft Office 的组件之一,它可以进行各种数据的处理、统计分析和辅助决策操作,广泛地应用于管理、统计、财经、金融等众多领域。

Excel 具有强大的数据分析处理以及数据可视化功能,广泛运用到财务、金融、生产管理等多个领域,为决策提供数据辅助和支持。与旧版的 Excel 软件相比,Excel 2016 提供了更完善的数据分析和可视化工具,用户可以使用更多的方法来分析、处理数据,此外还提供多人在线写作的功能,方便用户之间的协作办公。

任务 4.1　初识 Excel 2016

子任务 4.1.1　认识 Excel 2016 工作界面

任务描述

近年来,长虹电器有限公司发展迅速,公司员工越来越多,为方便管理,经理要求小张将员工基本信息整理成电子档案。小张通过 Excel 2016 软件快速圆满完成了任务。首先,我们与小张一起对 Excel 2016 的基本概念及工作界面进行系统的了解,以便进一步熟练使用。

相关知识

1. Excel 2016 窗口的组成元素

(1)标题栏:显示工作表的名字区域,默认为"工作簿名- Excel"。

(2)快速访问工具栏:包括了一些常用命令,如"保存""撤销""恢复"。用户也可以添加自己的常用命令。

(3)"文件"菜单:包括了一些基本命令,如"新建""打开""另存为""打印"和"关闭"等。

(4)功能区:Excel 2016 从外观上最明显的变化就是取消了传统的菜单操作方式,取而代之的是各种功能选项卡。单击功能选项卡名称,切换到相应的功能选项卡,类似于其他软件的菜单。每个功能选项卡又分为若干组,类似于其他软件的工具栏。

(5)名称框:位于功能选项卡的下方,一般用于显示工作表中鼠标光标所在单元格的名称,也可用来定义单元格或区域的名字,或者根据名字查找单元格或区域。

(6)编辑栏:位于名称框的右侧,显示活动单元格中的数据和公式。可以在编辑栏中输入或编辑所选单元格的数据和公式。

(7)工作区:位于窗口的中间部分,是编辑和存放数据的工作区域,包括全选框、列号、行号、拆分框、滚动条、工作表标签。

(8)状态栏:位于窗口的下方,显示当前操作的相关信息,一般包括缩放滑块、视图快捷方式、宏录制等。用户可以在这里调整显示比例,选择视图模式。选择多个单元格时,Excel 自动计算并在状态栏显示"计数""平均值""求和"及其结果等,如图 4-1-1 所示。

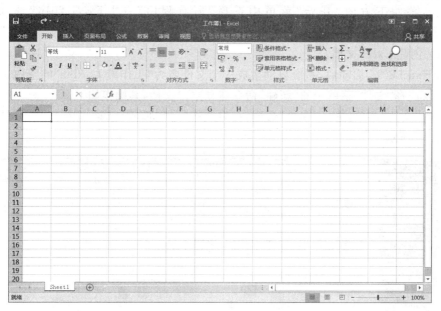

图 4-1-1 Excel 2016 的工作界面

2. 工作簿

工作簿是指 Excel 环境中用来存储并处理数据的文件,是一个或多个工作表的集合。我们通常所说的 Excel 文档就是工作簿,Excel 2016 默认的扩展名为 xlsx。在默认状态下,一个工作簿包含 1 个工作表,分别命名为 Sheet1。一个工作簿最多可包含 255 个工作表。有时,为了低版本的 Excel 97—2003 也能兼容使用 Excel 2016 创建的文档,也可以另存类型为"Excel 97—2003 工作簿",则其扩展名为 xls。

3. 启动 Excel 2016

在 Windows 操作系统中安装了 Excel 2016 后,安装程序将在桌面和"开始"菜单中自动创建相应的启动图标,并自动建立 Excel 文档与 Excel 2016 应用程序的文件关联,其启动与退出方法和 Word 2016 相似。

启动 Excel 2016 的方法主要有以下三种。

（1）单击"开始"按钮，选择"所有程序"中的"Excel 2016"菜单项，即可启动 Excel 2016，进入工作窗口。

（2）双击桌面或其他地方已有的 Excel 文件图标来启动 Excel。

（3）除执行命令来启动 Excel 外，在 Windows 桌面或文件资料夹视窗中双击 Excel 工作表的名称或图标，同样也可以启动 Excel。

任务实施

完成本子任务的操作步骤如下。

（1）启动 Excel 2016。

在屏幕左下方的"开始"菜单中选择"所有程序"→"Excel 2016"选项，启动 Excel 2016。

（2）创建 Excel 文档。

当 Excel 2016 启动后，系统自动生成一个文件名为"工作簿 1. xlsx"的空白文档。用户也可以选择"文件"菜单中的"新建"命令建立空白文档，其操作如下。

单击"文件"菜单，选择"新建"命令，在右侧的"可用模板"选项区中双击"空白文档"，如图 4-1-2 所示。

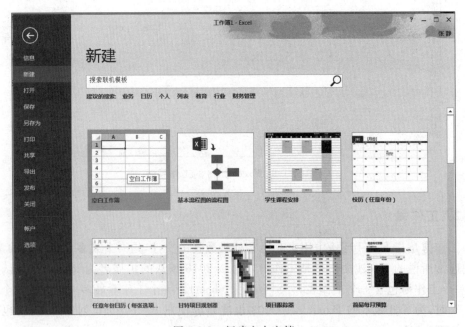

图 4-1-2　新建空白文档

知识拓展

Excel 的功能分类介绍如下。

Excel 中所有的功能操作分门别类地分为一个"文件"菜单和七个功能选项卡，这些功能选项卡包括"开始""插入""页面布局""公式""数据""审阅"和"视图"，它们分别收录了相关的功能群组,方便使用者切换、选用。例如"开始"功能选项卡就是基本的操作功能,比如设置字形、对齐方式等,如图 4-1-3 所示。

图 4-1-3　"开始"功能选项卡

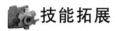 **技能拓展**

1. 隐藏与显示功能选项卡

如果觉得功能选项卡占用太大的版面位置,可以将其隐藏起来。

将功能选项卡隐藏起来后,要再度使用时,只要将鼠标光标移到任一个功能选项卡上按一下左键即可开启;当鼠标光标移到其他功能选项卡再单击时又会自动隐藏。如果要固定显示功能选项卡,请在功能选项卡标签上右击,取消最小化功能即可。

2. 工具按钮

Excel 2016 功能选项卡中均有多个工具按钮,只需将鼠标光标悬停在其上约 2 秒,系统将自动弹出功能提示,含功能名称、功能说明等,部分功能还有快捷键。我们可在实践操作中逐一体会。

3. 控制按钮

与 Word 2016 不同的是,Excel 2016 工作窗口右上角有"最小化""最大化/向下还原""关闭"按钮,分别针对 Excel 2016 窗口和当前工作簿窗口。

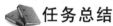 **任务总结**

通过本子任务的学习,能够认知 Excel 2016 工作窗口的组成部分,了解工作簿文件的扩展名以及工作簿与工作表的关系,通过启动并创建 Excel 2016 软件,可掌握 Excel 2016 软件的基本操作技能。

子任务 4. 1. 2　工作表的基本操作

任务描述

Excel 2016 中一个工作簿就是一个 Excel 文件,它可由若干工作表组成,默认情况下,一个工作簿文件可打开 1 个工作表文件,并以 Sheet1 来命名。

为便于公司信息化管理,公司要求小张将 Sheet1 名字修改为"员工档案资料表",并复制一份移动到 Sheet1 后面。通过此任务,可以熟练掌握工作表文件的常用操作方法。

相关知识

1. 工作表的概念

工作表是单元格的组合，是 Excel 进行完整作业的基本单位，可以实现对数据的组织和分析。每个工作表的内容相对独立，也可以同时在多张工作表上输入并编辑数据，对来自不同工作表的数据进行汇总计算。工作表由交叉的行和列（即单元格）构成，列是垂直的，以字母命名，编号从左到右为 A、B、C...XFD；行是水平的，以数字命名，编号由上到下为 1、2、3⋯1048576。工作表的新建、移动、删除等操作都是通过对工作表标签（图 4-1-4）来完成的。

图 4-1-4 工作表标签

2. 工作表的常用操作

1) 选定工作表

新建的工作簿默认有一个工作表，是 Sheet1，直接单击工作表标签，就可切换到该工作表。若是按住 Shift 键或 Ctrl 键后再单击其他工作表标签，则可以同时选定连续或不连续的多个工作表。

2) 新建工作表

单击最后一个工作表标签右侧的"新建"按钮（Shift＋F11 组合键），可以新建一个工作表；也可以通过"开始"→"单元格"→"插入"按钮下的"插入工作表"命令新建工作表；还可以右击任意一个工作表标签，在弹出菜单中选择"插入"命令实现。

3) 删除工作表

右击需要删除的工作表，从弹出菜单中选择"删除"命令即可；也可以通过"开始"→"单元格"→"删除"按钮下的"删除工作表"命令实现。

4) 重命名工作表

对工作表进行命名，能让用户迅速区分或找到工作表。右击需要重命名的工作表，从弹出菜单中选择"重命名"命令，再输入新名称即可。

5) 移动或复制工作表

选定工作表后，拖动鼠标到目的位置，松开鼠标即完成了工作表的移动。若在拖动的同时按住 Ctrl 键，则完成复制。右击需要移动或复制的工作表，从弹出菜单中选择"移动或复制"命令，在弹出的对话框中选择目标位置，选中"建立副本"选项是复制，不选中该选项则是移动。

任务实施

（1）打开文件。

打开"E:\公司资料"目录下的"员工档案资料表.xlsx"。

（2）打开快捷菜单。

在 Sheet1 处右击,在弹出的快捷菜单中选择"重命名"命令(也可用双击标签),如图 4-1-5 所示。

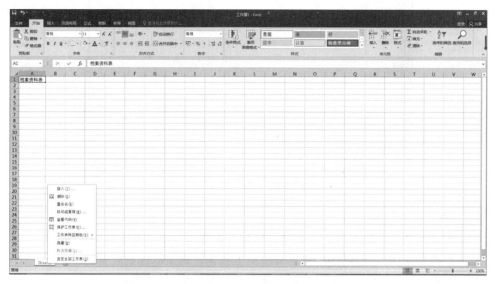

图 4-1-5　表单的快捷菜单

（3）重命名。

当 Sheet1 变成黑底白字时,直接输入新工作表的名字"员工档案资料表"。

（4）复制工作簿。

按住 Ctrl 键不放,拖动鼠标将"员工档案资料表"拖动到 Sheet1 后面,即可完成复制操作(图 4-1-6)。复制后的工作簿名字为"员工档案资料表(2)",内容与"员工档案资料表"完全一致(如果不按 Ctrl 键,而是用鼠标直接拖动,则表示对工作簿的位置进行移动操作)。

图 4-1-6　复制工作表

（5）在删除"员工档案资料表(2)"。

在"员工档案资料表(2)"处右击,在弹出的快捷菜单中选择"删除"命令,即可删除"员工档案资料表(2)",如图 4-1-7 所示。

（6）保存并退出。

按 Ctrl＋S 组合键可保存刚刚修改完成的文件。

技能拓展

1. 拆分工作表

为了方便对工作表中的数据进行比较和分析,可以拆分工作表窗口,最多可以拆分成

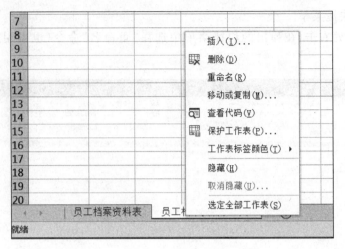

图 4-1-7　删除工作表

4 个窗口，操作步骤如下。

（1）将鼠标光标指向垂直滚动条顶端的拆分框或水平滚动条右端的拆分框。

（2）当指针变为拆分指针时，将拆分框向下或向左拖至所需的位置。

（3）要取消拆分，双击分割窗格拆分条的任何部分即可，如图 4-1-8 所示。

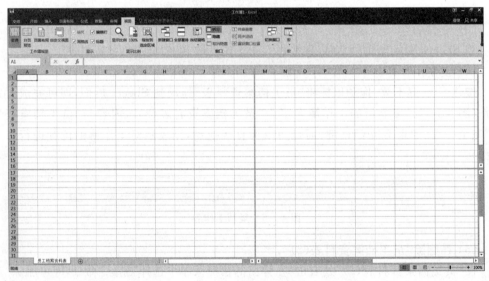

图 4-1-8　拆分工作表

2. 冻结窗格

一般情况下，滚动工作表时行（列）标题会逐渐移出窗口，这会对数据的输入造成不便，Excel 提供了冻结窗格功能，将标题固定在窗格中。其操作步骤如下。

（1）选中表格中除行和列标题外的第一个单元格，在"视图"功能选项卡的"窗口"组中单击"冻结窗格"下拉按钮，再选择"冻结拆分窗格"选项。

（2）此时，工作表的行列标题单元格被冻结，拖动垂直滚动条和水平滚动条浏览数据时，被冻结的行和列不会移动。

（3）要取消冻结，在"视图"功能选项卡的"窗口"组中单击"冻结窗格"下拉按钮，再选择"取消冻结拆分窗格"选项。

（4）若只冻结标题行（列），则选中该行（列）的下一行（列），选择"冻结拆分窗格"选项。

（5）若要冻结首行或首列，可以在"冻结窗格"下拉列表中选择"冻结首行"或"冻结首列"命令，如图 4-1-9 所示。

图 4-1-9　冻结窗格

3．设置工作表标签颜色

在工作中经常需要区别内容的重要程度或分组，我们可以通过设置工作表标签颜色来实现。右击工作表名称，选择"工作表标签颜色"命令即可，如图 4-1-10 所示。

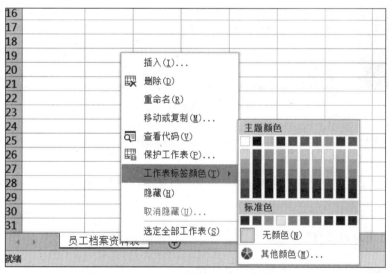

图 4-1-10　设置工作表标签颜色

子任务 4.1.3　Excel 2016 的保存与退出功能

任务描述

为方便电子档案管理，将任务生成的"工作簿 1. xlsx"重新命名为"员工档案资料表"，并保存至"E:\工作资料"目录下。通过此任务的完成，让大家熟悉 Excel 2016 文档的保存、关闭等基本操作，并能退出该软件。

相关知识

1. 保存工作簿

（1）对于新建的工作簿，选择"文件"功能选项卡下的"保存"命令，将弹出"另存为"对话框，如图 4-1-11 所示。选择需要保存的路径和文件的名称。对于已经命名并保存过的工作簿，修改内容后保存，不会弹出对话框。

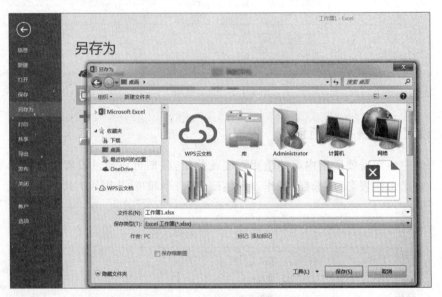

图 4-1-11　保存工作簿

（2）按 Ctrl＋S 组合键，或单击"快捷访问工具栏"中的"保存"按钮，可以快速完成文件的保存操作。

（3）通过"文件"功能选项卡下的"另存为"命令，可以修改原文件保存的路径和文件的名称及保存类型。

2. 退出 Excel 2016

退出 Excel 2016 的方法主要有以下几种。

（1）选择"文件"菜单中的"退出"命令。

（2）单击 Excel 2016 工作窗口右上角的"关闭"按钮。

（3）按 Alt＋F4 组合键。

如果文件内容自上次保存之后又进行了修改，则在退出之前将弹出确认对话框，提示是否保存更改。单击"是"按钮将保存更改，单击"否"按钮将取消更改，单击"取消"按钮则退出操作被取消。

任务实施

完成本子任务的操作步骤如下。

（1）保存文档。

单击"快速访问工具栏"中的"保存"按钮█，在"另存为"对话框的"保存位置"列表框中选择文档的保存位置"E:\公司资料"，在"文件名"文本框中输入新建文档的文件名"员工档案资料表.xlsx"（扩展文件名".xlsx"可省略），单击"保存"按钮，如图 4-1-12 所示。

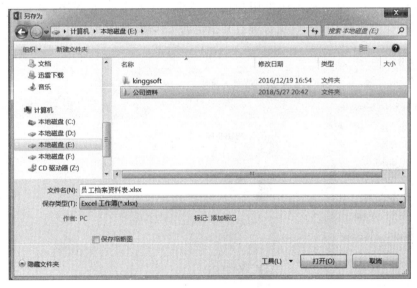

图 4-1-12　保存文档

（2）关闭文档。

在"窗口控制按钮"单击"×"按钮或在"文件"菜单中选择"关闭"命令，即可关闭当前文档。如果当前文档在编辑后没有保存，关闭前会弹出提示框，询问是否保存对文档的修改，如图 4-1-13 所示。

图 4-1-13　"保存"文档时的系统提示框

单击"保存"按钮会进行保存；单击"不保存"按钮则放弃保存；单击"取消"按钮，不关闭当前文档，继续编辑。

知识拓展

1. 控制按钮

与 Word 2016 不同的是，Excel 2016 工作窗口右上角有"最小化""最大化/向下还原""关闭"等按钮，分别针对 Excel 2016 窗口和当前工作簿窗口。

2. 打开现有工作簿

（1）直接通过文件打开。如果用户知道工作簿文件所保存的位置，可以利用资源管理器找到文件所在位置，直接双击文件图标即可将其打开。

（2）使用"打开"对话框。如果用户已经启动了 Excel 2016 程序，可通过选择"文件"→"打开"命令或按 Ctrl＋O 组合键打开指定的工作簿，如图 4-1-14 所示。

图 4-1-14　打开现有工作簿

技能拓展

1. 定时保存

在使用计算机工作时常会发生一些异常情况，导致文件无法响应、死机等。要保证正在编辑的文件能及时保存，则可以用 Excel 2016 的定时保存功能。选择"文件"→"选项"命令，如图 4-1-15 所示。

图 4-1-15　选择"选项"命令

在打开的"Excel 选项"对话框中选择"保存"选项卡,在右侧的"保存自动恢复信息时间间隔"选项中设置所需要的时间间隔,如图 4-1-16 所示。

图 4-1-16　"Excel 选项"对话框

2. 并排查看

使用 Excel 的并排查看功能,可以同时显示多个工作表,避免来回切换的麻烦。

(1) 打要并排查看的工作表。

(2) 单击"视图"→"窗口"→"并排查看"按钮,此时会并排显示多个工作表。

(3) 要关闭并排查看功能,再次单击"并排查看"按钮即可。

使用并排查看功能时,滚动其中一个窗口的滚动条时,另一个窗口也会同步滚动。如果不需要同时滚动,可单击"同步滚动"按钮,使其处于非激活状态,如图 4-1-17 所示。

图 4-1-17 "窗口"组

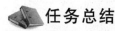任务总结

通过本子任务的实施,应掌握下列知识和技能。

(1)掌握 Excel 2016 的保存操作。

(2)掌握文档的自动保存时间间隔的设置。

任务 4.2 工作表的编辑

子任务 4.2.1 输入与编辑数据

任务描述

完成前面的新建任务后,小张将把员工的基本信息,包括编号、姓名、性别、出生年月、学历、职称、联系地址、联系电话、E-mail 等录入表格中。通过本子任务的学习,将掌握不同的数据格式的录入方法。

相关知识

1. Excel 不同格式数据的输入

Excel 接收的数据主要有文本、数值、日期和时间、货币等类型,下面分别介绍其输入方法。

1)输入文本

选中单元格后,输入文本内容,按 Enter 键确认;或选中单元格,在"编辑栏"中输入内容,再单击表示输入的"√"确认。

若选中已经输入内容的单元格,直接输入的新内容将替换原有内容。若需要输入或编辑数字类型的文本内容(如输入 001、身份证号码等),则应在数字前加英文状态下的单引号或设置单元格格式为文本格式。文本默认的对齐方式为左对齐。

2)输入数值

数值的输入方法与文本类似,默认的对齐方式为右对齐。

3) 输入日期和时间

日期可以按"年/月/日"或"年-月-日"等格式输入;时间可以按"时数:分数:秒数"等格式输入。如输入"2015/1/1"或"2015-1-1"都表示 2015 年 1 月 1 日;输入"15:30:55""3:30:55　PM"或"15 时 30 分 55 秒"都表示下午 3 点 30 分 55 秒。

直接输入系统日期的组合键是"Ctrl+";直接输入系统时间的组合键是"Ctrl+Shift+"。日期和时间的默认对齐方式为右对齐。

4) 输入货币

货币格式在表格中使用频繁,可以在数值前单独输入货币符号,也可以先直接输入数值,然后设置单元格格式为货币,输入的数字会自动在数据前加上货币符号。常用的货币符号为¥(人民币)和$(美元)。

2. 单元格行列的相关操作

单元格是 Excel 工作簿的基本对象核心和最小组成单位。数据的输入和修改都是在单元格中进行的,一个单元格可以记录多达 32767 个字符的信息。单元格的长度、宽度及单元格内字符中的类型等,都可以根据用户的需要进行改变。

每一个单元格均有对应的地址,以便标识和引用。单元格所在列的列号字母和所在行的行号数字,连接在一起就是该单元格的地址标识,如 A1、C8 等。

任务实施

(1) 输入标题。

启动 Excel 2016,在 A1 单元格内输入标题文字"员工档案信息表"。

(2) 录入编号。

首先输入两个有规律的编号,然后拖动填充柄快速填充,如图 4-2-1 所示。

图 4-2-1　录入数据

(3) 录入姓名、性别等信息。

在录入性别时,可先使用"Ctrl+单击"的方法选中同一性别的员工。输入性别后,按 Ctrl+Enter 组合键,即可完成多个单元格的输入,如图 4-2-2 所示。

(4) 录入出生年月。

这一列数据是日期类型,格式为"＊年＊月＊日"。在列标题 D 处单击,即可选中整列。在选中的地方右击,在快捷菜单中选择"设置单元格格式"命令,在打开的"设置单元格格式"对话框的"数字"选项卡中选择日期的格式,如图 4-2-3 所示。在录入日期格式时,年、月、日需用"/"或"-"隔开,如 1989-12-19。

図 4-2-2　录入姓名、性别等信息

图 4-2-3　选择日期的格式

（5）录入联系电话及 QQ 号码。

将电话号码设置为文本格式，如图 4-2-4 所示。

（6）完成所有信息的录入后，保存文件，如图 4-2-5 所示。

图 4-2-4　将数字转换为文本

1	档案信息表									
2	编号	姓名	性别	出生年月	学历	职称	联系地址	联系电话	QQ号码	
3	CH001	曾凯	女	1983年3月24日	大学	初级	四川	15228381619	564984	
4	CH002	陈传鑫	女	1924年1月18日	研究生	中级	广东	15881357230	6756	
5	CH003	陈海林	男	1943年9月10日	专科	高级	深圳	18908292856	54656	
6	CH004	陈小刚	女	1964年6月16日	研究生	初级	四川	13547238115	5466756	
7	CH005	陈鑫李	男	1942年9月5日	专科	初级	深圳	13658191249	45678456	
8	CH006	邓俊成	女	1981年8月5日	大学	初级	四川	18381948031	56456	
9	CH007	邓志伟	女	1986年1月18日	研究生	高级	深圳	18783008984	456654	
10	CH008	房勇男	男	1988年10月10日	专科	初级	四川	18784037740	564564	
11	CH009	付炳航	女	1986年1月18日	大学	高级	四川	15181423181	4564566	
12	CH010	高建强	男	1988年3月24日	大学	初级	深圳	15183054218	8796786	
13	CH011	龚旭	女	1987年3月24日	专科	中级	四川	13658191249	8796345	
14	CH012	桂学文	男	1987年3月24日	研究生	初级	四川	18381948031	789879	
15	CH013	胡云飞	女	1989年3月24日	专科	中级	深圳	18783008984	7897896	
16										

图 4-2-5　保存所有信息

知识拓展

（1）快捷键的使用。单击某个单元格，然后在该单元格中输入数据，按 Enter 键或 Tab 键移到下一个单元格。若要在单元格中另起一行输入数据，请按 Alt＋Enter 组合键输入一个换行符。

（2）在粘贴内容时，还可通过右键菜单的"选择性粘贴"，只粘贴出已复制区域中的"公式""数值""格式""批注"等，甚至可以进行"运算""跳过空单元""转置"等操作。

（3）当需要把输入的数字作为文本内容显示时，可以先输入一个英文标点符号状态下的单引号"'"，然后输入数字，数字即转换成文本格式。特别是输入的数字以"0"开头时，如 01、02 等。

（4）快速输入数据的几种方法。

① 当输入的数据有规律时，可以使用拖动填充柄的方法快速填充数据。可以使用鼠标拖动填充柄完成序列填充，也可以双击完成填充。

② 当输入的数据区域连续且内容相同时，拖动或双击填充柄可完成数据的填充。

③ 当输入的数据区域不连续且内容相同时，按 Ctrl 键选定要输入数据的多个单元格区域，输入需要的信息，然后按 Ctrl＋Enter 组合键，即可完成选定单元格内容的一次性全部输入。

技能拓展

1. 自定义格式

当输入的大量数据中有部分内容是重复的时，如家庭住址"利州市×××"是，其中"利州市"是重复的部分时，可通过"自定义"单元格格式的方法解决。具体操作步骤为：选中需要添加的单元格区域，右击并选择"设置单元格格式"命令，或按 Ctrl＋1 组合键，打开"设置单元格格式"对话框，在"数字"选项卡中选中"自定义"格式，如图 4-2-6 所示，再进行相应设置即可。

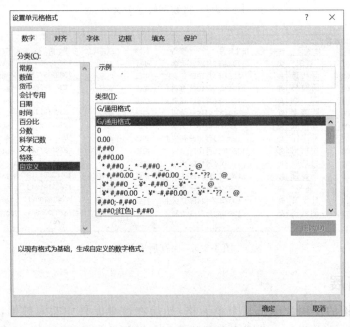

图 4-2-6　自定义格式

设置完成后，在选中的单元格中输入文本并按 Enter 键后，"利州市"会自动加为前缀。其中＠表示文本，♯表示数字。

2. 数据的有效性

利用数据菜单中的有效性功能可以控制一个范围内的数据类型、范围等，还可以快速、准确地输入一些数据,如图 4-2-7 所示。比如,录入身份证号码、手机号等数据长、数量多的数据,操作过程中容易出错,数据有效性可以帮助防止、避免错误的发生。

(a)

(b)

图 4-2-7 "数据"功能选项卡及"数据验证"对话框

3. 插入和删除批注

选中需要添加批注的单元格,选择"审阅"功能选项卡下的"新建批注"命令即可插入批注,修改批注时先右击需要修改批注的单元格,从弹出菜单中选择"编辑批注"命令,批注输入完成后,单击任意单元格确认,如图 4-2-8 所示。

图 4-2-8 插入批注

清除批注内容可以选择需要删除批注的单元格，在"审阅"功能选项卡中选择"删除"命令即可。另外还可以进行隐藏批注等操作。

子任务 4.2.2　编辑和设置表格数据

控制工作表数据外观的信息称为格式。格式化工作表是指为工作表中的表格设置各种格式，包括设置数字格式、对齐方式、文本字体、边框和底纹的图案与颜色、行高与列宽、合并单元格及其数据项等。通过这些设置，可以美化工作表，使数据更显条理化，具有可读性。

任务描述

为便于打印及存档，小张需对"员工档案资料表"进行美化操作，将标题设置为"字体为黑体、小二号、加粗，并居中对齐"；将正文字体设置为"仿宋、12 号"，并设置为"居中对齐、自动换行"；为中文加双线外边框、单线内边框。

相关知识

1. 设置字符、数字格式

为了使工作表中的某些数据（如"标题"）等能够突出显示，使版面整洁美观，需将不同的单元格设置成不同的字体。设置字符格式的方法有两种。

（1）利用工具按钮设置字体。功能包括：字体列表框，字号列表框，增大字号，减小字号；加粗（Ctrl+B），倾斜（Ctrl+I），下画线（Ctrl+U），设置边框，填充，设置字体颜色，显示或隐藏拼音字段，如图 4-2-9 所示。

图 4-2-9　设置字符格式

（2）利用"字体"选项卡设置字符的格式。在任意单元格内右击或单击字体工作组右下角的按钮，即可打开"设置单元格格式"对话框的"字体"选项卡，可对字体、字形、字号、颜色、下画线、特殊效果等进行设置，如图 4-2-10 所示。

2. 边框与填充

在 Excel 中，数据的对齐格式分为水平对齐和垂直对齐两种。Excel 默认的水平对齐格式为"常规"，即文字数据居左对齐，数字数据居右对齐；默认的垂直格式是"靠下"，即数据靠下边框对齐。

"对齐方式"包括常规、靠左（缩进）、居中、靠右（缩进）、填充、两端对齐、跨列居中和分

图 4-2-10　"设置单元格格式"对话框的"字体"选项卡

散对齐(缩进)等几种(缩进量可以使用数值框精确调整)。"垂直对齐"方式包括靠上、居中、靠下、两端对齐和分散对齐。

　　"对齐方式"组中的各种对齐按钮可快速完成水平对齐中的左对齐、居中、右对齐,以及垂直对齐中的顶端对齐、垂直居中、底端对齐等设置,如图 4-2-11 所示。

图 4-2-11　"对齐方式"组

　　另外,也可以使用"设置单元格格式"对话框的"对齐"选项卡进行对齐方式的设置,如图 4-2-12 所示。

3. 套用条件格式

　　Excel 2016 的套用表格格式功能可以根据预设的格式,将我们制作的报表格式化,从而产生美观的报表,以便提高工作效率,同时使表格符合数据库表单的要求。其操作步骤如下。

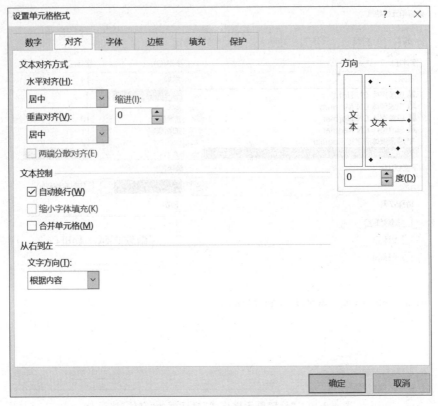

图 4-2-12　"对齐"选项卡

（1）把鼠标光标定位在数据区域中的任何一个单元格，在"开始"功能选项卡的"样式"组中单击"套用表格格式"，并选择一种需要的样式，如图 4-2-13 所示。

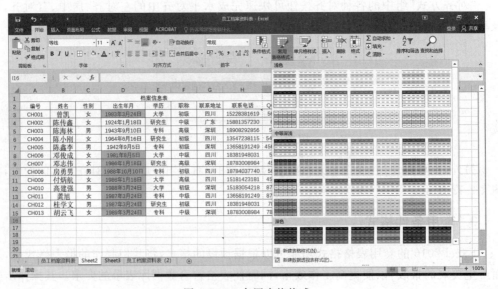

图 4-2-13　套用表格格式

（2）弹出"创建表"对话框，选择"表数据的来源"并选中"表包含标题"，然后单击"确定"按钮，如图 4-2-14 所示。

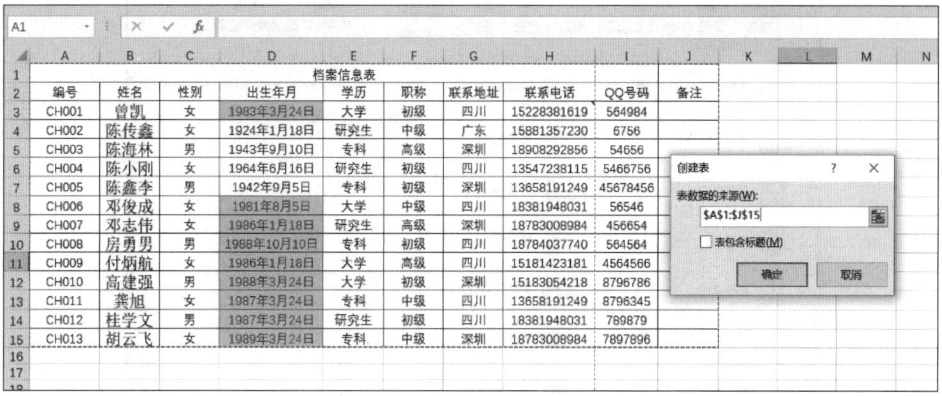

图 4-2-14　创建表

一般情况下，Excel 2016 会自动选中表格的范围，用户还可以在弹出对话框后对区域进行重新选择或调整。设置"套用表格格式"后的效果如图 4-2-15 所示。

图 4-2-15　设置"套用表格格式"后的效果

4. 设置条件格式

Excel 提供了条件格式功能，可以将某些满足条件的单元格以指定的样式进行显示。设置条件格式后，系统会在选定的区域中搜索符合条件的单元格，并将设定的格式应用到符合条件的单元格上，如图 4-2-16 所示。

其操作步骤如下。

（1）选择要设置条件格式的单元格区域。

（2）在"样式"组中选择条件格式来设置。

（3）设置条件格式及样式。如要对 1977 年 10 月 19 日以后出生的员工，以"浅红填充色深红色文本"突出显示，操作界面如图 4-2-17 所示。

（4）完成设置以后，可以看到凡符合条件的信息将以设定的样式进行突出显示，如图 4-2-18 所示。

237

图 4-2-16　选择条件格式

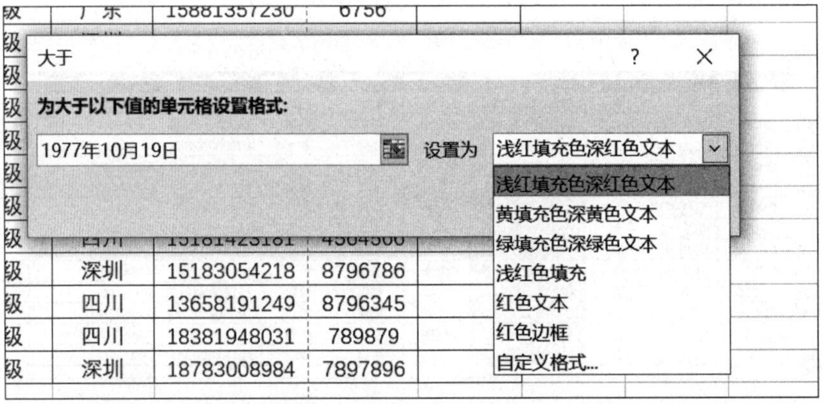

图 4-2-17　设置条件样式

			档案信息表						
编号	姓名	性别	出生年月	学历	职称	联系地址	联系电话	QQ号码	备注
CH001	曾凯	女	1983年3月24日	大学	初级	四川	15228381619	564984	
CH002	陈传鑫	女	1924年1月18日	研究生	中级	广东	15881357230	6756	
CH003	陈海林	男	1943年9月10日	专科	高级	深圳	18908292856	54656	
CH004	陈小刚	女	1964年6月16日	研究生	初级	四川	13547238115	5466756	
CH005	陈鑫李	男	1942年9月5日	专科	初级	深圳	13658191249	45678456	
CH006	邓俊成	女	1981年8月5日	大学	中级	四川	18381948031	56546	
CH007	邓志伟	男	1936年1月18日	研究生	高级	深圳	18783008984	456654	
CH008	房勇男	男	1988年10月10日	专科	初级	四川	18784037740	564564	
CH009	付炳航	女	1986年1月18日	大学	高级	四川	15181423181	4564566	
CH010	高建强	男	1988年3月24日	大学	初级	深圳	15183054218	8796786	
CH011	龚旭	女	1987年3月24日	大学	初级	四川	13658191249	8796345	
CH012	桂学文	男	1987年3月24日	研究生	初级	四川	18381948031	789879	
CH013	胡云飞	女	1989年3月24日	专科	中级	深圳	18783008984	7897896	

图 4-2-18　设定样式后的显示效果

（5）Excel 2016 还提供了一些快速设置条件格式的方法（图 4-2-19）。例如，选择"条件格式"→"项目选取规则"→"值最大的 10 项"选项，在打开的对话框中设置 10，表示让 Excel 自动筛选出数据区域最大的 10 项设置格式，即给最大的这 10 项数据加上"红色边框"。

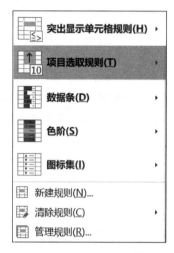

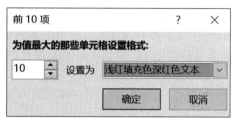

图 4-2-19　快速设置条件格式

除此之外，"条件格式"下拉菜单中还有"数据条""色阶""图标集"等选项，可以自动给数据区加上不同颜色的底纹或图标，以突出显示数据。

（6）用户还可以根据实际需要，对突出显示的信息的格式及规则进行设置。如要取消，则可以在选择"管理规则"选项，并在打开的"条件格式规则管理器"对话框中删除规则，如图 4-2-20 所示。

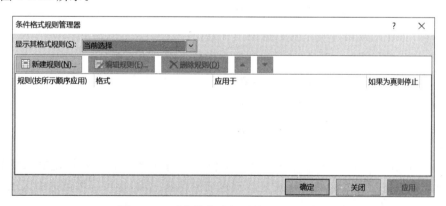

图 4-2-20　"条件格式规则管理器"对话框

知识拓展

1. 选定单元格、行或列

（1）选定一个单元格：将鼠标指针指向某个单元格，当鼠标光标呈白色空心十字形状时单击。

（2）选定连续的多个单元格：将鼠标指针指向要选定区域的第一个单元格，按住鼠标左键，向选定区域的对角线方向拖动鼠标至最后一个单元格；或先单击要选定区域的第一个单元格，然后按住 Shift 键，再单击该区域的最后一个单元格。

（3）选定不连续的多个单元格：先单击需选定不连续单元格中的任一个单元格，然后按住 Ctrl 键不放，再依次单击或框选其他需选定的单元格。

（4）选定一列或一行：单击行号可选定整行，单击列号可选定整列。

（5）选定连续的多列或多行：将鼠标指针指向要选定连续行（列）区域的第一行（列）的行号（列标），按住鼠标左键，拖动至要选定连续行（列）区域的最后一行（列）；或先单击要选定连续行（列）区域的第一行（列）的行号（列标），然后按住 Shift 键不放，再单击要选定连续行（列）区域的最后一行（列）的行号（列标）。

（6）选定不连续的多列或多行：先单击需选定不连续行（列）区域的任一行（列）的行号（列标），然后按住 Ctrl 键，再依次单击其他需选定的行（列）的行号（列标）。

2. 数字格式

默认情况下，单元格的数字格式是常规格式，不包含任何特定的数字格式，即以整数、小数、科学计数的方式显示。Excel 2016 还提供了多种数字显示格式，如百分比、货币、日期等。用户可以根据数字的不同类型设置它们在单元格中的显示格式。

数字格式的设置可以通过工具按钮或"数字格式"对话框进行设置，如图 4-2-21 所示。

常用的数字格式化的工具按钮有以下五个。

图 4-2-21　数字格式的设置

* 货币样式按钮"🖫"：在数据前使用货币符号。
* 百分比样式按钮"％"：对数据使用百分比。
* 千位分割样式"，"：使显示的数据在千位上有一个逗号。
* 增加小数位"⁺⁰₀"：每单击一次，数据增加一个小数位。
* 减少小数位"⁰ₒ⁰"：每单击一次，数据减少一个小数位。

3. Excel 2016 格式刷的使用方法

使用"格式刷"功能可以将 Excel 2016 工作表中选中区域的格式快速复制到其他区域，用户既可以将被选中区域的格式复制到连续的目标区域，也可以将被选中区域的格式复制到不连续的多个目标区域。

1）使用格式刷将格式复制到连续的目标区域

打开 Excel 2016 工作表窗口，选中含有格式的单元格区域，然后在"开始"功能选项卡的"剪贴板"组中单击"格式刷"按钮。当鼠标指针呈现出一个加粗的"＋"号和小刷子的组合形状时，按住左键并拖动鼠标选择目标区域。松开鼠标后，格式将被复制到选中的目标区域，如图 4-2-22 所示。

图 4-2-22　单击"格式刷"按钮进行复制操作

2）使用格式刷将格式复制到不连续的目标区域

如果需要将 Excel 2016 工作表所选区域的格式复制到不连续的多个区域中，可以首先选中含有格式的单元格区域，然后在"开始"功能选项卡的"剪贴板"组中双击"格式刷"按钮。当鼠标指针呈现出一个加粗的"＋"号和小刷子的组合形状时，分别按住左键并拖动鼠标选择不连续的目标区域。完成复制后，按 Esc 键或再次单击"格式刷"按钮即可取消格式刷。

技能拓展

1．为 Excel 2016 添加背景图片

Excel 2016 默认的背景为白色，如果需要进一步美化，则需在工作表中插入图片背景、颜色背景（底纹）、标签颜色，可以标识重点、加强视觉美感，这就需要用到 Excel 2016 的填充功能。应用填充功能的操作步骤如下。

（1）单击"页面布局"功能选项卡中的"背景"按钮，如图 4-2-23 所示。

图 4-2-23　单击"背景"按钮

（2）在"插入图片"对话框中找到需要的背景图片，单击"插入"按钮，即可完成背景的设置，如图 4-2-24 所示。为不影响文字的阅读，背景图片一般不宜太花哨，且背景的颜色要与文字的颜色有较强的对比。

（3）用户也可以对单元格的背景颜色进行设置。在选中的单元格区域内右击，在弹出的快捷菜单中选择"设置单元格格式"命令，在打开的对话框的"填充"选项卡中可进行填充设置。单元格背景填充可以是纯颜色，也可以是系统自带的图案，如图 4-2-25 所示。

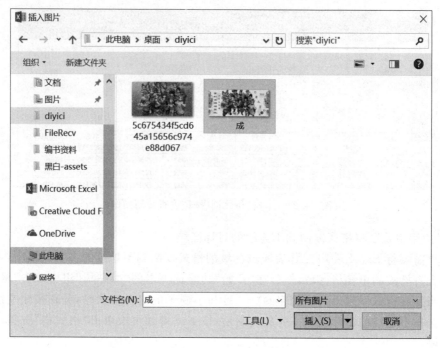

图 4-2-24　"插入图片"对话框

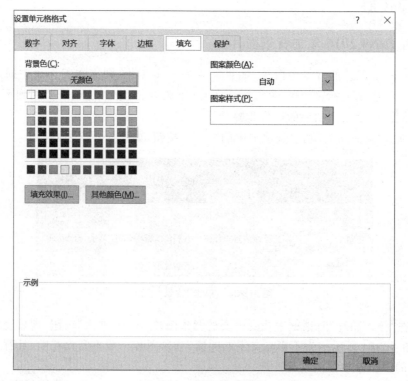

图 4-2-25　设置背景颜色

2. 保护单元格

在使用 Excel 2016 时会希望把某些单元格锁定，以防他人篡改或误删数据。其具体步骤如下。

（1）打开 Excel 2016，选中任意一个单元格，右击，从打开的快捷菜单中选择"设置单元格格式"命令，在打开的对话框中打开"保护"选项卡，如图 4-2-26 所示，默认情况下"锁定"复选框是被选中的，表示锁定了工作表，此时所有的单元格就锁定了。

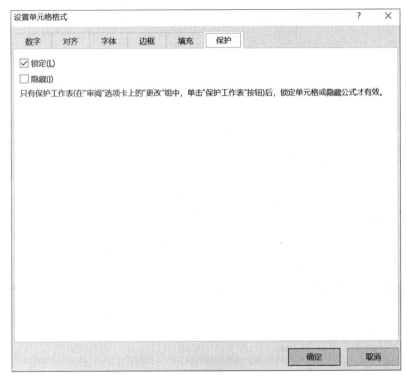

图 4-2-26　保护单元格

（2）按 Ctrl＋A 组合键选中所有单元格，接着再右击并选择"设置单元格格式"命令，在打开的对话框中切换到"保护"选项卡，取消选中"锁定"选项，单击"确定"按钮保存设置，即可取消"锁定"功能，如图 4-2-27 所示。

（3）选中需要保护的单元格，选中"锁定"复选框，如图 4-2-28 所示（这里，我们选择编号及姓名两列数据）。

（4）切换到"审阅"功能选项卡，在"更改"组中单击"保护工作表"按钮，打开的对话框如图 4-2-29 所示。

在该对话框中可以选择允许用户进行哪些操作，一般保留默认设置即可。在这里我们还可以设置取消工作表保护时提示输入密码，只需在"取消工作表保护时使用的密码"文本框中输入设置的密码即可。

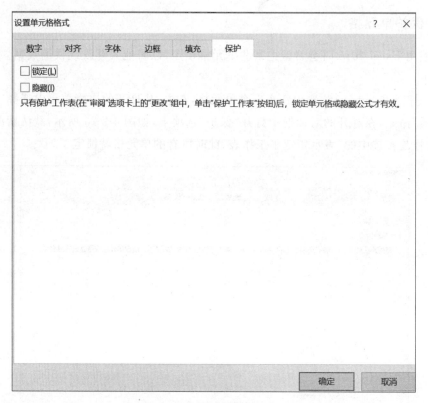

图 4-2-27　取消"锁定"功能

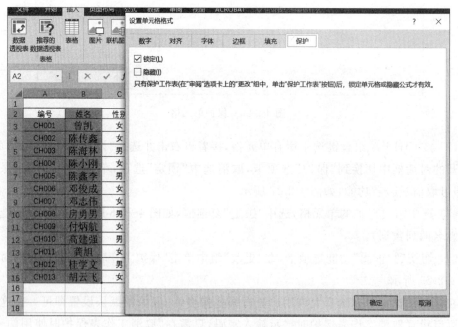

图 4-2-28　锁定界面

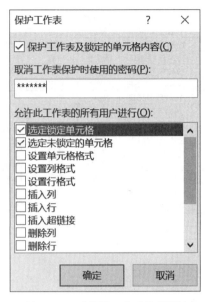

图 4-2-29　"保护工作表"对话框

（5）锁定的单元格不能更改。如果要解除锁定，可切换到"审阅"功能选项卡，在"更改"组中单击"撤销工作表保护"按钮，如图 4-2-30 所示。

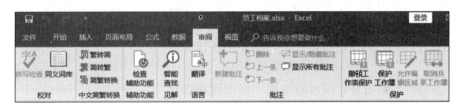

图 4-2-30　撤销工作表保护

相关知识

在单元格输入文字或数据时，有时会出现下面的情况：有的单元格中的文字只显示一半，有的单元格中显示的是一串♯，而在编辑栏中却能看见相应的数据。其原因在于，Excel 默认所有行的高度相等、所有列的宽度相等，行高和列宽不够时就不能全部正确显示，需要进行适当的调整。

任务描述

在前面的任务中，"员工档案资料表"中的部分列（如联系地址等）因内容较多，不能一行显示，且表格行距不一，小张需对"员工档案资料表"进行再次调整：将行高设置为 16 磅，将编号、姓名、性别、学历、职称等内容较少的列都设置为 10 磅，将其余文字较多的列设置为 14 磅，在 QQ 号码后面增加一列"备注"，并对表格边框、标题进行重新设置，使表格更加规范，如图 4-2-31 所示。

档案信息表								
编号	姓名	性别	出生年月	学历	职称	联系地址	联系电话	QQ号码
CH001	曾凯	女	1983年3月24日	大学	初级	四川	15228381619	564984
CH002	陈传鑫	女	1924年1月18日	研究生	中级	广东	15881357230	6756
CH003	陈海林	男	1943年9月10日	专科	高级	深圳	18908292856	54656
CH004	陈小刚	女	1964年6月16日	研究生	初级	四川	13547238115	5466756
CH005	陈鑫李	男	1942年9月5日	专科	初级	深圳	13658191249	45678456
CH006	邓俊成	女	1981年8月5日	大学	中级	四川	18381948031	56546
CH007	邓志伟	女	1986年1月18日	研究生	高级	深圳	18783008984	456654
CH008	房勇男	男	1988年10月10日	专科	初级	四川	18784037740	564564
CH009	付炳航	女	1986年1月18日	大学	高级	四川	15181423181	4564566
CH010	高建强	男	1988年3月24日	大学	初级	深圳	15183054218	8796786
CH011	龚旭	男	1987年3月24日	大学	中级	四川	13658191249	8796345
CH012	桂学文	男	1987年3月24日	研究生	初级	四川	18381948031	789879
CH013	胡云飞	女	1989年3月24日	专科	中级	深圳	18783008984	7897896

图 4-2-31　员工档案资料表

相关知识

1. 插入单元格、行或列

（1）插入单元格。选中需要插入单元格位置处的单元格后右击，在弹出菜单中选择"插入"命令，在弹出的对话框中设置插入单元格的选项。也可以单击"开始"→"单元格"→"插入"按钮，然后在下拉列表中选择"插入单元格"选项并在打开的"插入"对话框中（图 4-2-32）进行操作。对话框中各选项的作用如下。

图 4-2-32　"插入"对话框

① 活动单元格右移：插入的空单元格出现在选定单元格的左边。

② 活动单元格下移：插入的空单元格出现在选定单元格的上方。

③ 整行：在选定的单元格上面插入一个空行。若选定的是单元格区域，则在选定的单元格区域上方插入与选定单元格区域具有相同行数的空行。

④ 整列：在选定的单元格左侧插入一个空列。若选定的是单元格区域，则在选定的单元格区域左侧插入与选定单元格区域具有相同列数的空列。

（2）插入行。右击某行号，在其快捷菜单中选择"插入"命令即可。

（3）插入列。右击某列号，在其快捷菜单中选择"插入"命令即可。

2. 行高与列宽的调整

1）行高的调整

在默认的情况下，工作表任意一行的所有单元格高度总是相等的，所以要调整某一个单元格的高度。调整方法有以下两种。

（1）使用鼠标拖动调整。单击行号选中要调整的行，将鼠标光标移动到该行的下边线上,当鼠标光标变成十字形状(有上下箭头)时上下拖动边框线,此时出现一条黑色的虚线跟随拖动的鼠标光标移动,表示调整后行的边界,系统会同时提示行高值。

(2)如果要精确调整行高,可以在行号上拖动鼠标选中需要调整高度的所有行,再右击并选择"行高"命令,然后打开"行高"对话框,并输入行高的具体数值

2)列宽的调整

在工作表中列和行有所不同,工作表默认单元格的宽度为固定值,并不会根据数据的增长而自动调整列宽。但输入单元格的数据超出单元格宽度时,如果输入的是数值型数据,则会显示为一串#;如果输入的是字符型数据,单元格右侧相邻的单元格为空时则会利用其空间显示,否则在单元格中只显示当前宽度能容纳的字符。可以用以下方法调整列宽。

(1)可以使用鼠标快速调整列宽。单击列号先选中需要调整的列,再把鼠标光标移动到该列的右边框线上,当鼠标光标变成十字形状(带左右箭头)时左右拖动即可调整宽度。

(2)如果要精确调整列宽,可以选中列后右击并选择"列宽"命令,再在"列宽"对话框中输入列宽的具体数值来精确调整。

任务实施

(1)选择列宽。按住 Ctrl 不放,鼠标左键依次在 A、B、C、E、F 列名上单击,选择所有要调整列宽的列,如图 4-2-33 所示。

	A	B	C	D	E	F	G	H	I	J
1				档案信息表						
2	编号	姓名	性别	出生年月	学历	职称	联系地址	联系电话	QQ号码	
3	CH001	曾凯	女	1983年3月24日	大学	初级	四川	15228381619	564984	
4	CH002	陈传鑫	女	1924年1月18日	研究生	中级	广东	15881357230	6756	
5	CH003	陈海林	男	1943年9月10日	专科	高级	深圳	18908292856	54656	
6	CH004	陈小刚	女	1964年6月16日	研究生	初级	四川	13547238115	5466756	
7	CH005	陈鑫李	男	1942年9月5日	专科	初级	深圳	13658191249	45678456	
8	CH006	邓俊成	女	1981年8月5日	大学	中级	四川	18381948031	56546	
9	CH007	邓志伟	女	1986年1月18日	研究生	高级	深圳	18783008984	456654	
10	CH008	房勇男	男	1988年10月10日	专科	初级	四川	18784037740	564564	
11	CH009	付炳航	女	1986年1月18日	大学	高级	四川	15181423181	4564566	
12	CH010	高建强	男	1988年3月24日	大学	初级	深圳	15183054218	8796786	
13	CH011	龚旭	男	1987年3月24日	专科	中级	四川	13658191249	8796345	
14	CH012	桂学文	男	1987年3月24日	研究生	初级	四川	18381948031	789879	
15	CH013	胡云飞	女	1989年3月24日	专科	中级	深圳	18783008984	7897896	
16										

图 4-2-33　选择列宽

(2)在选中的任一列标题处右击,在弹出的快捷菜单中选择"列宽"命令,如图 4-2-34所示。

(3)在弹出的"列宽"对话框中输入"列宽"值 10,如图 4-2-35 所示,并单击"确定"按钮,即可完成设置。用同样的方法将除 A、B、C、D、E、F 列以外的其他列的列宽设置为 14。

(4)选择"行高"命令。选中所有要调整的行,在任一选中行的行号处右击,在弹出的快捷菜单中选择"行高"命令,如图 4-2-36 所示。

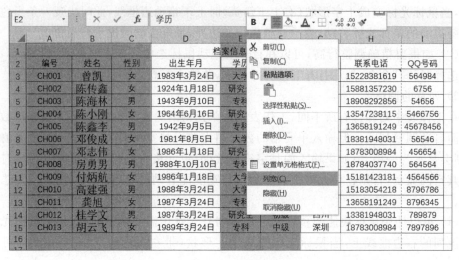

图 4-2-34　列宽命名

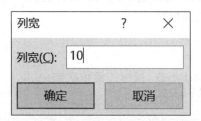

图 4-2-35　输入列宽值

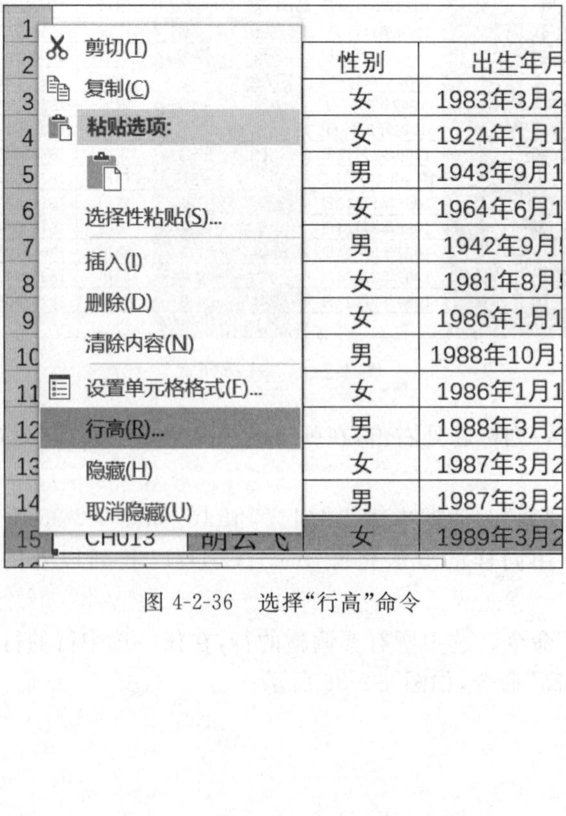

图 4-2-36　选择"行高"命令

（5）设置行高值。在"行高"对话框中输入 16，如图 4-2-37 所示。单击"确定"按钮，完成行高的设置。因标题文字字号较大，为突出标题，可将标题行的行高调整为 34。

图 4-2-37　输入"行高"值

（6）插入新列。因插入列在选中列的前面，所以如需在 I 列后面插入"备注列"，则需选中 J 列，如图 4-2-38 所示。

	A	B	C	D	E	F	G	H	I	J
1					档案信息表					
2	编号	姓名	性别	出生年月	学历	职称	联系地址	联系电话	QQ号码	
3	CH001	曾凯	女	1983年3月24日	大学	初级	四川	15228381619	564984	
4	CH002	陈传鑫	女	1924年1月18日	研究生	中级	广东	15881357230	6756	
5	CH003	陈海林	男	1943年9月10日	专科	高级	深圳	18908292856	54656	
6	CH004	陈小刚	女	1964年6月16日	研究生	初级	四川	13547238115	5466756	
7	CH005	陈鑫李	男	1942年9月5日	专科	初级	深圳	13658191249	45678456	
8	CH006	邓俊成	女	1981年8月5日	大学	中级	四川	18381948031	56546	
9	CH007	邓志伟	男	1986年1月18日	研究生	高级	深圳	18783008984	456654	
10	CH008	房勇男	男	1988年10月10日	专科	初级	四川	18784037740	564564	
11	CH009	付炳航	女	1986年1月18日	大学	高级	四川	15181423181	4564566	
12	CH010	高建强	男	1988年3月24日	大学	初级	深圳	15183054218	8796786	
13	CH011	龚旭	女	1987年3月24日	专科	中级	四川	13658191249	8796345	
14	CH012	桂学文	男	1987年3月24日	研究生	初级	四川	18381948031	789879	
15	CH013	胡云飞	女	1989年3月24日	专科	中级	深圳	18783008984	7897896	
16										

图 4-2-38　准备插入列

在选中列的任意位置右击，在弹出的快捷菜单中选择"插入"命令，即可完成列的插入，如图 4-2-39 所示。

联系地址	联系电话	QQ号码		
四川	15228381619	564984		
广东	15881357230	6756		
深圳	18908292856	54656		
四川	13547238115	5466756		
深圳	13658191249	45678456		
四川	18381948031	56546		
深圳	18783008984	456654		
四川	18784037740	564564		
四川	15181423181	4564566		
深圳	15183054218	8796786		
四川	13658191249	8796345		
四川	18381948031	789879		
深圳	18783008984	7897896		

图 4-2-39　插入列

（7）修订标题及表框。输入列标题"备注"，并对边框进行重新设置，如图 4-2-40 所示。

	档案信息表								
编号	姓名	性别	出生年月	学历	职称	联系地址	联系电话	QQ号码	备注
CH001	曾凯	女	1983年3月24日	大学	初级	四川	15228381619	564984	
CH002	陈传鑫	女	1924年1月18日	研究生	中级	广东	15881357230	6756	
CH003	陈海林	男	1943年9月10日	专科	高级	深圳	18908292856	54656	
CH004	陈小刚	女	1964年6月16日	研究生	初级	四川	13547238115	5466756	
CH005	陈鑫李	男	1942年9月5日	专科	初级	深圳	13658191249	45678456	
CH006	邓俊成	女	1981年8月5日	大学	中级	四川	18381948031	56546	
CH007	邓志伟	女	1986年1月18日	研究生	高级	深圳	18783008984	456654	
CH008	房勇男	男	1988年10月10日	专科	初级	四川	18784037740	564564	
CH009	付炳航	女	1986年1月18日	大学	高级	四川	15181423181	4564566	
CH010	高建强	男	1988年3月24日	大学	初级	深圳	15183054218	8796786	
CH011	龚旭	男	1987年3月24日	大学	中级	四川	13658191249	8796345	
CH012	桂学文	男	1987年3月24日	研究生	初级	四川	18381948031	789879	
CH013	胡云飞	女	1989年3月24日	专科	中级	深圳	18783008984	7897896	

图 4-2-40　修订标题及表框

（8）保存文件并退出。

知识拓展

1. 自动调整行高、列宽

为快速使行高及列宽自动调整为最合适的距离，可以使用如下步骤完成：首先选中所有要调整的列（行），其次将光标放置在选中的任意两列（行）之间，当鼠标光标变成带箭头的十字形状时，双击即可完成自动调整。

2. 删除单元格、行或列

（1）删除单元格。选中需要删除的单元格或单元格区域，在"开始"功能选项卡的"单元格"组中选择"删除"按钮，在其下拉列表中选择"删除单元格"选项，在弹出的对话框中设置"删除单元格"的选项。也可以右击需要删除的单元格、行或列，在弹出的菜单中选择"删除"命令，再在弹出的"删除"对话框中操作。对话框中选项作用如下。

① 右侧单元格左移：删除选定单元格或单元格区域，其右侧单元格或单元格区域填充到该位置。

② 下方单元格上移：删除选定单元格或单元格区域，其下方单元格或单元格区域填充到该位置。

③ 整行：删除选定单元格或单元格区域所在行。

④ 整列：删除选定单元格或单元格区域所在列。

（2）删除行。右击某行号，在其快捷菜单中选择"删除"命令即可。

（3）删除列。右击某列号，在其快捷菜单中选择"删除"命令即可。

3. 清除单元格格式

选中单元格或单元格区域，在"开始"功能选项卡的"编辑"组中单击"清除"下拉按钮，选择相应的选项,可以清除单元格中的内容、格式和批注等,如图 4-2-41 所示。

图 4-2-41 清除单元格格式

任务4.3 公式和函数

子任务 4.3.1 公式的使用

任务描述

绵阳市长虹电器有限公司财务部对 2016 年 1 月的工资情况进行了汇总,现要求小张对加班补贴及实发工资进行计算(公司加班工资为每天 100 元,实发工资＝基本工资＋加班补贴－扣款额),并对基本工资、实发工资等进行汇总。用户可以根据 Excel 2016 提供的公式功能,快速准确地完成工资表的计算,如图 4-3-1 所示。

图 4-3-1 绵阳市长虹电器有限公司员工工资表

📦 相关知识

1. 单元格地址引用

在 Excel 中，单元格是操作的基本对象，熟悉单元格地址才能在公式和函数中进行引用。单元格地址可以是一个单元格，如 A1；也可以是一个或多个单元格区域，如"A1:B3"代表从 A1 单元格至 B3 单元格对角线所在的矩形区域；而"A1,B3"代表 A1 和 B3 两个单元格。在实践中我们经常会用到如下三种地址。

1）相对地址

格式：

行号列号 (如 B3)

使用相对地址时，若把含有单元格地址的公式复制到新位置，公式中的单元格地址将发生变化，保持引用单元格与目标单元格的位置关系。

例如，C3 单元格含有公式"＝B3＋100"，若将 C3 复制到 C4，则 C4 中的公式变成"＝B4＋100"。

2）绝对地址

格式：

$行号$列号 (如$B$3，美元符号可以通过输入或按 F4 键自动加入)

使用绝对地址时，若把含有单元格地址的公式复制到新位置，公式中的单元格地址将保持不变，仍引用原地址指向的单元格。

例如，C3 单元格含有公式"＝$B$3＋100"，若将 C3 复制到 C4，则 C4 中的公式仍然是"＝$B$3＋100"。

3）混合地址

格式：

$行号列号或行号$列号 (如$B3,B$3)

在现实生活中，会经常遇到需要固定某行或某列，就必须用到混合地址。

例如，C3 单元格含有公式"＝B3＊B$2"，若将 C3 复制到 D4，则 D4 中的公式仍然是"＝C4＊C$2"。

2. 公式格式

公式是对数据执行运算的等式，一般包含函数、引用、运算符和常量。在 Excel 中，公式就是一个以"＝"开头的运算表达式，由运算对象和运算符按照一定的规则连接起来。运算对象可以是常量，即直接表示出来的数字、文本和逻辑值，如 123 是数字常量，"护士"为文本常量，TRUE 和 FALSE 是逻辑值真和假；可以是单元格引用，如 A1、B$3 等；还可以是公式或函数，如（A1＋B1）或 SUM(A1:B3) 等。Excel 常用运算符见表 4-3-1。

表 4-3-1 Excel 常用运算符

类 型	符 号	举 例
算术运算	加（＋），减（－），乘（＊），除（/），百分号（％），乘幂（^）	B3＋5（将 B3 中的数据加 5）
比较运算	等于（＝），不等于（＜＞），大于（＞），大于等于（＞＝），小于（＜），小于等于（＜＝）	B3＞5（若 B3 数据大于 5 则返回 TRUE,否则返回 FALSE）
文本连接运算	&	B3&C3（将 B3 和 C3 单元格中字符合并）
逻辑运算	与（AND），或（OR），非（NOT）	AND（3＞2,4），OR（3＞4,2＝1），NOT（TRUE）

3. 公式输入

输入公式时,必须以"＝"开始,如"＝A1＋B1",按 Enter 键确认结束,由系统计算出结果并显示在公式所在单元格中,编辑栏中可以查看公式的内容。修改公式时,双击单元格进入编辑状态或单击单元格在编辑栏进行修改。

4. 公式复制

在 Excel 中常常会使用相同的公式,这时我们可以复制公式。首先选择公式所在单元格,先复制（Ctrl＋C 组合键）,然后粘贴（Ctrl＋V 组合键）到目标单元格中。目标单元格中得到的公式与被复制的公式算法相同,公式中被引用的单元格由其地址决定。

在 Excel 中有个特殊的填充柄,能迅速地复制公式,在连续的单元格间不断地进行复制计算,起到事半功倍的效果。在前面输入数据中已做介绍,这里就不再赘述,可以在实践中去体会复制公式的作用。

任务实施

（1）在"E:\公司资料"下打开"2016 年 1 月份员工工资表.xlsx"。

（2）计算加班工资。选定单元格 E4,在公式输入栏输入"＝D4＊100",按 Enter 键确认,即可计算机出 DS0001 号员工的加班补贴。注意,"＝"一定要输入,否则输入的公式无效。在输入公式时,也可用单击加班天数列 D4,再输入"＊100"（引号不输入）,如图 4-3-2 所示。

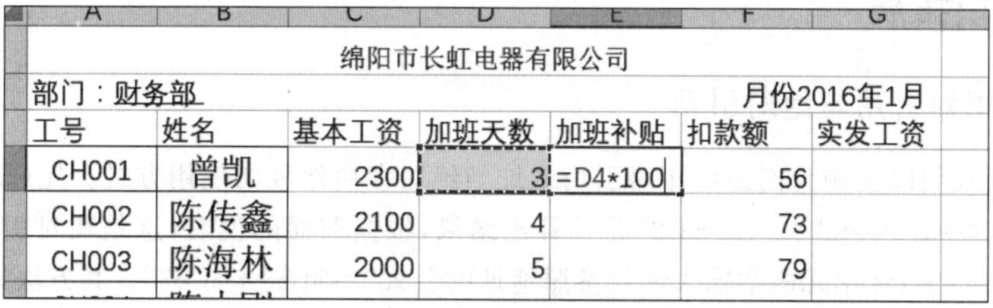

图 4-3-2 计算加班工资

253

（3）使用填充功能计算出其他员工的加班补贴。选中 E4 单元格，将鼠标光标置于单元格右下角，当鼠标光标变成黑色十字箭头时，向下拖动光标至最后一名员工（E17 单元格），松开鼠标左键即可完成所有员工加班工资的计算，如图 4-3-3 所示。

	A	B	C	D	E	F	G
1			绵阳市长虹电器有限公司				
2	部门：财务部					月份2016年1月	
3	工号	姓名	基本工资	加班天数	加班补贴	扣款额	实发工资
4	CH001	曾凯	2300	3	300	56	
5	CH002	陈传鑫	2100	4	400	73	
6	CH003	陈海林	2000	5	500	79	
7	CH004	陈小刚	2300	5	500	80	
8	CH005	陈鑫李	2300	2	200	56	
9	CH006	邓俊成	2100	3	300	73	

图 4-3-3　使用填充功能计算出其他员工的加班补贴

（4）计算实发工资。选中 F4 单元格，在公式输入栏中输入"＝C4＋E4－F4"（实发工资＝基本工资＋加班补贴－扣款额），按 Enter 键确认，如图 4-3-4 所示。

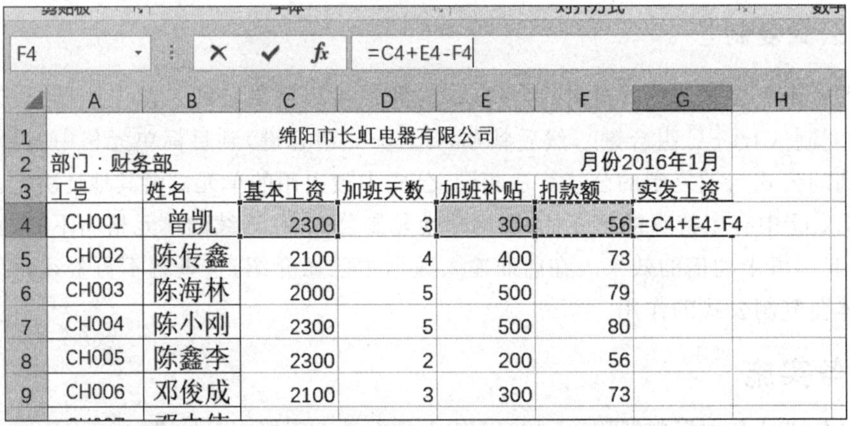

F4		✕ ✓ fx	=C4+E4-F4					
	A	B	C	D	E	F	G	H
1			绵阳市长虹电器有限公司					
2	部门：财务部					月份2016年1月		
3	工号	姓名	基本工资	加班天数	加班补贴	扣款额	实发工资	
4	CH001	曾凯	2300	3	300	56	=C4+E4-F4	
5	CH002	陈传鑫	2100	4	400	73		
6	CH003	陈海林	2000	5	500	79		
7	CH004	陈小刚	2300	5	500	80		
8	CH005	陈鑫李	2300	2	200	56		
9	CH006	邓俊成	2100	3	300	73		

图 4-3-4　计算实发工资

（5）使用句柄填充，完成其他员工实发工资的计算。完成后的工资表如图 4-3-5 所示。

知识拓展

1. 相对引用与绝对引用

下面我们以实例为例说明相对引用地址与绝对参照地址的使用方式。先选取 D2 单元格，在其中输入公式"＝B2＋C2"并计算出结果，根据前面的说明，这是相对引用地址。以下我们要在 D3 单元格中输入绝对参照地址的公式"＝$B$3＋$C$2"。其方法如下。

（1）选取 D3 单元格，然后在数据编辑列中输入"＝B3"，如图 4-3-6 所示。

绵阳市长虹电器有限公司						
部门：财务部						月份2016年1月
工号	姓名	基本工资	加班天数	加班补贴	扣款额	实发工资
CH001	曾凯	2300	3	300	56	2544
CH002	陈传鑫	2100	4	400	73	2427
CH003	陈海林	2000	5	500	79	2421
CH004	陈小刚	2300	5	500	80	2720
CH005	陈鑫李	2300	2	200	56	2444
CH006	邓俊成	2100	3	300	73	2327
CH007	邓志伟	2000	3	300	79	2221
CH008	房勇男	2300	4	400	80	2620
CH009	付炳航	2100	5	500	92	2508

图 4-3-5　句柄填充

	A	B	C	D	E
1		11月	12月	总销量	
2	福特房车	1215	965	2180	
3	福特房车	1215	965	=B3	

图 4-3-6　相对引用图

（2）按下 F4 键，B3 会切换成$B$3的绝对参照地址（图 4-3-7）。也可以直接在编辑框中输入"=$B$3"。

SUM		✕ ✓ ƒx	=$B$3		
	A	B	C	D	E
1		11月	12月	总销量	
2	福特房车	1215	965	2180	
3	福特房车	1215	965	=$B$3	

图 4-3-7　绝对引用

提示：按 F4 键可循序切换单元格地址的参照类型（即绝对和相对地址），每按一次 F4 键，参照地址的类型就会改变一次，其切换结果见表 4-3-2。

表 4-3-2　按 F4 键切换单元格地址的参照类型

按 F4 键次数	单元格	参照位址 B3
第 1 次	＄B＄3	绝对参照
第 2 次	B＄3	只有行编号是绝对位址
第 3 次	＄B3	只有列编号是绝对位址
第 4 次	B6	还原为相对参照

（3）接着输入"＋C3"，再按下 F4 键将 C3 变成＄C＄3，最后按下 Enter 键，公式就建立完成了，如图 4-3-8 所示。

D2 及 D3 的公式分别是由相对地址与绝对地址组成，但两者的计算结果却一样。到底它们差别在哪里呢？选定 D2：D3 单元格，拉动鼠标填满数据到下一栏，再将公式复制

D3		f_x	=$B$3+$C$3	
	A	B	C	D	E
1		11月	12月	总销量	
2	福特房车	1215	965	2180	
3	福特房车	1215	965	2180	

图 4-3-8　完成公式的建立

到 E2:E3 单元格，计算结果就不同了，如图 4-3-9 所示。

D2		f_x	=B2+C2	
	A	B	C	D	E
1		11月	12月	总销量	
2	福特房车	1215	965	2180	3145
3	福特房车	1215	965	2180	2180
4					

图 4-3-9　复制公式后的不同计算结果

2. 相对地址公式和绝对地址公式

1) 相对地址公式

以上例子中，D2 的公式"＝B2＋C2"使用了相对位置，表示要计算 D2 往左找两个单元格（B2、C2）的总和，因此当公式复制到 E2 单元格后，可改成从 E2 往左找两个单元格相加，结果就变成 C2 和 D2 相加的结果，如图 4-3-10 所示。

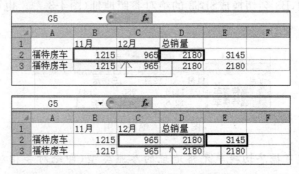

图 4-3-10　相对地址公式的应用

2) 绝对地址公式

D3 的公式"＝＄B＄3＋＄C＄3"使用了绝对位置，因此不管公式复制到哪里，Excel 都是找出 B3 和 C3 的值来相加，所以 D3 和 E3 的结果都是一样的，如图 4-3-11 所示。

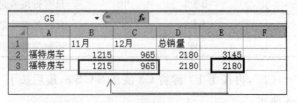

图 4-3-11　绝对地址公式的应用

3. 混合参照

如果在公式中同时使用相对引用与绝对参照,这种情形称为混合参照,例如:
$$=\$A\$1+A2 \quad 和 \quad =\$B1+B2$$

这种公式在复制后,绝对参照的部分(如$B1的$B)不会变动,而相对引用的部分则会根据情况做调整。

我们继续沿用前面的范例做练习,将 E3 单元格中的公式改成混合参照公式"=$B3+C3",双击 E3 单元格,将插入点移至"="之后,接着按两次 F4 键,让$B$3 变成$B3,如图 4-3-12 所示。

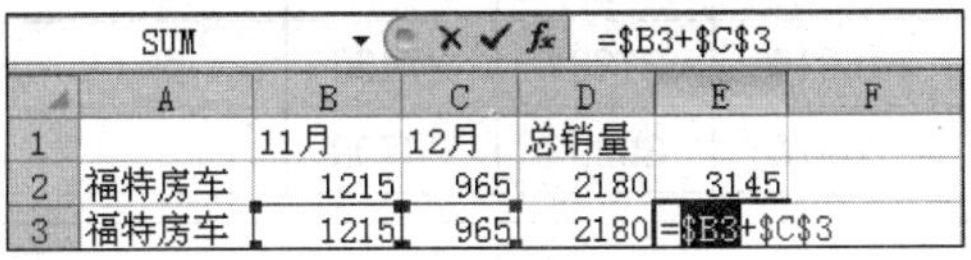

图 4-3-12   混合参照

将插入点移至"+"之后,按 3 次 F4 键,将$C$3 变成 C3,最后按下 Enter 键,公式便输入完成。接着选定 F3 单元格,分别拉动鼠标填满数据至 E4。

技能拓展

下面介绍自动求和计算。

在开始页次编辑区有一个自动累加按钮" Σ· ",可让我们快速输入函数。例如当我们选取 B8 单元格,并按下自动累加按钮时,便会自动插入 SUM 函数,且连自变量都自动帮我们设定好了。除汇总功能之外,还提供数种常用的函数供我们选择使用,只要按下下拉按钮,即可选择要进行的计算。

子任务 4.3.2   函数的使用

任务描述

为掌握公司的销售业绩,以便制定下一季度的工作目标,销售部对第一季度的销售情况进行了统计,现要求小张对产品的平均销售额及第一季度销售总额进行汇总,如图 4-3-13 所示和图 4-3-14 所示。此任务主要通过 Excel 中的函数功能来完成。

相关知识

1. 函数的概念

函数的实质是预定义的内置公式,可以执行常见或复杂的运算,是 Excel 中强大计算功能的重要表现。函数处理数据的方式与直接创建的公式处理数据的方式是相同的。比如,使用公式"=C1+C2+C3"与使用函数的公式"=SUM(C1:C3)"的作用一样。使用

绵阳市长虹电器有限公司2018年1月销售业绩统计表					
					单位：元
店名　　月份	一月	二月	三月	月平均销售额	小计
涪城一店	73230	63230	50481		
涪城二店	57200	68723	41308		
游仙店	49804	61212	42030		
安县店	31090	33134	49920		
三台店	45314	31837	27466		
盐亭店	28970	39392	24790		

图 4-3-13　1月销售业绩统计表

绵阳市长虹电器有限公司2018年第一季度销售业绩统计表					
					单位：元
店名　　月份	一月	二月	三月	月平均销售额	小计
涪城一店	73230	63230	50481		
涪城二店	57200	68723	41308		
游仙店	49804	61212	42030		
安县店	31090	33134	49920		
三台店	45314	31837	27466		
盐亭店	28970	39392	24790		

图 4-3-14　第一季度销售业绩统计表

函数往往能在应用中起到事半功倍的效果，可以减少输入的工作量，减少输入时出错的概率。

　　Excel 2016 内置了财务、日期与时间、数学与三角函数、统计、查找与引用、数据库、文本、逻辑、信息、工程、多维数据集、兼容性共十二大类的函数。

　　函数的基本格式是：

函数名 (参数 1, 参数 2, ...)

2. 函数的输入

在 Excel 2016 中输入函数的方法，比较常用的有以下三种。

1）手工直接输入

对于单变量函数或简单函数，可以采用手动输入的方法。其步骤如下。

（1）选定需要输入函数的单元格，并输入一个"＝"。

（2）按函数格式输入，需要引用时可以使用鼠标在工作表中进行单元格或区域选定，也可以直接输入，完成后按 Enter 键确认即可。

2）通过"函数库"组中按钮输入

在"公式"功能区的"函数库"组中分类显示了多种函数，如果用户对函数有一定的了解，可直接选择相应的函数，如图 4-3-15 所示。

图 4-3-15 "函数库"组

3）通过"插入函数"向导输入

当用户对函数不太熟悉时，可以使用"插入函数"向导输入，在向导执行过程中按提示完成各种选择和设置。

选择"公式"功能区中的"插入函数"按钮，即可调出"插入函数"对话框，如图 4-3-16 所示。

图 4-3-16 "插入函数"对话框

在该对话框中，用户可以用"搜索函数"功能找到对应的函数；也可在"或选择类别"下拉列表框中选择函数的类别，并选择对应的函数插入单元格中。

任务实施

（1）打开"E:\公司资料"目录下的"第一季度销售情况统计表.xlsx"。

（2）计算各分店每月的平均销售额。选中 E4 单元格，然后单击"公式"功能区的"插入函数"按钮，也可单击公式输入栏的 fx 插入函数按钮，如图 4-3-17 所示。

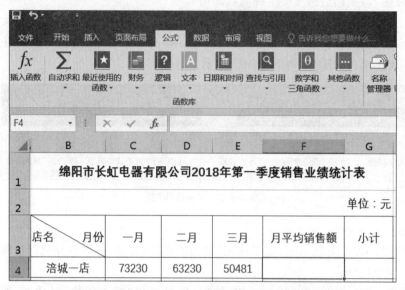

图 4-3-17　第一季度销售业绩统计表

（3）在弹出的"插入函数"对话框中选择平均函数 AVERAGE，如图 4-3-18 所示，然后单击"确定"按钮。

图 4-3-18　"平均值"函数

（4）弹出"函数参数"对话框，单击 Number1 的选择按钮 ，选定要计算的单元格，如图 4-3-19 和图 4-3-20 所示，选中的单元格将会出现在虚线框内，按下 Enter 键确定。

图 4-3-19　函数参数 1

图 4-3-20　函数参数 2

（5）单击"确定"按钮完成计算。默认情况下，平均值将保留 4 位小数。为避免数据过长，可以使用"单元格格式"对话框减少小数点位数，本例中的数据设置为保留 2 位小数，如图 4-3-21 和图 4-3-22 所示。

店名＼月份	一月	二月	三月	月平均销售额
涪城一店	73230	63230	50481	62313.66667

图 4-3-21　设置小数点 1

图 4-3-22　设置小数点 2

（6）使用填充柄功能完成其他分店数据的计算，如图 4-3-23 所示。

店名＼月份	一月	二月	三月	月平均销售额
涪城一店	73230	63230	50481	62313.6667
涪城二店	57200	68723	41308	55743.6667
游仙店	49804	61212	42030	51015.3333
安县店	31090	33134	49920	38048.0000
三台店	45314	31837	27466	34872.3333
盐亭店	28970	39392	24790	31050.6667

图 4-3-23　使用填充柄

（7）按照前面（1）～（6）步的方法，调用 SUM（）函数（默认时参数会将月平均销售额计算在内，所以用户在选择时一定要仔细核对，选择正确的参数），完成一季度各店销售额的计算。完成的效果如图 4-3-24 所示。

绵阳市长虹电器有限公司2018年第一季度销售业绩统计表					
					单位：元
店名＼月份	一月	二月	三月	月平均销售额	小计
涪城一店	73230	63230	50481	62313.6667	186941
涪城二店	57200	68723	41308	55743.6667	167231
游仙店	49804	61212	42030	51015.3333	153046
安县店	31090	33134	49920	38048.0000	114144
三台店	45314	31837	27466	34872.3333	104617
盐亭店	28970	39392	24790	31050.6667	93152

图 4-3-24　一季度各店销售额的计算效果

知识拓展

常用函数举例如下。

1）SUM 函数

功能：计算给定单元格区域中所有参数之和。

举例：SUM(B3:E3)可求单元格区域 B3 至 E3 中的数值的总和。

2）AVERAGE 函数

功能：返回其参数的算术平均值。

举例：AVERAGE(E8,E10)可求 E8 和 E10 两个单元格中数值的算术平均值。

3）MAX 函数

功能：返回设定的一组参数中的最大值，忽略逻辑值及文本。

举例：MAX(B3:E3,G3)可求单元格区域 B3 至 E3，以及 G3 中数值的最大值。

4）MIN 函数

功能：返回设定的一组参数中的最小值，忽略逻辑值及文本。

举例：MIN(B3:E3,G3)可求单元格区域 B3 至 E3，以及 G3 中的数值的最小值。

5）COUNT 函数

功能：返回设定区域中包含数值型单元格的个数。

举例：MAX(B4:F8)可求单元格区域 B4 至 F8 中的数据项个数。

6）IF 函数

功能：判断是否满足某个条件，如果满足则返回一个值，如果不满足则返回另一个值。

举例：IF(F4>＝2000000,"高销量","低销量")用于判断单元格 F4 中的值是否大于或等于 200 万，如果是，则返回字符"高销量"；否则，返回字符"低销量"。

7）RANK 函数

功能：返回某数字在一列数字中相对于其他数值的大小排名。

举例：RANK(H5,H＄3:H＄15)可以求单元格 H5 内数值在 H3 至 H15 中的降序排名。

8）ROUND 函数

功能：按指定的位数对数值进行四舍五入。

举例：ROUND(11.34,1)的返回值为 11.3，保留 1 位小数。

9）ABS 函数

功能：求绝对值。

举例：ABS(－3)的返回值为 3；ABS(A2)可以求 A2 单元格内数值的绝对值。

10）SIN 函数、COS 函数

功能：SIN 求给定角度的正弦值，COS 求给定角度的余弦值。

举例：ROUND(SIN(15),2)的返回值为 0.65。

11）TODAY 函数

功能：返回系统的当前日期。

举例：TODAY()不需要参数，返回系统的当前日期，如 2015-9-1。

12）NOW 函数

功能：返回系统的当前时间。

举例：TODAY()不需要参数，返回系统的当前时间，如 2015-9-1　10:48。

13）DAYS360 函数

功能：按每年 360 天返回两个日期间相差的天数（每月 30 天）。

举例：DAYS360(DATE(1978,5,24),TODAY())的返回值是 10867。若再除以 360，得到的就是年龄，如 ROUND(DAYS360(DATE(1978,5,24),TODAY()),2) 的返回值就是 30.18。

14）CONCATENATE 函数

功能：将多个文本字符串合并成一个。

举例：设定单元格内 A2 输入的是字符"北京"，则 CONCATENATE("欢迎来",A2,"!")的返回值是"欢迎来北京!"

15）LEFT 函数、RIGHT 函数

功能：求一个字符串从左侧第一个字符开始的指定个数的字符（RIGHT 从右）。

举例：LEFT("四川省",2)的返回值是"四川"。

16）COUNTIF 函数

功能：计算某个区域中满足给定条件的单元格数目。

举例：COUNTIF(B4:B8,"<80000")的返回值为单元格区域 B4 至 B8 中小于 80000 的单元格个数。

17）SUMIF 函数

功能：对满足条件的单元格求和。

举例：SUMIF(B5:B8,"<80000",C5:C8)的返回值为 B5 至 B8 区域中小于 80000 的记录对应在 C5 至 C8 中的数值的和。

18）VLOOKUP、HLOOKUP 函数

功能：根据给定需要搜索的值，在指定区域首列（HLOOKUP 函数为行）搜索，返回从找到值所在单元格向右的指定列数对应单元格的值，如果未找到，则返回 #N/A。使用该函数前，需要先对当前和指定区域所在工作表按需搜索值所在列排序。

举例：VLOOKUP(A2,Sheet1! $B$2:$F$100,3)可以返回 Sheet1 工作表中 B2 至 F100 区域里，首列与当前工作表 A2 值相同的第 3 列的值。

技能拓展

下面介绍动态表头的制作方法。

公司每月要对销售业绩进行总结，要求制作"销售业绩汇总表"，并要求表格标题日期

264

自动更新,表头为斜线标头。

为完成此项任务,需要学会斜线表头的绘制,以及 TODAY()、MONTH()、YEAR() 等日期函数的使用方法,具体操作步骤如下。

(1) 启动 Excel 2016,制作一个空表,并在标题和表格之间增加一行,分别输入"业务员:""统计日期:",如图 4-3-25 所示。

绵阳市长虹电器有限公司2018年1月销售业绩统计表					
业务员:				统计日期:	
店名　月份	一	二	三	四	小计
涪城一店					
涪城二店					
游仙店					
安县店					
三台店					
盐亭店					

图 4-3-25　销售额统计表

(2) 输入时间函数。选中"统计日期:"后的单元格 G2,在公式输入栏输入日期公式 "=today()",按 Enter 键确定后,即可完成日期输入并能自动更新,如图 4-3-26 所示。

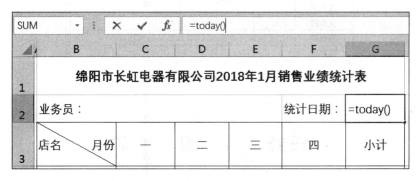

图 4-3-26　输入时间函数

(3) 默认的日期格式为"××××-××-××",用户可在设置单元格格式中将日期格式调整为"××××年××月××日"的形式,如图 4-3-27 所示。

(4) 动态标题的制作。为使标题的时间动态更新,可以使用 YEAR、MONTH 函数进行设置。选中标题所在单元格后,在公式输入栏输入公式""绵阳市长虹电器有限公司" &YEAR(G2)&"年"&MONTH(G2)&"月"&"销售额统计表""即可完成(函数中用文本时需要用引号括起来,"&"符号表示合并内容),如图 4-3-28 所示。完成此步骤后,标题中的"2018 年 1 月"将随着 G2 中的日期动态更新。

图 4-3-27　设置日期格式

绵阳市长虹电器有限公司2018年1月销售业绩统计表					
业务员：			统计日期：		2018年5月22日
店名＼月份	一	二	三	四	小计
涪城一店					
涪城二店					
游仙店					
安县店					
三台店					
盐亭店					

图 4-3-28　在公式输入栏中输入公式

任务 4.4　图　　表

Excel 的数据图表功能，可将数据以图表形式显示，使数据直观和生动，便于理解，能帮助用户进行数据分析，为决策提供有力的依据。

子任务 4.4.1　创建图表

📝任务描述

上学期期末考试已经结束，对各班级的各科成绩平均分情况做了汇总，并将其做成了直观性比工作表更强的柱状图，如图 4-4-1 所示，这样更能够对比性反映出各班级的具体情况。

266

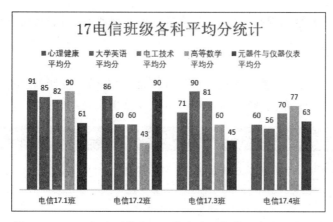

图 4-4-1　2017 级电子信息工程技术班级各科平均分统计图表

相关知识

在 Excel 中,制作图表包括三个方面的内容:创建数据图表、编辑图标、设置图标对象格式。

1. 创建数据图表

选择需要建立图表的数据后,单击"插入"功能选项卡"图表"组中的相应按钮,可以直接选择一种图表类型;或者单击该组右下角的箭头按钮,弹出"插入图表"对话框,然后选择子类型即可创建图表,如图 4-4-2 所示。

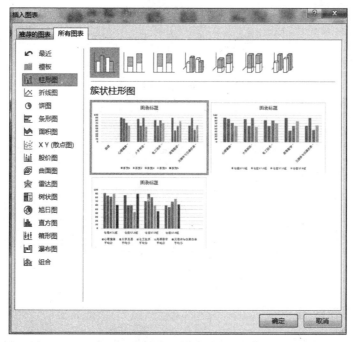

图 4-4-2　插入图表

创建的图表与源数据保持引用关系，当数据源被修改时，图表自动更新。

2. 图表工具

插入图表后，在功能区就会出现"图表工具"及其"布局""设计"和"格式"功能选项卡，调整图表的类型、数据、布局、样式等操作都可以在这里实现，如图 4-4-3 所示。

图 4-4-3　图表工具

3. 更改图表类型

"图表工具"的"设计"功能选项卡中的"更改图表类型"按钮可以将已创建的图表改变成另一种类型，不必删除后重新创建新图表，如图 4-4-4 所示。

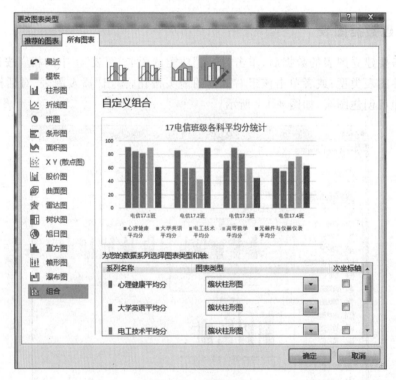

图 4-4-4　图表类型

4. 选择图表数据

"图表工具"的"设计"功能选项卡中的"选择数据"按钮可以修改图表数据源，并进行系列和分类调整，或者切换行和列，如图 4-4-5 所示。

268

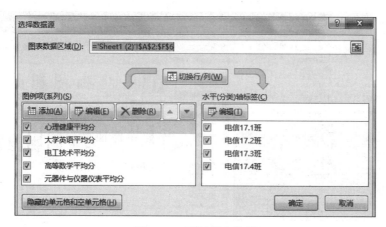

图 4-4-5　选择图表数据

5. 设置图表格式

在"图表工具"的"设计"功能选项卡中有"图表布局"和"图表样式"两个分组,用户可以直接选择并应用预定义的布局和样式,如图 4-4-6 所示。

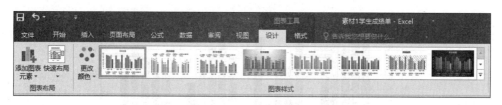

图 4-4-6　图表格式

当需要手动更改图表的标签、坐标轴、背景等元素的设置,或进行形状样式等美化修饰时,还可以通过"图表工具"的"布局"和"样式"功能选项卡实现。

任务实施

(1) 打开"E:\班级资料"目录下的"学生成绩单.xlsx"。

(2) 选中图表数据(A2:F6),在"插入"功能选项卡的"图表"组中选择"所有图表"中的"柱形形图",如图 4-4-7 所示,即可生成简单的透视表。如果对图表样式不满意,可以通过"图表工具"功能选项卡的"更改图标类型"进行重新选择,如图 4-4-8 所示。

(3) 给图表加标题。选择"图表工具"中的"图表布局"功能选项卡,在"添加图表元素"组中单击"图表标题"按钮,如图 4-4-9 所示,选择"图表上方"后,在图表上方提示区域输入"17 电信班级各科平均分统计"(字体设置为 18 号、宋体),如图 4-4-10 所示。

(4) 改变图表布局。单击"图表工具"中"设计"功能选项卡的"快速布局"下拉按钮,再单击"布局 2"进行设置,如图 4-4-11 所示。

(5) 将图表移动到表格下面,适当调整大小后保存并退出。Excel 创建的图表可以根据需要随意移动位置及改变大小,在拖动的同时按住 Alt 键,图表将会自动精确对齐到单元格边缘。本例需将图表移动到正文下面,调整到合适位置即可,如图 4-4-12 所示。

269

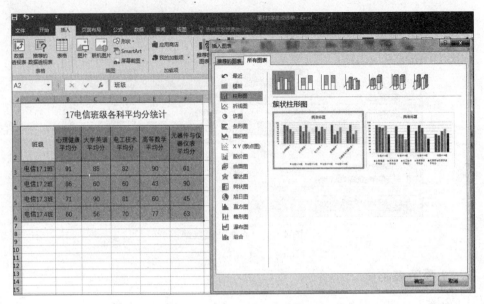

图 4-4-7 "插入"功能选项卡的"图表"

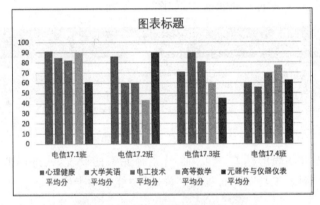

图 4-4-8 柱形图

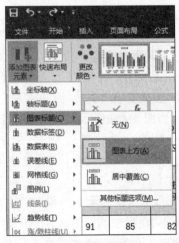

图 4-4-9 图表标题

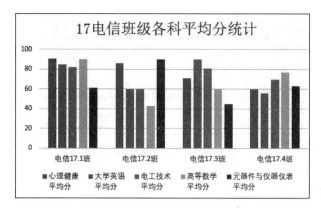

图 4-4-10　2017 级电子信息工程技术班级各科平均分统计表

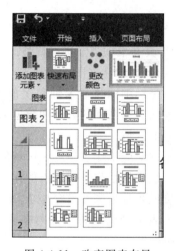

图 4-4-11　改变图表布局

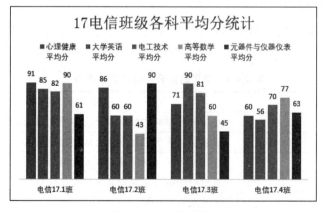

图 4-4-12　图表效果

　　Excel 可以作为对象放在某个工作表中,也可以作为工作表图表。改变的方式是:选择"图表工具"下的"设计"功能选项卡,然后在"位置"组中单击"移动图表"按钮,在打开的对话框中选择放置图表的位置即可,如图 4-4-13 所示。

271

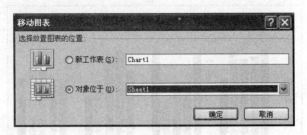

图 4-4-13　"移动图表"对话框

知识拓展

1. 认识图表

图表由标题、图例、数据标签、坐标轴及标题和网格线等构成。在选定图表后，可以利用"布局"功能选项卡中各组的工具并根据需要进行调整。

（1）图表标题：描述图表的名称，默认在图表的顶端，可有可无。

（2）坐标轴与坐标轴标题：坐标轴标题是 X 轴和 Y 轴的名称，可有可无。

（3）图例：包含图表中相应的数据系列的名称和数据系列在图中的颜色。

（4）绘图区：以坐标轴为界的区域。

（5）数据系列：一个数据系列对应工作表中选定区域的一行或一列数据。

（6）数据标签：可以用来标识数据系列中数据点的详细信息。

（7）网格线：从坐标轴刻度线延伸出来并贯穿整个"绘图区"的线条系列，可有可无。

（8）背景墙与基底：三维图表中会出现背景墙与基底，是包围在许多三维图表周围的区域，用于显示图表的维度和边界。

2. 常见图表类型的功能特点

Excel 提供了不同的图标类型，用户可根据需要选择，以最合适、最有效的方式展现工作表的数据特点。表 4-4-1 列出了常见的图表类型及其功能特点。

表 4-4-1　常见的图表类型及其功能特点

图表类型	功能特点
柱形图	显示一段时间内数据变化或各项之间的比较
条形图	显示各个无关数据项目之间的比较情况
折线图	显示相等时间间隔的数据变化趋势
饼图	显示一个数据系列中各项的大小或总和
XY（散点）图	比较成对的数据
面积图	表达数量随时间而变化的程度，或显示部分和整体的关系
圆环图	与饼图类似，可以包含多个资料数列
雷达图	显示多个资料数列的比较
气泡图	与散点图类似，比较三组数值

在 Excel 中提供了柱形图、折线图、饼图、条形图、面积图、XY(散点图)、股价图、曲面图、圆环图、气泡图和雷达图共 11 种图表类型,其中常用的有柱形图、折线图和饼图等。

3. 修改图表的内容

1)删除和修改图表中的数据

如果要删除图标中的数据,首先打开"选择数据源"对话框,然后在"图例项"列表框中选择要删除的数据系列,单击"确定"按钮。

用户也可以直接在图表中单击数据系列,然后按 Delete 键将其删除。

如果用户更改或删除了工作表中的某项数据,图表内的数据系列也会相应地发生改变。

2)设置图表区的格式

图表区是放置图表及其他元素的大背景,单击图表的空白位置,当图表最外框的四角出现 8 个句柄时,表示选定了该图表区。单击图表,在图表工具中选择"格式",在快捷菜单中可以选择"形状样式""艺术字样式""排列""大小"等。

技能拓展

1. 套用图表样式

Excel 内置了多套图表模式,用户创建图表后,只需直接套用样式即可。其操作方法是:选中要套用样式的图表,单击"图表工具"下的"设计"功能选项卡,在"图表样式"组中单击右下角的小三角按钮,从图表样式中选择满意的样式即可,如图 4-4-14 所示。

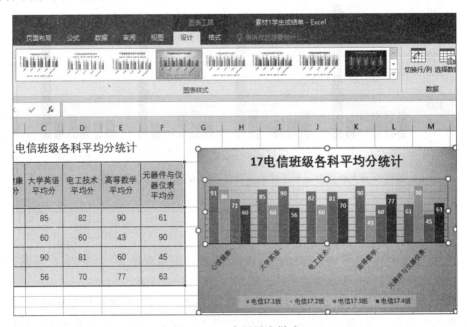

图 4-4-14　套用图表样式

2. 添加次坐标轴

Excel 图表默认情况下只有主坐标轴，当需要对两种数据进行对比时，则需要设置主次两个坐标轴，使数据清晰直观地显示在不同的坐标轴上，具体操作步骤如下。

（1）先完成有数据的表格制作，表格中有 6 个字段，比之前新增了一个总评均分，如图 4-4-15 所示。

17电信班级各科平均分统计						
班级	心理健康平均分	大学英语平均分	电工技术平均分	高等数学平均分	元器件与仪器仪表平均分	总平均分
电信17.1班	91	85	82	90	61	409
电信17.2班	86	60	60	43	90	339
电信17.3班	71	90	81	60	45	347
电信17.4班	60	56	70	77	63	326

图 4-4-15　2017 级电子信息工程技术班级各平均分统计表

（2）使用图表工具创建柱形图，如图 4-4-16 所示。

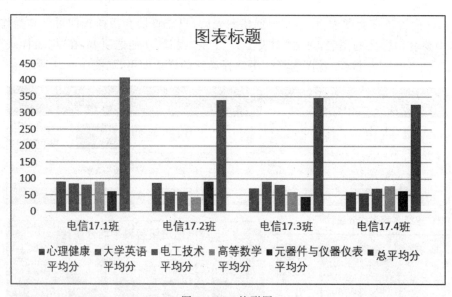

图 4-4-16　柱形图

（3）在图表中的"总平均分"处右击，选择"设置数据系列格式"命令，在打开的对话框中选择"次坐标轴"选项，如图 4-4-17 所示。

（4）更改次坐标的类型。为不影响两个坐标的显示效果，在绿色标记区域右击，选择"更改系列图表类型"命令，将图表类型调整为"带数据标记的折线图"（第四个折线图），如图 4-4-18 所示。

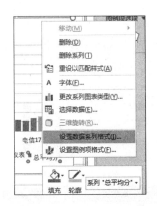

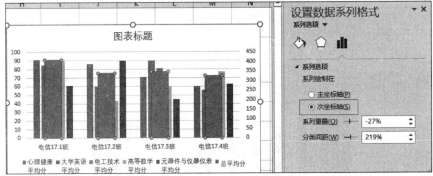

图 4-4-17　设置数据系列格式

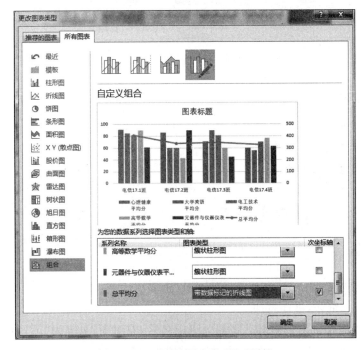

图 4-4-18　"更改图表类型"对话框

（5）显示数据标签。在绿色坐标上右击，在快捷菜单中选择"添加数据标签"命令，可为坐标分别加上数据标签。如果两个数据标签的位置重合，还可以通过鼠标光标拖动的方式移动到合适的位置，如图 4-4-19 所示。

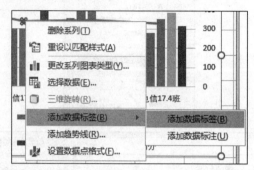

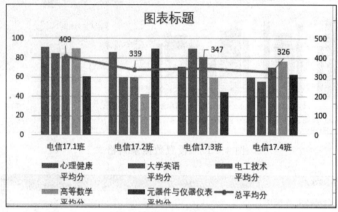

图 4-4-19　显示数据标签

任务总结

（1）了解如何创建数据图表。

（2）掌握图表的基本操作。

（3）学会设置图表的格式。

子任务 4.4.2　打印工作表

任务描述

对"班级成绩表.xlsx"进行设置，应达到以下要求。

（1）使用 A4 纸张，纵向打印。

（2）为文档添加页眉和页脚。页眉为班级名字，左对齐；页脚为"第×页（共×页）"格式，并将页眉/页脚字体设置为"楷体"，字号设置为"10 磅"。

（3）每一页都有标题，页面内容居中。

相关知识

下面说明页面格式的设置。

对工作表进行页面设置，可以对表格进行美化设置，控制打印出的工作表的版面，并完成打印输出，用户可以通过"页面布局"功能选项卡进行页面格式的设置，如图 4-4-20 所示。

图 4-4-20　"页面布局"功能选项卡

"页面设置"组由"页边距""纸张方向""纸张大小""打印区域""分隔符""背景""打印标题"组成。"打印区域"可设置文档的打印范围，"打印标题"可使每一页都显示标题，"背景"可为文档添加背景图片使工作表变得美观。另外，单击该组右下角的启动按钮，打开的对话框如图 4-4-21 所示。

图 4-4-21　"页面设置"对话框

"页面设置"对话框中有"页面""页边距""页眉/页脚""工作表"四个选项卡。"页面"选项卡可设置"方向""缩放""纸张大小""打印质量""起始页码"等内容。

"页边距"选项卡可调整打印内容在纸张的位置，包括上、下、左、右边距，页眉/页脚位置及表格对齐方式等。

"页眉/页脚"选项卡可根据需要，对纸张的顶端和低端进行自定义设置，如添加页码、日期等。

"工作表"选项卡可对打印区域、打印标题、打印顺序等进行设置。

🎯 任务实施

（1）打开"班级成绩表.xlsx"，查看打印的预览效果，以便对工作表的打印结构有初步的了解，如图 4-4-22 所示。

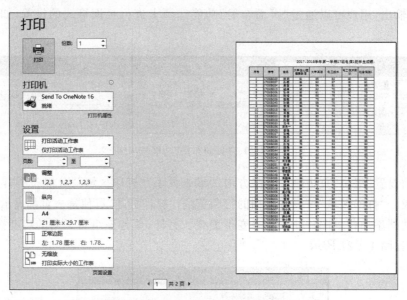

图 4-4-22　班级成绩表打印预览效果

（2）设置页边距。在"页面设置"对话框中选择"页边距"选项卡，将上、下、左、右边距设置为 0.5；在"居中方式"选项中选中"水平"选项，表示整个表格为水平居中对齐。设置完后单击"确定"按钮，如图 4-4-23 所示。

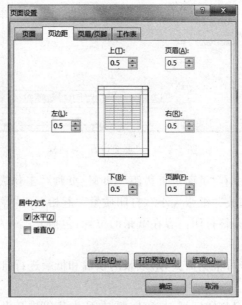

图 4-4-23　设置页边距

（3）设置页眉/页脚。

首先设置页眉。单击"页眉/页脚"选项卡中的"自定义页眉"按钮，在打开的"页眉"对话框的"左"列表框中输入班级名称"电信 17.1 班"，单击"确定"按钮，如图 4-4-24 所示。

图 4-4-24　设置页眉

再设置页脚。单击"自定义页脚"按钮，在打开的对话框中进行设置。在"中"文本框中输入"第"字；然后单击"页码"插入按钮，再输入"页"字；再依次输入左括号"（总"，单击"总页码"插入按钮，输入"页）"，单击"确定"按钮即可完成设置，如图 4-4-25 所示。

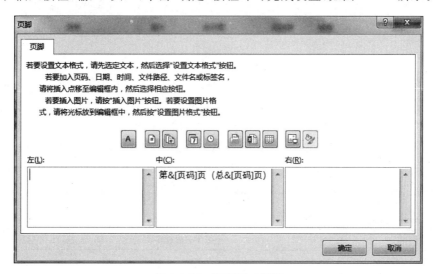

图 4-4-25　"页脚"对话框

（4）设置始终打印标题行。选择"工作表"选项卡，单击"顶端标题行"文本框后的按钮，弹出"顶端标题行"对话框，使用鼠标光标选中标题行（必要要求选中整行，包括空白位置），按下 Enter 键确认后即可。单击"页面设置"对话框中"确定"按钮，即可完成设置，如图 4-4-26 和图 4-4-27 所示。

图 4-4-26 设置顶端标题行

图 4-4-27 标题效果

（5）设置页眉/页脚字体格式。在"视图"功能选项卡的"工作簿"视图中单击"页面布局"按钮，在页面视图中选中页眉和页脚文字，设置为"宋体，10号"（也可在"页面设置"对话框中的"自定义页眉"和"自定义页脚"中进行设置）。在页面视图中，还可以通过拖动边界线和间隔线对页面距进行微调，以达到理想的打印效果，如图 4-4-28 和图 4-4-29 所示。

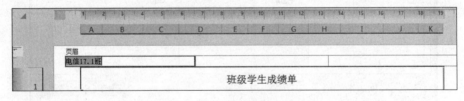

图 4-4-28 页眉字体格式

图 4-4-29 页脚字体格式的效果

(6) 返回页面视图，依次选择“文件”→“打印”→“打印预览”命令，可以查看打印预览效果，如图 4-4-30 所示。

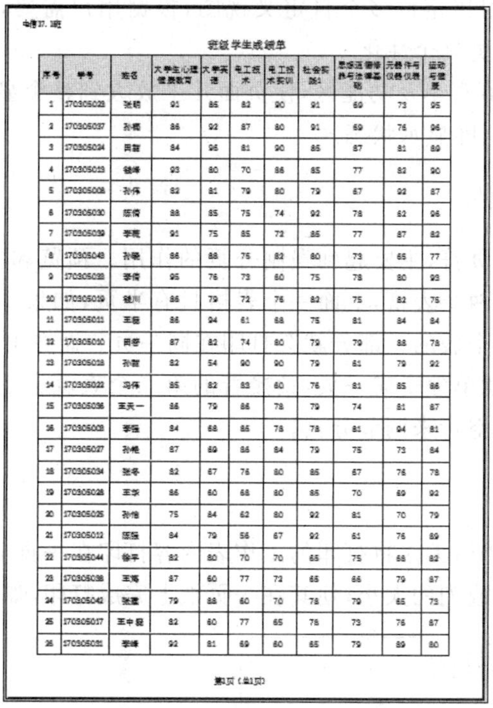

电信17.1班

班级学生成绩单

序号	学号	姓名	大学生心理健康教育	大学英语	电工技术	电工技术实训	社会实践1	思想道德修养与法律基础	元器件与仪器仪表	运动与健康
1	170305023	张明	91	85	82	90	91	69	73	95
2	170305037	孙楠	86	92	87	80	91	69	76	96
3	170305024	田智	84	96	81	90	85	87	81	89
4	170305013	钱峰	93	80	70	86	85	77	82	90
5	170305008	孙伟	82	81	79	80	79	67	92	87
6	170305030	陈倩	88	85	75	74	92	78	62	96
7	170305039	李雨	91	75	85	72	85	77	87	82
8	170305048	孙晓	86	88	75	82	80	73	65	77
9	170305033	李倩	95	76	73	60	75	78	80	93
10	170305019	钱川	86	79	72	76	82	75	82	75
11	170305011	王丽	86	94	61	68	75	81	84	84
12	170305010	田静	87	82	74	80	79	79	88	78
13	170305018	孙智	82	54	90	90	79	61	79	92
14	170305022	冯伟	85	82	83	60	76	81	85	86
15	170305036	王天一	86	79	86	78	79	74	81	87
16	170305003	李强	84	68	85	78	78	81	94	81
17	170305027	孙艳	87	69	86	84	79	75	73	84
18	170305034	张冬	82	67	76	80	85	67	76	78
19	170305028	王华	86	60	68	80	85	70	69	92
20	170305025	孙怡	75	84	62	80	92	81	70	79
21	170305012	陈强	84	79	56	67	92	61	76	89
22	170305044	徐平	82	80	70	70	65	75	68	82
23	170305038	王海	87	60	77	72	65	66	79	87
24	170305042	张雪	79	88	60	70	78	79	65	73
25	170305017	王中民	82	60	77	65	78	73	76	87
26	170305031	李峰	92	81	69	60	65	79	89	80

第1页（共1页）

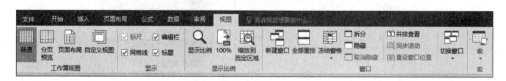

图 4-4-30　最终的打印预览效果

知识拓展

1. Excel 的视图

Excel 2016 的“视图”功能选项卡与 Word 2016 中的有所区别，在“视图”功能选项卡中，可对工作簿的视图方式及显示效果进行设置，包括显示窗口调整效果、宏等功能，如图 4-4-31 所示。

图 4-4-31　Excel 的视图

Excel 2016 共提供了四种不同的视图模式。

(1) 普通视图：这是默认视图，可方便查看全局数据及结构。

(2) 页面布局：这是以页面的形式显示视图，页面必须输入数据或选定单元格才会高亮显示，可以清楚地显示每一页的数据，并可直接输入页眉和页脚内容，但数据列数多了(不在同一页面)，查看不方便。

（3）分页预览：清楚地显示并标记第几页，单击并拖动分页符，可以调整分页符的位置，方便设置缩放比例。

（4）自定义视图：可以定位多个自定义视图，根据用户需要，保存不同的打印设置、隐藏行、列及筛选设置，更具个性化。

（5）全屏显示：隐藏菜单及功能区，使页面几乎放大到整个显示器，与其他视图配合使用，按 Esc 键可退出全屏显示状态。

2. 分页符的作用

在工作表中插入分页符，主要起到强制分页的作用。预览和打印时会在分页符的地方强制分页。如相邻的两个表格，上面一个表格只有半页，如果不插入分页符，在预览和打印时上一个表和下一个表的一部分就会打印在同一页。而在第一个表的后面插入一个分页符以后，第一个表就单独变成一页，紧接着的第二个表就会变成第二页，这样就不需要在两个表格之间插入空行来调节分页。

3. 缩放页面

调整分页符后，如仍然无法将打印的工作表内容打印在一页上时，可使用打印设置中的"无缩放"功能改变行或列的大小，使其在一页纸上完成打印，如图 4-4-32 所示。

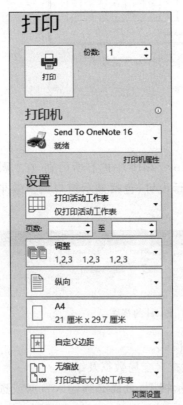
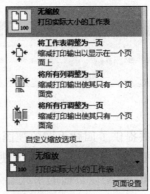

图 4-4-32　缩放页面

技能拓展

下面介绍如何自定义 Excel 视图模式。

为了将工作表特定的显示设置(如行高、列宽、单元格选择、筛选设置和窗口设置)和打印格式(页面距、纸张大小、页眉和页脚等)保存在特定的视图中,用户可在设置后自定义视图模式。其具体操作步骤如下。

(1) 在"视图"选项卡的"工作簿视图"组中单击"自定义视图"按钮,如图 4-4-33 所示。

(2) 在打开的"视图管理器"对话框中单击"添加"按钮,打开"添加视图"对话框,在"名称"文本框中输入视图的名称,在"视图包括"选项区中选中"打印设置"和"隐藏行、列及筛选设置"选项,再单击"确定"按钮可完成操作,如图 4-4-34 所示。

图 4-4-33　"工作簿视图"组

图 4-4-34　添加视图

(3) 自定义的视图将添加到"视图管理器"对话框的"视图"列表框中。如需显示自定义视图,可再次单击"自定义视图"按钮,在"视图管理器"对话框的"视图"列表框中选择需要打开的视图,如图 4-4-35 所示,单击"显示"按钮,即显示出自定义的工作表。

图 4-4-35　自定义视图

任务 4.5　数 据 管 理

子任务 4.5.1　数据排序

数据处理是 Excel 2016 的重要功能,可以对数据进行排序、筛选、分类汇总、合并计算等操作,实现数据的快速统计、分析与处理。

📝任务描述

辅导员已经给出了班级的成绩单，要求班长根据成绩单的总分按从大到小的顺序进行排序，如图 4-5-1 所示。通过本子任务，可掌握多列排序的方法。

序号	学号	姓名	大学生心理健康教育	大学英语	电工技术	电工技术实训	社会实践1	思想道德修养与法律基础	元器件与仪器仪表	运动与健康	总分
1	170305023	张明	91	85	82	90	91	69	73	95	676
2	170305037	孙楠	86	92	87	80	91	69	76	96	677
3	170305024	田甜	84	96	81	90	85	87	81	89	693
4	170305013	钱峰	93	80	70	86	85	77	82	90	663
5	170305008	孙伟	82	81	79	80	79	67	92	87	647
6	170305030	陈倩	88	85	75	74	92	78	62	96	650
7	170305039	李薇	91	75	85	72	85	77	87	82	654
8	170305043	孙晓	86	88	75	82	80	73	65	77	626
9	170305033	李倩	95	76	73	60	75	78	80	93	630
10	170305019	钱川	86	79	72	76	82	75	82	75	627
11	170305011	王磊	86	94	61	68	75	81	84	84	633
12	170305010	田答	87	82	74	80	79	79	88	78	647
13	170305018	孙甜	82	54	90	90	79	61	79	92	627
14	170305022	冯伟	85	82	83	60	76	81	85	86	638
15	170305036	王天一	86	79	86	78	79	74	81	87	650
16	170305003	李强	84	68	85	78	78	81	94	81	649
17	170305027	孙艳	87	69	86	84	79	75	73	84	637

班级学生成绩单

图 4-5-1　班级学生成绩表

🖥️相关知识

1. 数据排序

数据排序是指对数据清单中的数据按一定规则进行整理和排列。排序以记录为单位，即排序前后处于同一行的数据记录不会改变，改变的只是行的顺序。排序时，需要指定下面的三个要素：关键字、排序依据、次序。

"关键字"是数据清单的字段名，也是表格的列标题，可以在"数据包含标题"的情况下直接进行选择，不包含标题的情况按列号排序；"排序依据"就是按该字段的属性，有"数值""单元格颜色""字体颜色""单元格图标"，其中"数值"对数字、文本、日期和时间等类型的数据都有效；"次序"常用的有"升序""降序"，甚至可以按"自定义序列"排序。

2. 按单列排序

按单列排序是指设置一个排序条件，进行数据的"升序"或"降序"排序。对数据进行排序时，主要利用"升序""降序"按钮和"排序"对话框来进行排序。如果用户想快速地根据某一列的数据进行排序，则可使用"数据"功能选项卡中的"升序""降序"按钮，如图 4-5-2 所示。

3. 按多列排序

利用"数据"功能选项卡中的选项进行排序虽然方便，但只能按某一列进行排序。如果要按两个或两个以上的字段的内容进行排序时，可以在"数据"功能选项卡"排序和筛

图 4-5-2　"数据"功能选项卡

选"组中单击"排序"按钮,打开"排序"对话框,如图 4-5-3 所示。

图 4-5-3　"排序"对话框

在"排序"对话框中选中"数据包含标题"选项,则表示在排序时保留数据清单的字段名称行,字段名称行参与排序。如果取消选中该选项,则表示排序时删除数据清单中的字段名称行,即字段名称行不参与排序。

任务实施

(1)打开"班级学生成绩单工作表.xlsx"。

(2)选定排序数据中的任一单元格(蓝底黑字区域内的任意位置),或对需要排序的内容进行全部选定,此处选中图 4-5-1 中的所有内容。

当选中一个单元格时,有时会出现如图 4-5-4 所示的提示对话框,此时单击选中"扩展选定区域",即可完成排序数据的全部选定(不含列标题)。

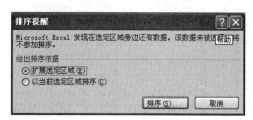

图 4-5-4　"排序提醒"对话框

在选定排序数据时,不能将合并单元格选入其中,否则会出现错误提示。

(3)选择"数据"功能选项卡,在"排序和筛选"组中单击"排序"按钮,系统将弹出"排序"对话框。

（4）设置排序条件 1。首先设置"总分"排序：在"主要关键字"下拉按钮选择"总分"，"排序依据"为"数值"，"次序"为"降序"，如图 4-5-5 所示。

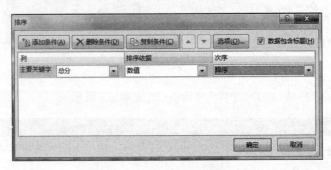

图 4-5-5　设置排序条件 1

（5）设置排序条件 2。单击"添加条件"按钮，在列表框中会出现"次要关键字"的设置，按公司要求，设定"次要关键字"为"学号"，"排序依据"为"数值"，"次序"为"升序"，设置完成后单击"确定"按钮，如图 4-5-6 所示。

图 4-5-6　设置排序条件 2

（6）保存文件。经过排序设置，所有学生按照总分从高到低的顺序进行排列，总分相同的按照学号的升序进行排列，如图 4-5-7 所示。

班级学生成绩单											
序号	学号	姓名	大学生心理健康教育	大学英语	电工技术	电工技术实训	社会实践1	思想道德修养与法律基础	元器件与仪器仪表	运动与健康	总分
3	170305024	田甜	84	96	81	90	85	87	81	89	693
2	170305037	孙楠	86	92	87	80	91	69	76	96	677
1	170305023	张明	91	85	82	90	91	69	73	95	676
4	170305013	钱峰	93	80	70	86	85	77	82	90	663
7	170305039	李薇	91	75	85	72	85	77	87	82	654
6	170305030	陈倩	88	85	75	74	92	78	62	96	650
15	170305036	王天一	86	79	86	78	79	74	81	87	650
16	170305003	李强	84	68	85	78	78	81	94	81	649
5	170305008	孙伟	82	81	79	80	79	67	92	87	647
12	170305010	田答	87	82	74	80	79	79	88	78	647
14	170305022	冯伟	85	82	83	60	76	81	85	86	638
17	170305027	孙艳	87	69	86	84	79	75	73	84	637
11	170305011	王磊	86	94	61	68	75	81	84	84	633
9	170305033	李倩	95	76	73	60	75	78	80	93	630
13	170305018	孙甜	82	54	90	90	79	61	79	92	627
10	170305019	钱川	86	79	72	76	82	75	82	75	627
8	170305043	孙晓	86	88	75	82	80	73	65	77	626

图 4-5-7　排序效果

知识拓展

1. 数据清单

Excel 中的数据清单就是包含相关数据的一系列工作表数据行,数据清单中的字段即工作表的列,每一列中包含一种信息类型,列标题即字段名,必须由文字表示。数据清单中的记录即指工作表中的行,每一行都包含着相关的信息。数据记录应紧接在字段名行的下面,如果出现空行,则空行下面的记录不作为这个数据清单的一部分。

2. 各种数据的默认排列顺序

在对数据进行排序时,Excel 2016 也有默认的排列顺序。在按升序排序时,Excel 2016 将使用如下顺序(在按降序排序时,除空白总是在最后外,其他的排序顺序相反):

(1) 数字从最小的负数到最大的正数排序。

(2) 文本以及包含数字的文本,先是数字 0 到 9,然后是字符 "'、-、空格、!、"、#、$、%、&、()、*、,、,.、/、:、;、?、@、\、^、_、`、{、|、}、~、+、<、=、>",最后是字母 A 到 Z。

(3) 在逻辑值中,FALSE 排在 TRUE 之前;所有错误值的优先级等效。

(4) 空格排在最后。

技能拓展

下面介绍如何使用自定义序列排序。

在 Excel 的"排序"对话框中选择主要关键字后,在"次序"栏的下拉列表框中选择"自定义序列"选项,如图 4-5-8 所示,则会打开如图 4-5-9 所示的对话框,可以添加或选择一种"自定义序列"作为排序次序,使排序方便快捷且更易于控制。排序可以选择按列或按行,如果以前排序的顺序都是选择性粘贴转置,可以排完序后再转置。

图 4-5-8　使用自定义序列排序

自定义排序只应用于"主要关键字"栏中的特定列。在"次要关键字"栏中无法使用自定义排序。若要用自定义排序对多个数据列排序,则可以逐列进行。例如,要根据列 A 或列 B 进行排序,可先根据列 B 排序,然后再确定自定义排序次序,下一步就是根据列 A 排序。

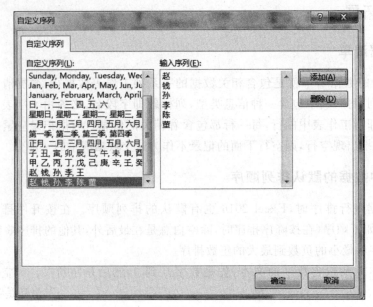

图 4-5-9 "自定义序列"对话框

子任务 4.5.2 数据筛选

数据筛选是查找和处理数据清单中数据的快捷方法，用于显示仅满足条件的行。筛选与排序不同，筛选不重排数据清单，而只是将不符合用户设定条件的行暂时隐藏，筛选出来的信息可以进行编辑，设置格式，制作图表和进行打印等操作。Excel 2016 的筛选分为自动筛选和高级筛选两种。

任务描述

打开"班级学生成绩单工作表"，筛选出总分高于 600 且"大学英语"课程成绩高于 90 的同学，并将内容复制到 Sheet2 中保存起来。本子任务可以通过"自动筛选"和"自定义筛选"功能实现。

相关知识

1. 自动筛选

自动筛选为用户提供了在具有大量记录的数据清单中快速查找符合某种条件的记录，同时对该列数据进行排序的功能。使用自动筛选时，字段名称将变成一个下拉列表框的框名；筛选后，参与筛选的字段对应的下拉列表框上将显示筛选标识，且筛选结果对应的记录所在行号将变成蓝色，其他记录则自动隐藏。图 4-5-10 所示为数据筛选工具所在位置。

288

图 4-5-10　数据筛选相关工具所在位置

2. 自定义筛选

如果通过一个筛选条件无法获得筛选所需要的筛选结果时，用户可以使用 Excel 的自定义筛选功能。自定义筛选可以设定多个筛选条件，在筛选过程中能灵活处理各种数据。

3. 高级筛选

对于筛选条件较多的情况，可以使用高级筛选功能来处理。图 4-5-11 所示为"高级筛选"对话框。使用高级筛选时，必须先建立一个条件区域，用来指定筛选的数据所需满足的条件。条件区域和数据表不能连接，必须用至少一个空行或空列将它们隔开。

条件区域的第一行是所有作为筛选条件的字段名，且与数据表中的字段完全一致。条件区域的其他行则输入筛选条件，且条件与字段名之间不能有空行。具有"与"关系的多重条件放在同一行，具有"或"关系的多重条件放在不同行。

高级筛选的结果可以显示在源数据表中，不符合条件的记录则被隐藏；也可以在当前或其他工作中新的位置显示筛选结果而源数据不变。

图 4-5-11　"高级筛选"对话框

任务实施

（1）打开"班级学生成绩单工作表"。

（2）自定义筛选总分大于 600 的学生。双击打开"班级学生成绩单工作表"，在表格正文任意位置单击一下激活当前工作表，然后单击"数据"功能区"排序和筛选"组的"筛选"按钮，此时表格中的列标题位置出现一个下拉按钮，单击"总分"列的下拉按钮，再选择"数字筛选"选项，如图 4-5-12 所示，在其下拉列表中选择"自定义筛选"选项。

在弹出的对话框中输入"大于"和 600，如图 4-5-13 所示。

筛选出来的效果如图 4-5-14 所示。

（3）在步骤（2）的基础上继续筛选"大学英语"单科成绩大于 90 的学生信息，如图 4-5-15 所示。

（4）复制信息。筛选完成后，表格将显示出满足筛选条件的所有信息。选中筛选出来的信息（不能选中列标题），按 Ctrl＋C 组合键完成复制。

图 4-5-12　选择"数字筛选"选项

图 4-5-13　设置筛选条件

班级学生成绩单											
序号	学号	姓名	大学生心理健康教育	大学英语	电工技术	电工技术实训	社会实践1	思想道德修养与法律基础	元器件与仪器仪表	运动与健康	总分
3	170305024	田甜	84	96	81	90	85	87	81	89	693
2	170305037	孙楠	86	92	87	80	91	69	76	96	677
1	170305023	张明	91	85	82	90	91	69	73	95	676
4	170305013	钱峰	93	80	70	86	85	77	82	90	663
7	170305039	李薇	91	75	85	72	85	77	87	82	654
6	170305030	陈倩	88	85	75	74	92	78	62	96	650
15	170305036	王天一	86	79	86	78	79	74	81	87	650
16	170305003	李强	84	68	85	78	78	81	94	81	649
5	170305008	孙伟	82	81	79	80	79	67	92	87	647
12	170305010	田答	87	82	74	80	79	79	88	78	647
14	170305022	冯伟	85	82	83	60	76	81	85	86	638
17	170305027	孙艳	87	69	86	84	79	75	73	84	637
11	170305011	王磊	86	94	61	68	75	81	84	84	633
9	170305033	李倩	95	76	73	60	75	78	80	93	630
10	170305019	钱川	86	79	72	76	82	75	82	75	627
13	170305018	孙甜	82	54	90	90	79	61	79	92	627
8	170305043	孙晓	86	88	75	82	80	73	65	77	626

图 4-5-14　筛选总分大于 600 的学生

班级学生成绩单											
序号	学号	姓名	大学生心理健康教育	大学英语	电工技术	电工技术实训	社会实践1	思想道德修养与法律基础	元器件与仪器仪表	运动与健康	总分
3	170305024	田甜	84	96	81	90	85	87	81	89	693
2	170305037	孙楠	86	92	87	80	91	69	76	96	677
11	170305011	王磊	86	94	61	68	75	81	84	84	633

图 4-5-15　总分大于 600 且"大学英语"成绩大于 90 的学生

（5）粘贴信息。单击工作表标签 Sheet2，将鼠标光标定位到 A2 单元格处，按 Ctrl＋V 组合键完成粘贴，如图 4-5-16 所示。

3	170305024	田甜	84	96	81	90	85	87	81	89	693
2	170305037	孙楠	86	92	87	80	91	69	76	96	677
11	170305011	王磊	86	94	61	68	75	81	84	84	633

图 4-5-16 粘贴数据

（6）单击"保存"按钮保存结果并退出。

知识拓展

高级筛选的条件有以下几种。

（1）条件区域和数据区域要有空行或者空列进行隔开。

（2）条件区域中使用的列标题必须要和数据区域中的列标题一致。

（3）条件区域不必包含所有数据区域的列标题。

（4）如果需要含有相似的记录，可以是用通配符" ＊ "和"？"。

（5）对于复合条件，遵循的原则是在同一行表示"与"的关系，在不同行表示"或"的关系。

技能拓展

打开"班级学生成绩单工作表"，筛选出总分高于 600 且"大学英语"成绩高于 90 分的同学，采用高级筛选的方式，具体操作如下。

（1）将标题栏复制到表格下面空一行的位置。

（2）将筛选的条件"＞90""＞600"（它们之间是"与"的关系）写在同一行，并写在对应的标题下面，如图 4-5-17 所示。

44	170305021	陈晓露	71	60	67	70	75	60	66	68	537
45	170305026	董天	84	60	56	64	73	60	51	84	532
序号	学号	姓名	大学生心理健康教育	大学英语	电工技术	电工技术实训	社会实践1	思想道德修养与法律基础	元器件与仪器仪表表	运动与健康	总分
				＞90							＞600

图 4-5-17 高级筛选的条件

（3）单击"数据"功能选项卡的"排序与筛选"组中的"高级"按钮，弹出"高级筛选"对话框。

（4）设置"列表区域"和"条件区域"，如图 4-5-18 所示。单击"确定"按钮，就可以呈现出筛选效果。

图 4-5-18 设置"列表区域"和"条件区域"

291

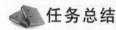**任务总结**

通过本子任务的学习，应学会自动筛选、自定义筛选和高级筛选等功能。

子任务 4.5.3　数据分类汇总

任务描述

打开"学生成绩表 2.xlsx"，按性别对男女同学的总分、平均分进行分类汇总。

相关知识

Excel 中的分类汇总功能可对按照一定的条件对表格数据进行汇总，提供结果进行分析。在分类汇总前要确保每一列的第一行都具有标题，每一列数据信息不同，且不包含空白行或列。分类汇总之前需要对分类字段进行排序。

1. 创建分类汇总的方法

（1）根据需要进行分类汇总的字段对数据表进行排序。

（2）在"数据"功能选项卡的"分级显示"组中单击"分类汇总"按钮。

（3）在打开的"分类汇总"的"分类字段""汇总方式""选定汇总项"选项中选择相关选项值，再选择"汇总结果显示在数据下方"等选项。

2. 删除分类汇总

若要删除分类汇总，只需再次单击"分类汇总"按钮，在打开的对话框中单击"全部删除"按钮即可。

3. 显示与隐藏分类汇总数据

Excel 2016 提供了更加便利的操作方法，分类汇总后的数据表行号左侧将出现分级显示按钮，用户可以根据需要显示或隐藏明细数据，其功能分别说明如下。

"＋"：展开细节，单击此按钮可以显示分级明细。

"－"：折叠细节，单击此按钮可以隐藏分级明细。

"1"：汇总级别，单击此按钮只显示总的汇总结果，即总计数据。

"2"：汇总级别，单击此按钮则显示分类的汇总结果与总的汇总结果。

"3"：汇总级别，单击此按钮显示全部数据。

任务实施

（1）打开"学生成绩表 2.xlsx"。

（2）对表中的数据按性别进行排序。Excel 在进行分类汇总前，必须按分类汇总列对表格进行排序，如图 4-5-19 所示。

图 4-5-19　分类汇总

（3）打开"分类汇总"对话框。首先要选中所有需要分类汇总的数据行（整行数据），列标题也要包含其中，如图 4-5-20 所示。

学生成绩表2													
序号	学号	姓名	性别	大学生心理健康教育	大学英语	电工技术	电工技术实训	社会实践1	思想道德修养与法律基础	元器件与仪器仪表	运动与健康	总分
27	170305045	赵中卫	男	87	70	65	68	82	72	73	80	597
34	170305005	赵小强	男	84	65	56	76	75	65	62	83	566
33	170305016	张强	男	84	49	78	80	78	67	81	77	594
1	170305023	张明	男	91	85	82	90	91	69	73	95	676
24	170305042	张建	男	79	88	60	70	78	79	65	73	592
18	170305034	张冬	男	82	67	76	80	85	67	76	78	611
22	170305044	徐平	男	82	80	70	70	65	75	68	82	592
25	170305017	王中磊	男	82	60	77	65	78	73	76	87	598
15	170305036	王天一	男	86	79	86	78	79	74	81	87	650
11	170305011	王磊	男	86	94	61	68	75	81	84	84	633
30	170305035	王继伟	男	89	86	52	84	70	79	70	74	604
19	170305028	王华	男	86	60	68	80	85	70	69	92	610
23	170305038	王海	男	87	60	77	72	65	66	79	87	593
12	170305010	田答	男	87	82	74	80	79	79	88	78	647
20	170305025	孙怡	男	75	84	62	80	92	81	70	79	623
5	170305008	孙伟	男	82	81	79	80	79	67	92	87	647
2	170305037	孙楠	男	86	92	87	80	91	69	76	96	677

图 4-5-20　选择分类汇总的数据行

然后在"数据"功能选项卡"分级显示"组中单击"分类汇总"按钮，如图 4-5-21 所示。

图 4-5-21　单击"分类汇总"按钮

（4）按任务要求在"分类汇总"对话框中对分类汇总进行设置。在"分类字段"中选择"性别"，在"汇总方式"中选择"平均值"，在"选定汇总项"选择中"总分"。如果要使用分页显示汇总数据，可在"每组数据分页"选项前打"√"，如图 4-5-22 所示。

（5）完成分类汇总后，男、女、总计平均值将显示出来。还可以通过窗口左边分级显示的"＋""－"按钮来隐藏或显示相关数据。分类汇总的结果如图 4-5-23 所示。

如要删除分类汇总，可以单击"分类汇总"对话框中的"全部删除"按钮。

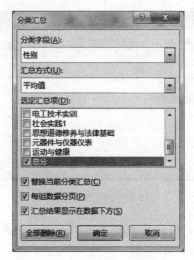

图 4-5-22　对分类汇总进行设置

序号	学号	姓名	性别	大学生心理健康教育	大学英语	电工技术	电工技术实训	社会实践1	思想道德修养与法律基础	元器件与仪器仪表	运动与健康	总分
									学生成绩表2			
27	170305045	赵中卫	男	87	70	65	68	82	72	73	80	597
34	170305005	赵小强	男	84	65	56	76	75	65	62	83	566
33	170305016	张强	男	84	49	78	80	78	67	81	77	594
1	170305023	张明	男	91	85	82	90	91	69	73	95	676
31	170305040	李伟	男	82	60	73	70	65	70	74	86	580
21	170305012	陈强	男	84	79	56	67	92	61	76	89	604
40	170305004	陈鹏	男	75	87	64	61	72	64	72	81	576
		男 平均值										614.6071
32	170305046	陈琴	女	82	71	70	62	85	78	65	85	598
6	170305030	陈倩	女	88	85	75	74	92	78	62	96	650
		女 平均值										597.8235
		总计平均值										608.2667

图 4-5-23　分类汇总的结果

知识拓展

（1）分类汇总的操作总是从最高级开始分类，往下分类数据显示汇总结果更详细。汇总方式栏设置有基本的汇总计算，汇总项由工作行第一行字段确定。

（2）多级分类汇总的总表左下方可以看到"分级显示"按钮，单击"＋"或"－"按钮可隐藏或显示不同级别的汇总信息。

（3）"分级显示"组中的"创建组""取消组合"可对分类汇总的选项及分级显示进行设置，如图 4-5-24 所示。

技能拓展

下面介绍数据合并计算。

合并计算的目的是对几个数据区域中具有共同属性的数据按属性组合来建立合并计算表。在合并计算过程中，源数据区域和合并计算表目标区域可以在同一个工作表中，也

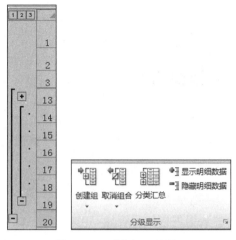

图 4-5-24　"分级显示"组

可以在不同的工作表或工作簿中。图 4-5-25 所示显示了"合并计算"按钮的位置。

图 4-5-25　"合并计算"按钮的位置

合并计算有两种形式,一种是按位置进行合并计算;另一种是按分类进行合并计算。

在"合并计算"对话框中对"函数""引用位置"等选项进行设置后,即可完成相关操作。在"函数"选项中选择一种计算方式;设置"引用位置"选项并添加到"所有引用位置"列表框中;再根据分类标记所在位置选择"标签位置"中的"首行"或"最左列"选项,在一次合并计算中可以同时选中这两个复选框。"合并计算"对话框的设置如图 4-5-26 所示。

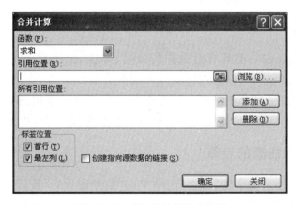

图 4-5-26　"合并计算"对话框

灵活运用合并计算,还能在一个数据表中快速实现求平均值、最大值、最小值、乘积、方差等计算。

295

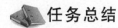 **任务总结**

通过本子任务的实施，应学会数据的分类汇总方法。

子任务 4.5.4　数据透视功能

Excel 的数据透视功能分为数据透视表和数据透视图。顾名思义，数据透视表是指以表格的形式呈现数据，数据透视图是以视图的形式呈现数据，实际上，数据透视图是在数据透视表的基础上增加了视图呈现方式。

任务描述

现要求对图 4-5-27 中的数据进行如下统计。

序号	班级	姓名	性别	总分
1	电信17.4班	张明	男	676
2	电信17.1班	孙楠	男	677
3	电信17.4班	田甜	女	693
4	电信17.2班	钱峰	男	663
5	电信17.4班	孙伟	男	647
6	电信17.4班	陈倩	女	650
7	电信17.4班	李薇	女	654
8	电信17.4班	孙晓	女	626
9	电信17.1班	李倩	女	630
10	电信17.3班	钱川	男	627

班级	(全部)
行标签	求和项:总分
陈鹏	576
陈倩	650
陈强	604
陈琴	598
陈伟	592
陈晓霖	537
董栋	586
董天	532
董一	546
冯伟	638
冯小昊	568
冯小天	558

图 4-5-27　学生成绩数据清单

（1）在新工作表中统计每位学生的总成绩。

（2）老师可快速筛选不同班级的总成绩。

（3）按总成绩显示前 5 名学生的相关信息。

相关知识

Excel 的数据透视表功能具有对数据的分类、筛选、统计等功能，是一种可以快速汇总大量数据的交互式报表，可以通过转换行和列查看源数据的不同汇总，显示不同的页面以筛选数据，为用户进一步分析数据和快速决策提供依据。数据透视表对于不熟悉函数公式的人员尤为适用，实际上，处理数据应优先选择数据透视表，其次才是函数公式。

1. 创建数据透视表的步骤

（1）在"插入"功能选项卡的"表格"组中单击"数据透视表"按钮，可调出"创建数据透视表"对话框，如图 4-5-28 所示。在该对话框中需进行待分析数据的选定及设定数据透视表存放的位置，单击"确定"按钮后，即可创建出空白的数据透视表。

（2）选择字段列表。空白数据透视表由"行"区域、"列"区域、"值"区域、"筛选"区域四部分组成，可通过拖动"数据透视表字段"列表中的字段到空白数据透视表的相应位置

图 4-5-28　"创建数据透视表"对话框

来创建。因空白数据透视表的四个部分分别对应"数据透视表字段"列表中"在以下区域间拖动字段"的"筛选""列""行""值"四个区域,所以也可在"数据透视表字段"列表中进行设置,如图 4-5-29 所示。

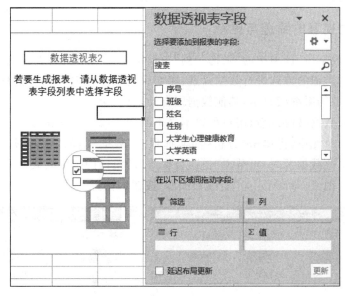

图 4-5-29　选择数据透视表字段的列表

　　(3) 设置值字段的汇总方式。默认情况下,"值"区域中的字段通过以下方法对所引用的源数据进行汇总:对于数值使用 SUM 函数求和,对于文本使用 COUNT 函数计数。Excel 2016 还提供了平均值、最小值、乘积、数值计数等多种字段汇总方式供用户选择,如图 4-5-30 所示。

　　数据透视表建好后,可以使用"值字段设置"对话框中的"值汇总方式"和"值显示方

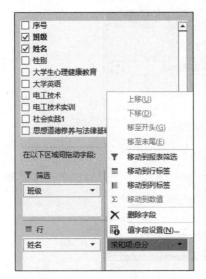

图 4-5-30　字段的汇总

式"选项卡数据排序和筛选、字段分组、计算字段的添加、套用数据透视表样式等进行操作。对数据透视表的字段可以根据需要调整位置或拖出数据透视表区域删除,但不影响源数据表中的信息。

2. 数据透视表的筛选与更新

"数据透视表字段"选项中的"筛选""列""行"都是一个下拉列表框的框名,用户可以通过与自动筛选类似的方式进行数据筛选,参与筛选的字段对应的下拉列表框上将显示筛选标识,筛选的结果继续显示,其他数据则自动隐藏。

所引用的源数据被修改后,用户可以不必重新创建数据透视表,而是先选定数据透视表区域中的任意单元格,再单击"分析"功能选项卡"数据"组的"刷新"按钮,直接进行更新。如果需要更改数据源时,可单击"更改数据源"按钮,打开"更改数据透视表数据源"对话框进行设置。图 4-5-31 所示为"更改数据源"按钮的位置。

图 4-5-31　"更改数据源"按钮的位置

任务实施

（1）创建空白数据透视表。打开"班级学生成绩单 2. xlsx",单击"插入"功能选项卡中的"数据透视表"按钮,打开"创建数据透视表"对话框,如图 4-5-32 所示。

（2）选定需要做透视表的区域内容后,系统将创建名为 Sheet1 的工作表,并自动生成一空白透视表(在选择分析数据时,要将标题行选中)。

图 4-5-32　插入数据透视表

（3）拖动所需字段来布局数据透视表。将"姓名"和"总分"字段分别拖动到"行"区域和"值"区域处，将"班级"拖放至"筛选"区域处，如图 4-5-33 所示。

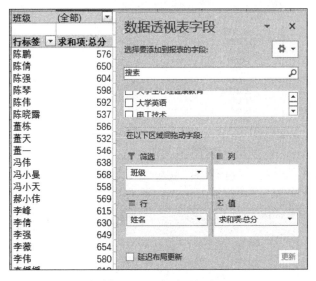

图 4-5-33　布局透视表

（4）按总分降序排列并显示出前 5 名学生。首先对"值"区域继续降序排序，选中"值"区域"总分"中任一单元格，右击，在快捷菜单中选择"排序"→"降序"命令，即可完成排序，如图 4-5-34 所示。

显示前 5 名学生可使用数据筛选功能。单击"姓名"标题的"筛选"按钮，在弹出的快捷菜单中选择"值筛选"→"前 10 项"命令，在弹出的对话框中将最大的值改为 5，单击"确定"按钮后，即可显示出前 5 名的学生，如图 4-5-35 和图 4-5-36 所示。

图 4-5-34　总分降序排列

图 4-5-35　选择"前 10 项"命令

图 4-5-36　"前 10 个筛选（姓名）"对话框

（5）最终显示效果如图 4-5-37 所示，透视表将显示出前 5 名学生的相关总分。如需要查看各班级的前 5 名数据，可使用"班级"处的自动筛选功能进行选择。

知识拓展

（1）将鼠标光标定位在数据透视表中，工作表右侧却未显示"数据透视表字段"列表

班级	(全部)	▼

行标签	▼↑	求和项:总分
田甜		693
孙楠		677
张明		676
钱峰		663
李薇		654
总计		3363

班级	电信17.1班	↓↑

行标签	↑↓	求和项:总分
孙楠		677
王天一		650
李强		649
李倩		630
孙甜		627
总计		3233

图 4-5-37　筛选数据后的效果

时，切换到数据透视表工具的"分析"功能选项卡，在"显示"组中单击"字段列表"，使其呈黄色选中状态，即可显示字段列表，也可设置"＋/－按钮"和"字段标题"是否显示，如图4-5-38 所示。

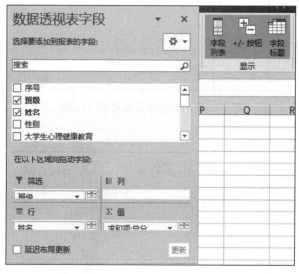

图 4-5-38　数据透视表中相关内容的显示与隐藏

　　（2）新建的空白数据透视表未显示"行"区域、"列"区域和"值"区域，不能直接拖入数据透视表中，原因是未启用经典数据透视表布局（即未启用字段拖放功能）。如需启动该功能，可单击"分析"功能选项卡"数据透视表"组中的"选项"按钮，在打开的"数据透视表选项"对话框中单击"显示"按钮，将"经典数据透视表布局（启用网格中的字段拖放）"选项选中，如图 4-5-39 所示。

技能拓展

　　下面介绍数据透视图的制作方法。

　　数据透视图是建立在数据透视表基础上的，制作步骤与创建数据透视表的步骤相似。下面以数据透视表任务为例子，讲解数据透视图的制作。

　　（1）选定对象，插入空白数据透视图，如图 4-5-40 所示。

　　（2）将"数据透视表字段列表"中的"班级"拖放到"轴"区域；将"总分"拖放至"值"区域中，并设置计算方式为"求和"，如图 4-5-41 所示。

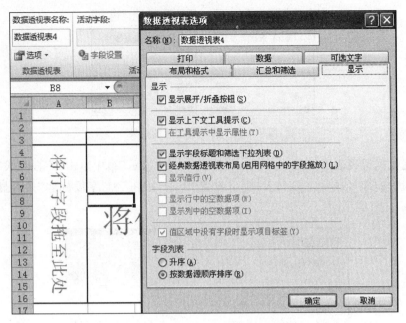

图 4-5-39 "数据透视表选项"对话框

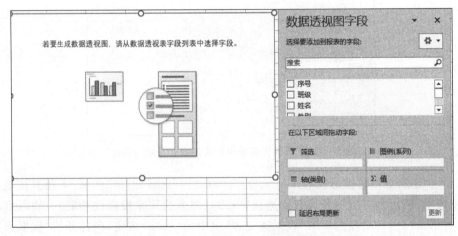

图 4-5-40 插入空白数据透视图

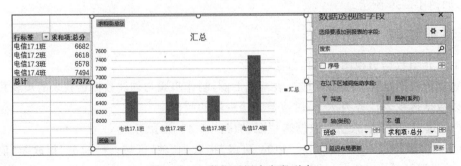

图 4-5-41 数据透视表字段列表

（3）将数据透视图的标题"汇总"更名为"各班级总分统计图"，并添加数据标签，如图 4-5-42 所示。

图 4-5-42   各班级总分统计图

（4）隐藏字段按钮。为使透视图变得美观，可在字段按钮处右击，在弹出的菜单中选中"隐藏图表上的所有字段按钮"命令，如图 4-5-43 所示。

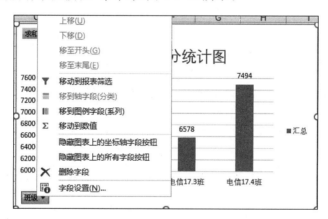

图 4-5-43   隐藏所有字段按钮

（5）生成透视图后，用户可以使用"数据透视图工具"中的功能对图表类型、数据显示方式、图表布局及样式等进一步美化，达到最理想的效果，如图 4-5-44 所示。

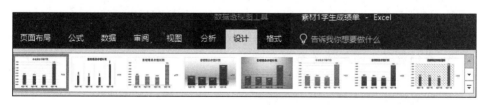

图 4-5-44   "设计"功能选项卡

以下为两种不同图表类型及布局呈现的效果（左为饼形透视图，右为柱形图），如图 4-5-45 所示。

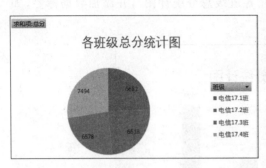 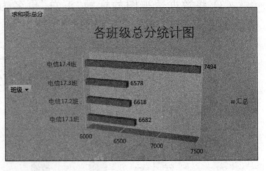

图 4-5-45　不同图表类型及布局

任务总结

通过本子任务的学习，应学会数据透视表和数据透视图的制作方法。

课 后 练 习

一、单项选择题

1. 下列概念中最小的单位是（　　）。

　　A. 工作簿　　　　　　B. 单元格　　　　　　C. 工作表　　　　　　D. 文件

2. 在 Excel 的工作表中，每个单元格都有其固定的地址，如 A5 表示（　　）。

　　A. A 代表 A 列，5 代表第 5 行　　　　　　B. A 代表 A 行，5 代表第 5 列

　　C. A5 代表单元格的数据　　　　　　　　　D. 以上都不是

3. 按住（　　）键的同时按下鼠标左键并拖动单元格的数据，可以快速复制单元格的内容。

　　A. Ctrl　　　　　　B. Shift　　　　　　C. Alt　　　　　　D. Tab

4. 如果在一个单元格中输入多行数据，在单元格中输入第一行数据后，按（　　）组合键，就可以在单元格内换行。

　　A. Ctrl＋Enter　　　　　　　　　　B. Shift＋Enter

　　C. Alt＋Enter　　　　　　　　　　D. Tab＋Enter

5. Excel 工作表的单元格中，系统默认的数据对齐方式是（　　）。

　　A. 数值数据左对齐，文本数据右对齐

　　B. 数值数据右对齐，文本数据左对齐

　　C. 数值数据、文本数据均为右对齐

　　D. 数值数据、文本数据均为左对齐

6. Excel 表中要选定不相邻的单元格，用（　　）键配合鼠标操作

　　A. Ctrl　　　　　　B. Alt　　　　　　C. Tab　　　　　　D. Shift

7. 在 Excel 中,以下对单元格引用中属于绝对引用的是( )。

A. B2 　　　　 B. B$2 　　　　 C. $B2 　　　　 D. $B$2

8. 在 Excel 中,如果单元格 A5 的值是单元格 A1、A2、A3、A4 的平均值,则不正确的输入公式为( )。

A. =AVERAGE(A1:A4) 　　　　 B. =AVERAGE(A1,A2,A3,A4)

C. =(A1+A2+A3+A4)/4 　　　　 D. =AVERAGE(A1+A2+A3+A4)

9. 下列选项中,对数据透视表描述错误的是( )。

A. 数据透视表可以放在其他工作表中

B. 可以在"数据透视表字段列表"任务窗格中添加字段

C. 可以更改计算类型

D. 不可以筛选数据

二、操作题

1. 图 4-6-1 是一张工资表,请按照表格里面的内容在 Excel 中设计该表格,要求如下。

(1) 按照"保险=(基本工资+奖金)×10%"的公式计算出所有人应该购买的保险,按照"实发工资=(基本工资+奖金)-(住房基金+保险)"的公式计算所有人的工资。

(2) 按照实发工资进行升序排列。

(3) 通过筛选并分别查出各部门的情况,然后复制到新表中,再分别计算出各部门实发工资的总和。

工资表						
部门	姓名	基本工资	奖金	住房基金	保险	实发工资
办公室	刘冰	￥2500	￥900	￥350		
人事科	郝大成	￥3200	￥1200	￥350		
财务处	李媛媛	￥3500	￥1000	￥350		
人事科	冯小满	￥3000	￥1000	￥350		
后勤处	陈璐	￥2500	￥1500	￥350		
保卫处	张丽	￥3200	￥900	￥350		
教务处	董栋	￥3500	￥1300	￥350		
学工部	徐萍	￥3000	￥1500	￥350		
教务处	王成	￥3050	￥2000	￥350		
学工部	王川	￥3020	￥600	￥350		
办公室	王小明	￥2500	￥700	￥350		
办公室	陈鹏	￥3200	￥800	￥350		
教务处	王海	￥3500	￥1700	￥350		
教务处	陈明	￥3000	￥1000	￥350		

图 4-6-1 工资表

2. 将图 4-6-2 中工作表 Sheet1 的 A1:D1 单元格合并为一个单元格,使内容水平居中,并计算"增长比例"列的内容,使"增长比例=(当年人数-去年人数)/去年人数"。再将工作表命名为"招生人数情况表",选取该表格中"专业名称"列和"增长比例"列中单元格的内容,建立数据透视表和数据透视图的"簇状圆锥图",X 轴上的项为"专业名称",图表标题为"招生人数情况图",插入表的 A7:F18 单元格区域内。

	A	B	C	D
1	某大学各专业招生人数情况表			
2	专业名称	去年人数	当年人数	增长比例
3	计算机	289	436	
4	信息工程	240	312	
5	自动控制	150	278	

图 4-6-2　大学各专业招生人数情况表

3. 将图 4-6-3 中工作表 Sheet2 的 A1:F1 单元格合并为一个单元格,内容水平居中,计算"季度平均值"列的内容,将工作表命名为"季度销售数量情况表"。通过数据透视表和数据透视图的"折线图"分析这三种产品在各个季度的销售情况,并保存在新表中,再命名为"季度销售情况统计",然后将产品和季度平均值通过数据透视表和数据透视图的"三维饼图"分析各产品购买力占比图。

	A	B	C	D	E	F
1	某企业产品季度销售数量情况表					
2	产品名称	第一季度	第二季度	第三季度	第四季度	季度平均值
3	T11	256	342	654	487	
4	H87	298	434	398	345	
5	F34	467	454	487	546	

图 4-6-3　某企业产品季度销售数量情况表

项目 5　制作演示文稿

任务 5.1　初识 PowerPoint 2016

PowerPoint 简称 PPT，是 Microsoft Office 应用软件中的一款演示文稿软件，主要用于制作产品宣传、产品演示的文稿。用户利用 PowerPoint 制作文稿时，能够制作出将封面、前言、目录、文字页、图表页、图片页、视频、音频等于一体的多媒体演示文稿，能使阐述内容更清晰明了。

通过学习本任务，使学生熟悉 PowerPoint 2016 的工作界面，掌握演示文稿的创建、编辑等基本操作。

子任务 5.1.1　认识 PowerPoint 2016 界面

任务描述

用户利用 PowerPoint 不仅可以创建演示文稿，还可以在互联网上通过远程向观众展示演示文稿。PowerPoint 做出来的东西就是演示文稿，里面的每一页就叫幻灯片，每张幻灯片都是演示文稿中既相互独立又相互联系的内容。

而用户初次运用 PowerPoint 制作文稿之前，需要了解 PowerPoint 2016 的工作环境，对其界面进行认识。那么本子任务就是通过启动和关闭 PowerPoint 2016 来熟悉掌握工作界面中的功能选项卡及功能按钮等，熟知每一个功能命令的基本用法，并创建演示文稿。

相关知识

1. 启动和关闭 PowerPoint 2016

1）启动

启动 PowerPoint 的方法，在此介绍以下三种。

（1）单击屏幕左下角的"开始"按钮，在弹出的菜单中依次单击"所有程序"→Microsoft Office→Microsoft Office PowerPoint 2016。

（2）如果桌面上有 Microsoft Office PowerPoint 2016 的快捷方式，则直接双击图标即可。

（3）在桌面上的任意空白处右击，从快捷菜单中选择"新建"→"Microsoft PowerPoint 演示文稿"，然后双击新建的演示文稿。

2）关闭

关闭 PowerPoint 的常用方法有以下三种。

（1）单击 PowerPoint 2016 应用程序窗口右上角的"关闭"按钮。

（2）单击"文件"菜单中的"关闭"命令。

（3）按 Alt+F4 组合键。

2. 新建幻灯片

通过上述的启动方式，启动后的界面如图 5-1-1 所示。

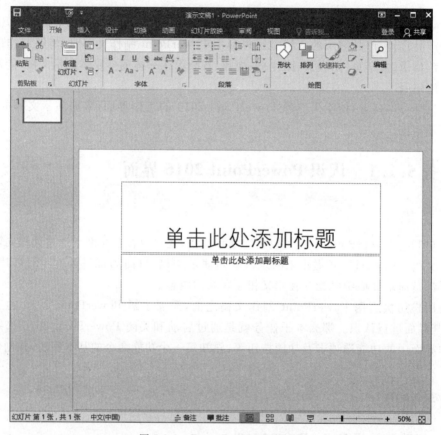

图 5-1-1　PowerPoint 2016 界面

系统会自动生成一个文件名为"演示文稿 1"的空白文稿，PowerPoint 2016 文稿的后缀名为.pptx。

在启动好的演示文稿中，新建幻灯片的常用方法有以下三种。

（1）快捷键法：按 Ctrl+M 组合键。

（2）回车键法：在"视图"的"普通视图"方式下，将鼠标光标定在左侧的"幻灯片/大纲视图窗格"区域，然后按 Enter 键即可创建。

（3）命令法：在"开始"功能选项卡的"幻灯片"组中单击"新建幻灯片"按钮,即可创建幻灯片;或是单击"新建幻灯片"右下角的下拉按钮,在弹出的窗格中选择新建幻灯片的格式,也可以创建幻灯片。

任务实施

下面认识 PowerPoint 2016 的工作界面。

在启动 PowerPoint 2016 并创建空白幻灯片之后,则进入 PowerPoint 2016 的工作窗口界面,如图 5-1-2 所示。

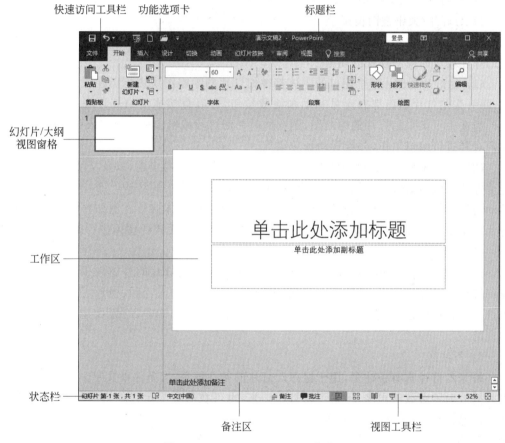

图 5-1-2　PowerPoint 2016 工作窗口

PowerPoint 2016 的工作窗口主要由标题栏、快速访问工具栏、功能选项卡、幻灯片/大纲视图窗格、工作区、备注区、状态栏、视图工具栏等元素构成。

从图 5-1-2 中可看出,PowerPoint 2016 拥有典型的 Windows 应用程序的窗口,它与 Word 2016、Excel 2016 的风格相同,而且功能选项等也十分相似,甚至相当一部分工具都是相同的。用户在操作时可以同时使用多个应用窗口,用起来方便快捷,并能实现自由切换。

1）标题栏

标题栏位于窗口的顶端，用于显示当前正在运行的文稿名称等信息。标题栏右端的三个按钮分别是"最小化"按钮 ━ ，"最大化"按钮 ▫ 和"关闭"按钮 ✕ 。

2）快速访问工具栏

提供了常用命令的工具按钮。

3）功能选项卡

这是完成演示文稿各种操作的功能区域，包括"文件""开始""插入""设计""切换""动画""幻灯片放映""审阅""视图"等功能选项卡，单击每个功能选项卡则会出现对应的功能区，制作幻灯片的大部分功能选项都集中于此。

4）幻灯片/大纲视图窗格

在普通视图模式下，单击幻灯片、大纲视图窗格上方的"大纲"和"幻灯片"选项，可实现幻灯片相应的视图模式的切换。

（1）幻灯片视图：整个窗口的主体都被幻灯片的缩略图所占据。在设计制作幻灯片时，每一张幻灯片前面都有序号和动画播放按钮，可以直接拖动幻灯片来调整文稿的位置。当选中了某张幻灯片的缩略图，则会同时在幻灯片编辑窗格中出现该张幻灯片，以便用户对其进行编辑工作，并设置动画效果等。

（2）大纲视图：在大纲视图下可以显示整个演示文稿的主题，以及文稿的组织结构，能更方便地编辑幻灯片的标题及内容，并可以组织文稿演示的结构。通过标题或内容来移动幻灯片的位置，甚至可完成对演示文稿的内容进行总体调整。例如要移动某一张幻灯片的文本位置，就可以通过显示幻灯片的标题来对演示文稿的整体进行调整或编辑。

5）工作区

这是用来编辑和浏览幻灯片的窗格，便于查看每张幻灯片的整体效果。可以编辑每张幻灯片中的文本信息，设置文本外观，添加图形、图表，插入音频、视频，创建超链接等。幻灯片编辑窗格是处理和操作幻灯片的主要环境。在此窗格中，幻灯片是以单幅的形式出现的。

6）备注区

每张幻灯片都有备注页，用于保存幻灯片的备注信息，即备注性文字。备注文本在幻灯片播放时不会放映出来，但是可以打印出来，也可在后台显示以作为演说者的讲演稿。备注信息包括文字、图形、图片等。

7）状态栏

用于显示当前演示文稿的信息，如当前选定的是第几张幻灯片，共几张幻灯片等。

8）视图工具栏

演示文稿的视图是用户根据幻灯片的内容需要，在不同的视图方式下与观众进行交互，以便对文稿进行编辑制作。视图模式可以在"视图"功能选项卡的"演示文稿视图"组中选择适合的视图模式，也可通过视图工具栏中的按钮进行不同的视图模式的切换，如图 5-1-3 所示。

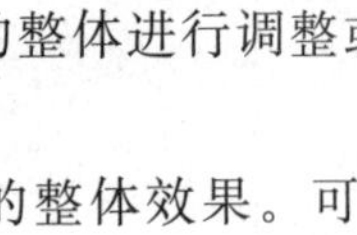

（1）普通视图：普通视图是系统默认的视图。在普通

图 5-1-3　PowerPoint 2016 的视图工具栏

视图中,系统将文稿编辑分成了三个窗格,分别是幻灯片、大纲视图窗格,幻灯片编辑窗格和备注窗格。

(2)幻灯片浏览:幻灯片浏览视图是按每行若干张幻灯片,以缩略图的形式显示幻灯片的视图。幻灯片浏览视图显示演示文稿的全部幻灯片,以便对幻灯片进行重新排列、添加、删除、复制、移动等操作,可以通过双击某张幻灯片来快速地定位到该张幻灯片,也可在该视图中设置幻灯片的动画效果,调节幻灯片之间的放映时间等。

在该视图中主要是对幻灯片进行排列、添加、删除、复制、移动等操作,不能直接对幻灯片的内容进行编辑、修改,只有双击某张幻灯片并切换到幻灯片窗格时,才能对其编辑、修改。

(3)阅读视图:阅读视图中整个窗口的主体都被幻灯片的编辑窗口所占据。当用户不想通过使用"幻灯片放映"来查看演示文稿时,则可以选择该视图。如果想更改演示文稿,可以随时从该视图切换到普通视图或幻灯片浏览视图。

(4)幻灯片放映:幻灯片放映视图将占据整个计算机的屏幕,观众在观看时可以看到图形、图片、图表、音频、视频、动画效果和切换效果在实际演示中的具体效果。它仅仅是播放幻灯片的屏幕状态,按 F5 键可以放映幻灯片,而按 Esc 键则退出幻灯片视图放映。

📖 知识拓展

1. PowerPoint 2016 的"开始"功能选项卡

"开始"功能选项卡主要是对演示文稿的文本内容进行设置,如图 5-1-4 所示。

图 5-1-4　PowerPoint 2016 的"开始"功能选项卡

(1)在"剪贴板"组中,提供了在幻灯片中对文本内容进行剪切、复制、粘贴以及格式刷等设置功能。

(2)在"幻灯片"组中,提供了新建幻灯片、幻灯片版式的设计、重置占位符属性、在节中组织幻灯片等设置功能。

(3)在"字体"组中,提供了在幻灯片中对文本的字体、字号、字形、文字效果、字符间距设置等功能。

(4)在"段落"组中,提供了在幻灯片中对文本的项目符号、编号、段落对齐方式、间距、文字方向设置等功能。

(5)在"绘图"组中,提供了在幻灯片中插入图形形状并对其进行相应设置等功能。

(6)在"编辑"组中,提供了对文本的查找、替换、选择等功能。

2. PowerPoint 2016 的"插入"功能选项卡

在"插入"功能选项卡中，可以在演示文稿中插入表格、图像、文本、符号等对象，如图 5-1-5 所示。

图 5-1-5　PowerPoint 2016 的"插入"功能选项卡

（1）在"表格"组中，提供了在幻灯片中插入表格的功能。

（2）在"图像"组中，提供了在幻灯片中插入普通图片、联机图片、屏幕截图、相册等功能。

（3）在"插图"组中，提供了在幻灯片中插入形状、SmartArt、图表等功能。

（4）在"链接"组中，提供了在幻灯片中创建指向对象的超链接、动作的操作。

（5）在"文本"组中，提供了在幻灯片中插入文本框、页眉和页脚、艺术字、时间日期、幻灯片编号、对象等的操作。

（6）在"符号"组中，提供了在幻灯片中插入公式、符号的操作。

（7）在"媒体"组中，提供了在幻灯片中插入视频、音频的操作。

3. PowerPoint 2016 的"设计"功能选项卡

"设计"功能选项卡主要用来进行页面设置、自定义演示文稿的主题模板、背景和颜色等，如图 5-1-6 所示。

图 5-1-6　PowerPoint 2016 的"设计"功能选项卡

（1）在"主题"组中，可以对幻灯片的主题进行选择。

（2）在"变体"组中，可以对幻灯片的颜色、字体、效果、背景样式等进行设置。

（3）在"自定义"组中，主要是对幻灯片的大小和背景格式进行设置。

4. PowerPoint 2016 的"切换"功能选项卡

"切换"功能选项卡可对幻灯片进行预览，并用来设置幻灯片的切换效果、切换方式、持续时间等，如图 5-1-7 所示。

图 5-1-7　PowerPoint 2016"切换"功能选项卡

（1）在"预览"组中，可以对幻灯片出现在屏幕中的效果进行预览。

（2）在"切换到此幻灯片"组中，主要用来设置幻灯片出现、退出的效果。

（3）在"计时"组中，主要用于设置切换效果的声音、效果维持的时间、换片方式等。

5. PowerPoint 2016 的"动画"功能选项卡

"动画"功能选项卡用于设置幻灯片中对象的动画效果，动画出现的方式、时间等，如图 5-1-8 所示。

图 5-1-8　PowerPoint 2016 的"动画"功能选项卡

（1）在"预览"组中，用于对幻灯片的文本、效果、切换方式等进行预览。

（2）在"动画"组中，用于对幻灯片中的对象进行动画效果的设置。

（3）在"高级动画"组中，用于对已经设置动画效果的对象再次添加动画效果，并对效果的格式进行设置。

（4）在"计时"组中，用于对已设置的效果开始、持续时间、动画延迟、动画的重新排序等进行设置。

6. PowerPoint 2016 的"幻灯片放映"功能选项卡

"幻灯片放映"功能选项卡主要用于设置幻灯片的放映方式与条件，如图 5-1-9 所示。

图 5-1-9　PowerPoint 2016 的"幻灯片放映"功能选项卡

（1）在"开始放映幻灯片"组中，用于设置幻灯片放映的顺序。

（2）在"设置"组中，用于对幻灯片放映的方式、排练计时、录制旁白等进行设置。

（3）在"监视器"组中，用于对放映时的监视器分辨率、演示者视图等进行设置。

7. PowerPoint 2016 的"审阅"功能选项卡

"审阅"功能选项卡主要用于校对和批注，比较当前演示文稿与其他演示文稿的差异，如图 5-1-10 所示。

图 5-1-10　PowerPoint 2016 的"审阅"功能选项卡

（1）在"校对"组中，可以检查幻灯片中文本内容的文字拼写、信息检索、同义词库。

（2）在"语言"组中，可以设置演示文稿中的语言，并进行翻译。

（3）在"中文简繁转换"组中，可以实现文字的简体与繁体的转换。

（4）在"批注"组中，用于对幻灯片中的对象设置批注。

（5）在"比较"组中，可以将当前演示文稿与其他演示文稿进行比较。

8. PowerPoint 2016 的"视图"功能选项卡

"视图"功能选项卡用于对视图的切换和显示比例的设置，还可以对是否显示标尺、网格线和参考线进行设置，如图 5-1-11 所示。

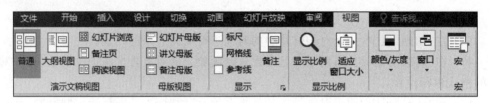

图 5-1-11　PowerPoint 2016 的"视图"功能选项卡

（1）在"演示文稿视图"组中，用于幻灯片各种视图模式的切换。

（2）在"母版视图"组中，包括幻灯片母版、讲义母版、备注母版视图。可以对整个文稿的样式进行设置。

（3）在"显示"组中，可以设置幻灯片的标尺、网格线、参考线。

（4）在"显示比例"组中，可以设置幻灯片显示的比例以及窗口的大小。

（5）在"颜色/灰度"组中，可以设置整个演示文稿显示的颜色。

（6）在"窗口"组中，可以设置显示幻灯片内容等的操作。

技能拓展

在演示文稿启动后，还可以用以下两种方式创建新的演示文稿。

1. 新建空白演示文稿

创建的方法包含以下三种。

（1）依次选择"文件"→"新建"→"空白演示文稿"，即可新建一个空白演示文稿，如图 5-1-12 所示。

（2）单击 PowerPoint 工作界面顶端左侧的"自定义快速访问工具栏"下拉按钮，在弹出的菜单中选择"新建"命令，将"新建"按钮添加到"快速访问工具栏"，单击该按钮即可新建空白演示文稿。

（3）单击 PowerPoint 2016 工作界面的任意一处，按 Ctrl＋N 组合键即可新建一个空白演示文稿。

采用以上方式新建的空白演示文稿如图 5-1-13 所示。

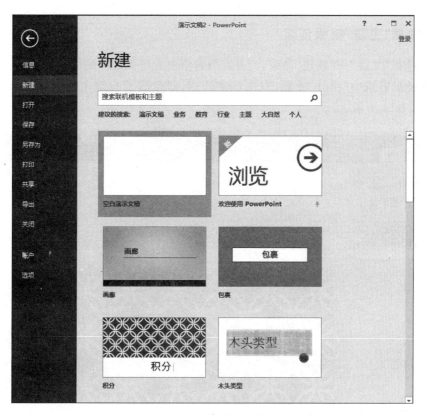

图 5-1-12 新建演示文稿界面

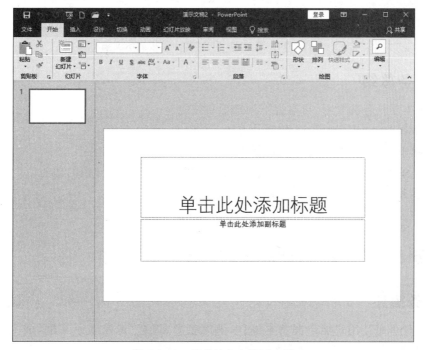

图 5-1-13 新建的空白演示文稿

2. 根据"主题"模板创建

（1）选择"文件"→"新建"命令，此时右侧窗格中有可供选择的样本模板。

（2）此处若选中"积分"主题，双击该主题后，即生成带有该主题的一个新的演示文稿，如图 5-1-14 所示。

图 5-1-14　新建的"积分"样本模板演示文稿

任务总结

通过本子任务的学习，可掌握下列知识和技能。

- 掌握 PowerPoint 2016 的启动方法。
- 熟悉 PowerPoint 2016 的操作界面。
- 了解 PowerPoint 2016 各功能选项卡的组成，以及工具按钮的功能。
- 掌握 PowerPoint 演示文稿的创建方法。
- 学会利用 PowerPoint 的主题和模板创建演示文稿。

子任务 5.1.2　PowerPoint 2016 的基本操作

任务描述

本子任务是让用户能掌握基本操作，熟练打开、保存、退出演示文稿，插入、剪贴、复制、移动、删除幻灯片，并在演示文稿中输入文本内容。

相关知识

1. 打开演示文稿

在启动后的 PowerPoint 2016 中,可以通过"打开"文件来选择包含多张幻灯片的演示文稿,具体操作有以下三种方法。

(1) 选择"文件"→"打开"命令,在弹出的"打开"对话框中选择要打开的文稿。

(2) 单击"快速访问工具栏"上的"打开"按钮 。

(3) 按 Ctrl+O 组合键。

2. 保存演示文稿

保存演示文稿的方法如下。

通过选择"开始"→"所有程序"→Microsoft Office→Microsoft Office PowerPoint 2016 命令创建的演示文稿,有以下三种保存方法。

* 选择"文件"→"保存"命令。

* 单击"快速访问工具栏"中的"保存"按钮 。

* 按 Ctrl+S 组合键。

当演示文稿第一次被保存时,会弹出"另存为"对话框,如图 5-1-15 所示。

图 5-1-15   "另存为"对话框

用户可以选择演示文稿存放的目录位置,在对话框的文件名中输入演示文稿的文件名。

如果想改变该文稿的保存目录,方法有以下两种。

- 选择"文件"→"另存为"命令，在弹出的对话框中选择保存路径。
- 右击该文件的图标，选择"剪切（Ctrl＋X 组合键）"或"复制（Ctrl＋C 组合键）"命令，在新的保存目录下右击，在弹出的窗口中选择"粘贴（Ctrl＋V 组合键）"命令即可。

3. 演示文稿的基本操作

1）输入和编辑文本

（1）在"幻灯片视图窗格"中输入和编辑文本。

新建幻灯片时，在"幻灯片编辑窗格"中都能看到"占位符"，它是带有虚线标记的边框，用来插入标题、文本、图片、图表、图形等对象。

占位符存在编辑状态与选定状态两种模式。

当用户单击占位符区域的内部时，显示的就是"编辑状态"，可以在里面输入文本，并可对文本进行编辑，选中后虚线框的四周就有尺寸手柄用于调整占位符的大小。

当用户单击占位符的边框时，显示的就是"选定状态"，此时可以对其进行剪切、复制、移动、删除等操作，也可对其进行"形状格式"的设置。

占位符如同 Word 中的文本框，但是两者有以下区别。

- 占位符中的文本可以在大纲视图中显示出来，而文本框中的文本却不能在大纲视图中显示出来。
- 当用户放大、缩小、文本过多或过少时，占位符能自动调整文本字号的大小，使之与占位符的大小相适应；而在同一情况下，文本框却不能自行调节字号的大小。
- 文本框可以与其他图片、图形等对象组合成一个复杂的对象，但是占位符却不能进行这样的组合。
- 在占位符的内部不能插入本文框；在占位符的外部可以任意插入文本框。

（2）在"大纲视图窗格"中输入和编辑文本。

输入方法有以下两种。

- 将鼠标光标定位在要输入主题的幻灯片上，然后输入标题。输入完标题以后，按 Enter 键即可输入下一张幻灯片的标题。
- 若输完标题以后，需输入幻灯片的正文内容，则先按 Ctrl＋Enter 组合键，后即可输入正文内容。

在"大纲视图窗格"编辑演示文稿时，可以右击，在弹出的快捷菜单中选择"升级""降级"命令来改变标题、小标题的排列顺序。

2）选择幻灯片

（1）在"普通视图"模式的"幻灯片、大纲视图窗格"中选择

无论是"幻灯片视图"还是"大纲视图"，都可直接通过对编号后的图标进行操作来选定幻灯片。

（2）在"幻灯片浏览视图"中选择

在该视图中，可直接对幻灯片进行选定、排列、添加、删除、复制、移动等操作。

（3）在"普通视图"或"幻灯片浏览视图"中选择

- 如果只选择某一张幻灯片，则单击该幻灯片。

- 如果要选择连续的多张幻灯片，先单击第一张幻灯片，然后按住 Shift 键，再在最后一张幻灯片上单击即可。

- 如果要选择不连续的多张幻灯片，按住 Ctrl 键，然后依次单击要选中的幻灯片即可。

- 如果要将幻灯片全部选择，则在"开始"功能选项卡的"选择"选项中单击"全选"按钮，或者是按 Ctrl＋A 组合键，即可将幻灯片全部选中。

3）调整幻灯片的显示比例

可以根据幻灯片的数量来相应调整显示比例，以便更好地对幻灯片进行编辑。调整方法有以下两种。

（1）打开一个包含多张幻灯片的演示文稿，然后切换至"幻灯片浏览"视图模式。在该视图模式的右下角处可通过拖动滑杆 100% ⊖ □ ⊕ 来统一调整幻灯片的显示比例。

（2）单击"视图"功能选项卡中"显示比例"组的"显示比例"按钮，在弹出的对话框中设定幻灯片所需显示的比例。

4）插入幻灯片

演示文稿是由多张幻灯片组合起来的对象，而用户在制作过程中会不断对其进行添加、补充或修改，插入新的幻灯片。

（1）插入新幻灯片。

① 选中所要插入幻灯片位置之前的那张幻灯片。

② 单击"开始"→"幻灯片"→"新建幻灯片"按钮来插入幻灯片，插入方法有以下三种。

- 直接用单击"新建幻灯片"按钮。

- 单击"新建幻灯片"的下拉按钮，在弹出的任务窗格中选择所插入新幻灯片的 Office 主题样式。

- 按 Enter 键或 Ctrl＋M 组合键，则新插入幻灯片的格式与上一张幻灯片的格式相同。

（2）从 Office 文档中导入。

单击"开始"→"新建幻灯片"→"新建幻灯片"的下拉按钮，在弹出的任务窗格中选择"幻灯片（从大纲）"命令，在弹出的对话框中选择需要的文件。

（3）从其他演示文稿插入幻灯片。

单击"开始"→"新建幻灯片"→"新建幻灯片"的下拉按钮，在弹出的任务窗格中选择

"重用幻灯片"命令后，在工作界面的右侧就会显示出"重用幻灯片"的任务窗格，通过"浏览"命令来选择将要插入的演示文稿，然后再选择要插入的新幻灯片。

（4）新增节。

"节"主要是用来对幻灯片的页数进行管理，能将整个演示文稿划分成若干个小节，有助于规划文稿结构，同时便于对幻灯片进行编辑和维护。

- 新增"节"的方法：在普通视图中先选中某张幻灯片，选择"开始"→"幻灯片"→"新增节"，也可右击选中的幻灯片并选择"新增节"命令。选中之后在"幻灯片、大纲视图窗格"中就会显示一个"无标题节"，右击该标题，在快捷菜单中可对其进行诸如"重命名""删除""移动"等操作。

- 有效利用"节"：对于设置好"节"的演示文稿，将其切换至"幻灯片浏览"视图中，能更全面地查看幻灯片页面之间的逻辑关系。

5）复制、移动和删除幻灯片

（1）复制幻灯片。

操作步骤如下。

① 选中要复制的幻灯片，右击，选择"复制幻灯片"命令；或选择"开始"→"剪切板"→"复制"命令；或按 Ctrl+C 组合键。

② 确定好幻灯片粘贴的位置之后，单击前一张幻灯片，然后选择"开始"→"剪切板"→"粘贴"命令；或是按 Ctrl+V 组合键，所选的幻灯片就粘贴到所选定的幻灯片之后。

当然，也可以通过拖动鼠标的方法来复制幻灯片。用户首先选中所要复制的幻灯片，同时按住 Ctrl 键，在拖动时鼠标箭头的右上方就会出现一个"+"号，然后将其拖到需要放置的位置并松开左键即可。

（2）移动幻灯片。

编辑幻灯片时，经常会改变幻灯片的位置，可以通过鼠标光标拖动幻灯片的方法来对其进行移动。

（3）删除幻灯片。

选定要删除的幻灯片，直接按 Delete 键即可。若想要恢复删除的幻灯片，单击"撤销"按钮 或按 Ctrl+Z 组合键。

任务实施

1. 输入演示文稿的内容

根据下列 Word 文档中的文本信息，在桌面上右击，通过新建"PowerPoint 演示文稿"将其信息呈现出来。

Word 文档如图 5-1-16 所示。

(1) 标题：【富乐山风景区介绍】

要求：该标题出现在第一张幻灯片上，将标题设置成"宋体""44 号""加粗""红色"字体样式。

(2) 正文内容如下：

① 正文第一张幻灯片的内容，即从第二张幻灯片处开始录入文本信息：

【富乐山景区是一个以园林建筑见长、融三国遗迹在内、山水结合的新景区。汉建安十六年，刘备入蜀，刘璋延至此山，饮酒乐甚，刘备叹道：富哉！今日之乐乎！故名富乐山。】

② 第三张幻灯片录入的文本信息：

【富乐山以高、广、秀、雅著称，被誉为"绵州第一山"。已建成大小景点 50 余处，著名的有"豫州园""绵州碑林""富乐堂"等】

③ 第四张幻灯片录入的文本信息：

【富乐山风景区现已营造出汉皇园、益州园、绵州碑林、富乐阁、乐园、富乐堂涪城会馆、桃源洞、冷源洞、玄德湖、明镜湖、碧云岩等十大景观区近百处景点和桃园、梅花岭、梨园、月季园、海棠园、竹海、桂花园、松柏林、樱花路、盆景园等十大观赏植物园。景区营造依山就势，顺其自然，山水成趣，赏乐并举，融"三国"文化和人文景观于一体；步移景异，园中有园，既具皇家园林的豪华气派，又不失江南山水园林的静谧】

④ 第五张幻灯片录入的文本信息：

【富乐山公园部分占地面积 35 万平方米，园内主要有以富乐园、绵州碑林、富乐阁等景区，48 处亭、廊、楼、阁、轩、榭等景区建筑各具特色，分布错落有致，修建在富乐山顶的富乐阁，通高 46 米，共五层，楼阁构架与建筑风格均与武汉黄鹤楼相媲美；而富乐阁下的绵州碑林中的巨形浮雕"涪城会"上辉煌的宫阙、行进的车马和以刘备、刘璋为中心的上百人物则把三国的历史风云一一再现；占地 9.96 万平方米的桃花园、梨花园、梅花园、桂花园、海棠园、月季园等植物园区均已初步形成，整个富乐山公园树林茂密，沟壑清幽，湖水荡漾，遍地绿茵，既具皇家园林风格，又有浓郁的山野情趣，且在各个景点、景区构成了一幅幅不同景色的天然图画。】

要求：正文文本设置成"宋体""40 号""红色"字体样式。

图 5-1-16　富乐山风景区介绍

2. 保存文档

因为该文稿是通过桌面新建的，故演示文稿"保存"并关闭后，需对其进行重命名，文件名"富乐山风景区介绍"（文件扩展名.pptx 可省略，系统将按照"保存类型"中指定的文件类型自动为文件加上扩展名）。之后的任何一次对文档的修改，选择"保存"命令即可生效。

如果当前文稿在编辑后没有保存，关闭时就会弹出提示框，询问是否保存对文档的修改，如图 5-1-17 所示。

图 5-1-17　"保存"提示框

单击"保存"按钮进行保存；单击"不保存"按钮放弃保存；单击"取消"按钮不关闭当前文档，继续编辑。

📖 知识拓展

下面了解演示文稿的保存类型。

PowerPoint 2016 默认的保存类型为"PowerPoint 演示文稿"，它还有其他的保存类型，如表 5-1-1 所述。

表 5-1-1　PowerPoint 2016 的文件保存类型

文　件　类　型	扩展名	说　　　明
PowerPoint 演示文稿	.pptx	Office PowerPoint 2007 演示文稿，默认情况下为 XML 文件格式
启用宏的 PowerPoint 演示文稿	.pptm	包含 Visual Basic for Applications（VBA）代码的演示文稿
PowerPoint 1997—2003 演示文稿	.ppt	可以在早期版本的 PowerPoint（1997—2003）中打开的演示文稿
PDF	.pdf	可以将演示文稿保存为由 Adobe Systems 开发的基于 PostScriptd 的电子文件格式，该格式保留了文档格式并允许共享文件
XPS 文档	.xps	可以将演示文稿保存为一种版面配置固定的新的电子文件格式，用于以文档的最终格式交换文档
PowerPoint 模板	.potx	将演示文稿保存为模板，可用于对将来的演示文稿进行格式设置
PowerPoint 启用宏的模板	.potm	包含预先批准的宏的模板，这些宏可以添加到模板中以便在演示文稿中使用
PowerPoint 1997—2003 模板	.pot	可以在早期版本的 PowerPoint 中打开的模板
Office Theme	.thmx	包含颜色主题、字体主题和效果主题的定义的样式表
PowerPoint 放映	.ppsx	始终在幻灯片放映视图中打开的演示文稿
启用宏的 PowerPoint 放映	.ppsm	包含预先批准的宏的幻灯片放映，可以从幻灯片放映中运行这些宏
PowerPoint 1997—2003 放映	.pps	可以在早期版本的 PowerPoint（1997—2003）中打开的幻灯片放映
PowerPoint Add-In	.ppam	用于存储自定义命令、Visual Basic for Applications（VBA）代码和特殊功能（例如加载宏）的加载宏
PowerPoint 1997—2003 Add-In	.ppa	可以在早期版本的 PowerPoint 中打开的加载宏
PowerPoint XML 演示文稿	.xml	可以将 PowerPoint 演示文稿保存为 XML 格式的文件
Windows Media 视频	.wmv	可以将文件保存为视频的演示文稿，PowerPoint 2010 演示文稿可以按高质量、中等质量与低质量进行保存，WMV 文件格式可以在 Windows Media Player 之类的多种媒体播放器上播放

文 件 类 型	扩展名	说　　明
GIF 可交换的图形格式	.gif	作为用于网页的图形的幻灯片
JPEG 文件交换格式	.jpg	作为用于网页的图形的幻灯片,JPEG 文件格式支持 1600 万种颜色,最适于照片和复杂图像
PNG 可移植网络图形格式	.png	作为用于网页的图形的幻灯片。万维网联合会已批准将 PNG 作为一种替代 GIF 的标准。PNG 不像 GIF 那样支持动画,某些旧版本的浏览器不支持此文件格式
TIFF Tag 图像文件格式	.tif	作为用于网页的图形的幻灯片。TIFF 是用于在个人计算机上存储位映射图像的最佳文件格式。TIFF 图像可以采用任何分辨率,可以是黑白、灰度或彩色
设备无关位图	.bmp	作为用于网页的图形的幻灯片。位图是一种表示形式,包含由点组成的行和列以及计算机内存中的图形图像
Windows 图元文件	.wmf	作为 16 位图形的幻灯片,用于 Microsoft Windows 3.x 和更高版本
增强型 Windows 元文件	.emf	作为 32 位图形的幻灯片,用于 Microsoft Windows 95 和更高版本
大纲/RTF 文件	.rtf	可提供更小的文件大小,并能够与具有不同版本的 PowerPoint 或操作系统的其他人共享不包含宏的文件。使用这种文件格式,不会保存备注窗格中的任何文本
PowerPoint 图片演示文稿	.pptx	可以将演示文稿以图片演示文稿的格式保存,该格式可以减小文件的大小,但会丢失某些信息
OpenDocument 演示文稿	.odp	该文件格式可以在使用 OpenDocument 演示文稿的应用程序中打开,还可以在 PowerPoint 2010 中打开.odp 格式的演示文稿

技能拓展

1.“文件”菜单

“文件”菜单中的基本功能是用于对演示文稿的保存、打开、关闭和退出。

（1）“信息”命令是查看当前演示文稿的信息,可以对演示文稿进行保护、检查和管理。

（2）“新建”命令,在前面任务中已有过相应的认识了解,就是通过可用的模板和主题来创建新的演示文稿。

（3）“打印”命令：可以打开最近所使用的演示文稿,也可以打开存放于其他位置的演示文稿。

(4)"保存"命令：将演示文稿保存，以及确定保存的文件类型。

(5)"打印"命令：将演示文稿进行打印。

(6)"共享"命令：发送演示文稿。

(7)"导出"命令：演示文稿创建为 PDF/XPS 文档或更改文件类型。

(8)"关闭"命令：直接关闭当前演示文稿。

(9)"选项"命令：在弹出的窗格中对 PowerPoint 进行设置。

2. 设置 PowerPoint 的选项

选择"文件"→"选项"命令，可打开"PowerPoint 选项"对话框，用于设置 PowerPoint 选项。部分选项卡的作用介绍如下。

1)"常规"选项卡

该选项卡是对 PowerPoint 的工作界面、配色方案、用户名等进行设置，如图 5-1-18 所示。

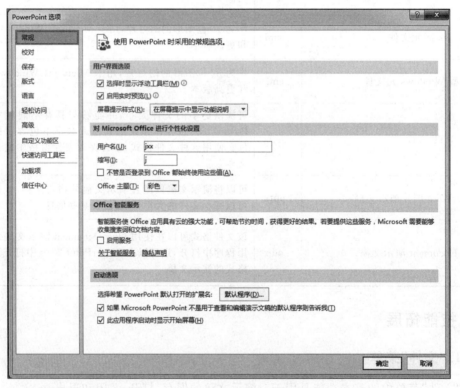

图 5-1-18 "PowerPoint 选项"对话框的"常规"选项卡

(1)"用户界面选项"选项区。

- 选择时显示浮动工具栏：当文档中的文字处于选中状态时，用户将鼠标指针移到被选中文字的右侧位置，将会出现一个半透明状态的浮动工具栏。该工具栏中包含常用的设置文字格式的按钮，如设置字体、字号、颜色、居中对齐等按钮。将鼠标指针移动到浮动工具栏上将使这些按钮完全显示，进而可以方便地设置文字格式，如图 5-1-19 所示。反之，如果取消选中"选择时显示浮动工具栏"复选框，则浮动工具栏消失。

图 5-1-19　浮动工具栏

- 启用实时预览：实时预览是指在文件处理过程中，当鼠标指针悬停在不同功能选项上时显示该功能的文档效果的预览。例如，在设置文本颜色时，选中目标文字并将鼠标指针指向颜色选项，则文档将实时显示最终效果，鼠标指针离开以后将恢复原状。
- 屏幕提示样式："在屏幕提示中显示功能说明"选项表示打开屏幕提示和增强的屏幕提示，这是默认设置。"不在屏幕提示中显示功能"选项表示关闭增强的屏幕提示，但仍可看到屏幕提示。"不显示屏幕提示"选项表示关闭屏幕提示和增强的屏幕提示。

（2）"对 Microsoft Office 进行个性化设置"选项区。

可在"用户名"与"缩写"选项中设置自己的名字。

2）"校对"选项卡

更改 PowerPoint 更正文本、设置格式的方式。

3）"保存"选项卡

可以自定义文档的保存方式。可以设置保存文件的格式、自动保存文件的时间间隔、保存位置等，如图 5-1-20 所示。

图 5-1-20　"保存"选项卡

325

4)"版式"选项卡

用于进行文本的换行设置。

5)"语言"选项卡

设置 Office 的语言选项。

6)"高级"选项卡

使用 PowerPoint 时采用的高级选项。

7)"自定义功能区"选项卡

对自定义功能区进行设置,可添加、删除功能选项。

8)"快速访问工具栏"选项卡

对快速访问工具栏进行设置,可添加、删除选项。

9)"加载项"选项卡

查看和管理 Microsoft Office 的加载项。

10)"信任中心"选项卡

帮助保持文档和计算机的安全以及计算机的状况。

 任务总结

通过对本子任务的学习,应掌握以下知识和技能。

- 掌握 PowerPoint 2016 的保存方法。
- 熟悉 PowerPoint 2016 的基本操作。
- 根据自我需求对 PowerPoint 2016 进行设置。

任务 5.2　编辑与格式化演示文稿

PowerPoint 具有很好的功能,用户可以分别对文本内容、字体设置、图标图形、背景版面进行操作设置。在本任务中,主要的学习任务通过演示文稿的编辑、设置演示文稿版式、设置演示文稿的背景三个子任务来掌握编辑、格式化的技能技巧。用户不仅可以在投影仪或者计算机上进行幻灯片的演示,也可以将演示文稿打印出来,制作成胶片,以便应用到更广泛的领域中。

子任务 5.2.1　演示文稿的编辑

任务描述

通过本子任务熟练掌握如何在 PowerPoint 2016 中设置文本的不同格式,如字体、阴影、字号、颜色等,对文本设置编号和项目符号,使其更具条理性,更加直观;对段落进行对齐方式、行间距的设置,使其更整齐。

对在子任务 5.1.2 提到的"富乐山风景区介绍"中的文本进行文字、段落的设置,并在幻灯片中插入图片。

相关知识

1. 文本格式化

编辑幻灯片时对文本内容的字体、字体颜色、字号、加粗、倾斜、下画线、文本效果、字符间距等效果进行格式设置。设置文本时应先选中所要编辑的文字再进行操作,有以下三种编辑方式。

- 在"开始"功能选项卡中的"字体"组中进行选择,如图 5-2-1 所示。

图 5-2-1　"字体"组

- 直接通过"浮动工具栏"对字体进行设置。
- 在幻灯片上右击并选择"字体"命令,或单击"字体"组右下角的箭头按钮,在弹出的"字体"对话框中进行设置,如图 5-2-2 所示。

图 5-2-2　"字体"对话框

2. 段落格式化

1) 编辑幻灯片的段落格式

可设置段落的对齐方式、行间距、文字的边框、底纹等,设置方式与编辑文本格式一样。

2) 使用项目符号和编号

项目符号和编号是放在文本前的符号,起到强调作用。合理使用项目符号和编号,可以使文档的层次结构更清晰,且更有条理。

操作方法为：选中需要插入项目符号和编号的文本，单击"开始"功能选项卡"段落"组中的"项目符号"按钮或"编号"按钮即可；或直接在文本上右击，利用弹出的快捷菜单对项目符号、编号进行设置。

另外，用户可以自定义新的项目符号、编号的样式。

3. 插入对象

为了使演示文稿具有更强的表现力，用户可以插入相应的表格、图片、图形、图表、音频、视频等对象，使幻灯片更加生动形象。可用"插入"功能选项卡的相关按钮进行设置，如图 5-2-3 所示。

图 5-2-3 "插入"功能选项卡

在 PowerPoint 2016 中的"插入"功能选项卡中的"屏幕截图"按钮会智能监视计算机的活动窗口（所监视的窗口是打开的且没有最小化），可以直接选用"可用视窗"或者使用"屏幕剪辑"来获取图片，并将图片插入正在编辑的文章中。

任务实施

1. 将"标题"设置成"艺术字"

将标题文字"富乐山风景区介绍"设置成"艺术字"的步骤如下。

（1）删除标题文字"富乐山风景区介绍"。

（2）切换至"插入"功能选项卡，"文本"组中单击"艺术字"按钮，在弹出的窗格中选择所插入"艺术字"的字体样式。此处选择的演示为"填充—蓝色，强调文字颜色1，映像"。

（3）选中艺术字的字体样式后，系统会自动在"幻灯片编辑"窗格中生成一个标有"请在此处放置您的文字"的占位符，这时可在占位符中输入标题"富乐山美丽风光"，所选中的艺术字体就生成了。

此时，在功能选项卡中已自动显示"绘图工具"的"格式"功能选项卡，可在该选项卡中对艺术字再进行相关的样式设置。

2. 设置文本的"字体"及"段落"样式

从第二张幻灯片开始，就可再对正文的文本进行字体、段落等的操作设置。

（1）先选中第二张幻灯片中的文字，可通过"浮动工具栏"，或是"开始"功能选项卡中的"字体"组对选中的文字进行"字体"设置，将字体"加粗"，并将原有字体的颜色设置成"蓝色"。

（2）字体样式设置好之后，就可进行段落的设置。可直接在"开始"功能选项卡的"段落"组中单击"行距"按钮，也可右击并在快捷菜单中选中"段落"命令，将"行距"设置成"1.5 倍"。

（3）如要使各张幻灯片正文部分的字体样式都一样，选中后面的幻灯片中的文字后，双击"格式刷"按钮，一一对剩下幻灯片中的文字进行字体的设置。

对正文文本进行设置时，也可在"绘图工具"的"格式"功能选项卡中对文字进行样式设置。

3. 设置"图片"样式

在第 4 张幻灯片中插入图片，并进行样式的设置，步骤如下。

（1）先将鼠标光标停留在段首。

（2）在"插入"功能选项卡的"图像"组中单击"图片"按钮，在弹出的对话框中选中所要插入的图片。

（3）插入图片以后，出现"图片工具"的"格式"功能选项卡，可用相关工具按钮对图片的颜色、艺术效果、样式、排列、大小等进行设置。将该图片的样式设置为"旋转，白色"，可动手安排对齐方式，也可在该功能选项卡的"排列"组中进行设置。

编辑后的效果如图 5-2-4 所示。

图 5-2-4　编辑后的效果

知识拓展

1. 格式复制

在 PowerPoint 2016 中，如果想复制文本对象的格式，可用"格式刷"：将文本格式复制到另一个文本对象，单击"格式刷"；如果复制到多个文本对象，双击"格式刷"。

"格式刷"只能针对单个对象逐一操作，但是进行其他操作后它的功能就会失效。如果想要重新复制格式，就只能再次选择格式刷。可以借助 Ctrl＋Shift＋C 组合键或

Ctrl＋Shift＋V 组合键进行格式复制。

要复制对象属性时，只需要将该对象选中并按下 Ctrl＋Shift＋C 组合键，再选中要应用该属性的对象并按下 Ctrl＋Shift＋V 组合键即可。在复制对象属性时，要根据不同的对象确定不同的粘贴属性。若要停止格式的设置，则按 Esc 键。

2. 设置图片格式

设置幻灯片中的图片时，设置方法有以下两种。

（1）单击图片，则会出现"图片工具"的"格式"功能选项卡，可在功能区中对图片进行设置，如图 5-2-5 所示。

图 5-2-5　图片对应的"格式"功能选项卡

在该功能选项卡中，可对图片的颜色、样式、版式等效果进行操作。

（2）选中图片，右击并选择"设置图片格式"命令，在弹出的"设置图片格式"对话框中也能对其进行操作，如图 5-2-6 所示。

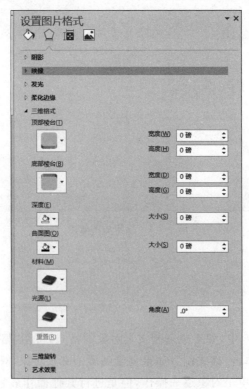

图 5-2-6　"设置图片格式"对话框

3. 幻灯片页面的设置

幻灯片的页面一般都是采用系统的默认设置。如果要对其进行调整，步骤如下。

（1）单击"设计"功能选项卡"自定义"组中的"幻灯片大小"按钮后，会弹出"幻灯片大小"对话框，如图 5-2-7 所示。

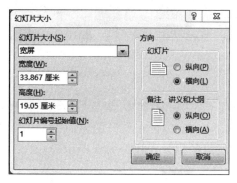

图 5-2-7　"幻灯片大小"对话框

（2）该对话框主要是对幻灯片的大小以及方向进行设置，可依据自身需求对幻灯片的大小、方向、高宽度、幻灯片编号起始值进行选择，单击"确定"按钮完成操作，则整个演示文稿的页面都以设置后的效果显示。

任务总结

通过本子任务的实施，应掌握下列知识和技能。

- 在幻灯片中能对文本格式、段落格式进行设置。
- 在幻灯片编辑中能插入相应的对象，并对其进行简单的设置。

子任务 5.2.2　演示文稿背景的设置

任务描述

本子任务的主要目标是更熟练地掌握设置演示文稿背景的不同方法及设计技巧，使演示文稿更加美观。

比如，通过对"幻灯片母版"的设置操作，可以对"富乐山美丽风光"的背景进行设置，并完成相应的显示。

相关知识

1. 使用"设计"功能选项卡设置演示文稿的背景

使用"主题"设置演示文稿背景的方法有如下三种。

（1）在新建文稿时，可直接通过"文件"→"新建"→"可用模板和主题"功能来新建。

（2）在编辑好的文稿中，可在"设计"功能选项卡的"主题"组中单击"主题"下拉按钮，在弹出的任务窗格中选择任意的"主题"，文稿的背景将变为所选择的主题样式。"设计"功能选项卡的"主题"样式如图 5-1-8 所示。

图 5-2-8　主题样式

（3）在"设计"功能选项卡的"变体"组中，设置的方法有两种：

① 先单击"变体"组的下拉按钮，再在打开的界面中单击"背景样式"下拉按钮，在展开的样式列表中选择任意所需的背景，如图 5-2-9 所示。

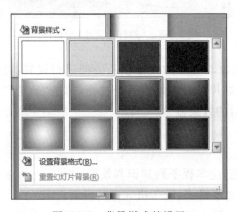

图 5-2-9　背景样式的设置

② 选择"自定义"下拉列表中的"设置背景格式"按钮，在弹出的"设置背景格式"对话框中设置演示文稿的背景，如图 5-2-10 所示。

图 5-2-10　"设置背景格式"对话框

2. 使用"幻灯片母版"设置背景

PowerPoint 的幻灯片母版也可以用于设置演示文稿中每一张幻灯片的背景模式。幻灯片母版位于"视图"功能选项卡中的"母版视图"组中。单击"幻灯片母版"按钮之后，会显示"幻灯片母版"功能选项卡，就可在其中进行设置，如图 5-2-11 所示。

图 5-2-11　"幻灯片母版"功能选项卡

在"幻灯片母版"中设置演示文稿背景的操作方法有三种。

1）直接选择要使用的主题样式

在该功能选项卡的"编辑主题"中单击"主题"下拉按钮，在展开的主题列表中选择所需的主题。选中一种主题后，该演示文稿的幻灯片背景样式都为所选定的主题样式。

2）更改现有主题的颜色

进行该操作时，可以更改演示文稿当前所使用主题的颜色。在"编辑主题"组中单击"颜色"下拉按钮，在展开的颜色列表中选择所需的颜色，如图 5-2-12 所示。

选定一种颜色后，幻灯片母版中的所有幻灯片文本的颜色即改为所选定的颜色样式。

3）通过"背景"组的功能进行设置

选中"背景"组中的"背景样式"下拉按钮，可直接选择已有的背景样式，也可在"重置幻灯片背景格式"对话框中进行选择。

这三种方法可以叠加使用，以便设计出更完美的背景母版，同时使风格更加统一。

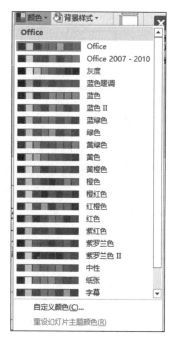

图 5-2-12　选择主题颜色

任务实施

下面以"富乐山自然风光"为例，通过对"幻灯片母版"的设置操作，对文稿的背景进行设置，并完成相应的显示效果。

1. 设置"主题"样式

选中"视图"功能选项卡下的"幻灯片母版"按钮后，在"幻灯片母版"功能选项卡"编辑主题"组中，单击"主题"下拉按钮，在弹出的窗格中选择合适的主题样式，此处选择"裁剪"样式。

2. 设置"颜色"样式

选中主题样式以后，可对主题的颜色进行相应的设置。通过单击"幻灯片母版"功能选项卡"编辑主题"组中的"颜色"下拉按钮，可以设置主题的颜色。此处选中"红橙色"样式。

3. 设置背景格式

在"幻灯片母版"功能选项卡中单击"背景"组中的"背景样式"下拉按钮，单击"设置背景格式…"选项，在弹出的对话框中"填充"选项区中选择"渐变填充"，并对其颜色、渐变光圈等进行设置。设置后的界面效果如图 5-2-13 所示。

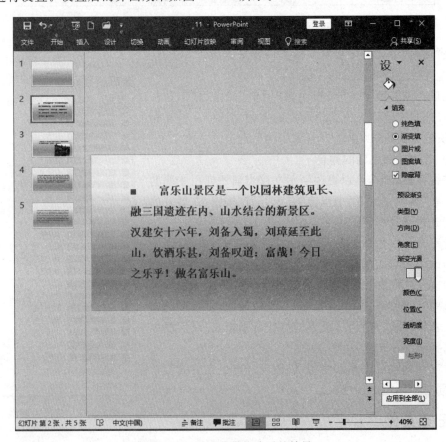

图 5-2-13　设置背景格式后的效果

📖 知识拓展

1. "幻灯片母版"→"编辑主题"→"字体"

选择该功能，可以更改当前主题的字体。主题字体有"标题样式"和"文本样式"两类。可以设置相同的字体，也可以设置不同的字体。更改相应的主题字体时，将会对演示文稿中的所有标题和文本进行更改。在"编辑主题"组中单击"字体"下拉按钮,在展开的字体列表中可以选择所需的字体,如图 5-2-14 所示。

选定后,幻灯片母版中的所有幻灯片文本的文本样式、标题样式为所选定的字体样式。

2. "幻灯片母版"→"编辑主题"→"效果"

选择该操作,能改变演示文稿中当前主题的显示效果。在"编辑主题"组中单击"效果"下拉按钮,在展开的效果列表中选择所需的效果,如图 5-2-15 所示。

图 5-2-14　选择主题的字体

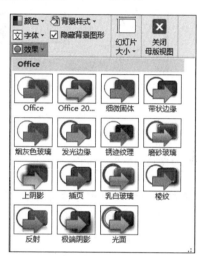

图 5-2-15　主题效果

选定效果以后,选中占位符,然后切换至"绘图工具"的"格式"功能选项卡。

（1）在"形状样式"组中可以设置占位符的形状轮廓、填充效果。

（2）在"艺术字样式"组中可以设置占位符中文本的样式、填充效果。

应用后,幻灯片母版中的所有幻灯片的外观为所选定的效果样式。

技能拓展

1. 使用图片作为幻灯片背景

使用图片作为幻灯片背景操作步骤如下。

（1）在"幻灯片大纲视图窗格"中选择要添加背景的幻灯片。

（2）选中"设计"功能选项卡"自定义"组中的"设置背景样式"按钮,弹出"设置背景格式"对话框;或在"幻灯片、大纲视图窗格"中对需要添加背景图片的幻灯片右击并选择"设置背景格式"命令。

（3）在"设置背景格式"对话框中,选择"填充"组中的"图片或纹理填充",在"插入自"选项区中单击"文件…"按钮,在弹出的"插入图片"对话框中选择背景图片,如图 5-2-16 所示。

图 5-2-16 "插入图片"对话框

2. 使用图片作为幻灯片水印

使用图片作为幻灯片水印操作步骤如下。

（1）在"幻灯片、大纲视图窗格"中选中需添加水印片的幻灯片，然后选择"视图"→"母版视图"→"幻灯片母版"。

（2）单击"插入"功能选项卡，选择"图像"组。

① 如将"图片"作为水印，则单击"图片"按钮，找到需要的图片后进行确认。

② 如将"联机图片"作为水印，单击"联机图片"按钮，在"联机图片"任务窗格中的"搜索"框中输入需要搜索的文字后，单击"搜索"按钮。

③ 使用"屏幕截图"作为水印，则单击"屏幕截图"按钮，在"可用视窗"中选择图片。

（3）插入"水印图片"之后，在窗格"格式"功能选项卡中可以对"水印图片"的颜色、艺术效果、图片的样式及大小进行调整。

3. 使用文本框或艺术字作为幻灯片水印

使用文本框或艺术字作为幻灯片水印操作步骤如下。

（1）在"幻灯片、大纲视图窗格"中选中要添加水印的幻灯片，选择"视图"→"母版视图"→"幻灯片母版"。

（2）选中"插入"功能选项卡，选择"文本"组。

① 单击"文本框"按钮，绘制所需的文本框。

② 单击"艺术字"按钮，选择文字的样式。

（3）在文本框或艺术字中输入水印文字，如果要重新放置文本框或艺术字，则单击文本框或艺术字，并对其进行设置。

（4）完成对水印文字的编辑、定位后，选择"排列"→"下移一层"→"置于底层"命令，则文本框或艺术字就置于幻灯片的底层。关闭"幻灯片母版"后,文本框或艺术字就成了水印文字。

 任务总结

通过本子任务的实施,应掌握下列知识和技能。

- 通过对幻灯片设置不同的背景,可以对演示文稿进行背景设置。
- 进行背景设置时应掌握对文字、图片的相应设置。

子任务 5.2.3　演示文稿版式的设置

任务描述

通过本子任务的学习,应熟练掌握设置演示文稿版式的不同方法,以及排版技巧。继续沿用上个子任务"富乐山自然风光",对其进行扩充介绍,再通过"幻灯片母版"视图,对演示文稿中的每一张幻灯片进行版式的设置。

相关知识

1. 演示文稿的版式

版式就是幻灯片上标题、图片、文本、图表等内容的布局形式。在具体制作某一张幻灯片时,可以预先设计幻灯片上各种对象的布局。

2. 设置演示文稿版式的方法

1)用"新建幻灯片"设置版式

(1)在演示文稿中,可通过单击"开始"功能选项卡"幻灯片"组的"新建幻灯片"下拉按钮,在弹出的任务窗格中可以选择所需的版式,如图 5-2-17 所示,单击可生成一张新的幻灯片。

(2)如果要对已建立的幻灯片进行版式的修改,可在"开始"功能选项卡的"幻灯片"组中选择"版式"下拉按钮,在弹出的任务窗格中进行版式的选择,如图 5-2-18 所示。或右击幻灯片工作区域的空白处,在弹出的快捷菜单中选择相应的版式。

2)用"幻灯片母版"设置版式

"幻灯片母版"命令在"视图"功能选项卡的"母版视图"组中,选择"幻灯片母版",在幻灯片窗格中就会自动显示出母版的编辑状态,通过对样式的修改可以设置演示文稿的版式;或编辑幻灯片时右击左侧缩略图,在弹出的快捷菜单中选择"版式"命令,会弹出版式

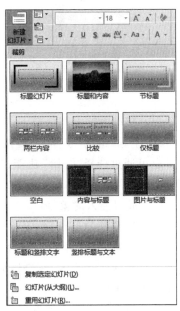

图 5-2-17　"新建幻灯片"任务窗格

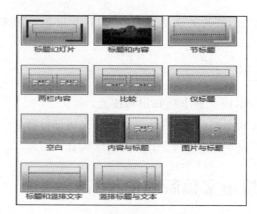

图 5-2-18　"版式"任务窗格

库列表，选择自己喜欢的版式即可。图 5-2-19 所示为幻灯片母版的编辑状态。

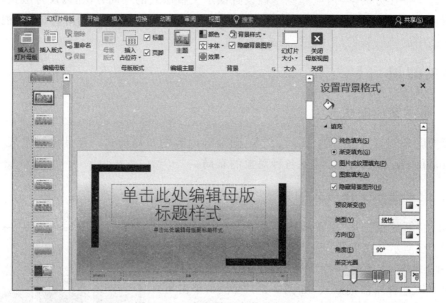

图 5-2-19　幻灯片母版的编辑状态

（1）在母版的编辑状态下，选中每一张幻灯片的占位符，选中"幻灯片母版"功能选项卡"编辑主题"组的"字体"下拉按钮，对占位符中的文字进行设置，如图 5-2-20 所示。

也可通过选择"开始"功能选项卡中"字体"组中的字体样式按钮对其进行设置，如图 5-2-21 所示。

（2）通过插入对象，可以在母版上添加图形图表。关闭幻灯片母版后，整个演示文稿都会显示所添加的形状，若要对其修改，仍是在"幻灯片母版"功能选项卡中进行操作。

（3）添加"页眉和页脚"。在"母版编辑"状态中"幻灯片编辑窗格"的下方显示了"日期区""页脚区""数字区"三个区域。为了添加每一张幻灯片的页眉与页脚，可以在"插入"功能选项卡的"文本"组中选择"页眉和页脚"命令，在弹出的"页眉和页脚"对话框中可对幻灯片的页眉、页脚、页码和日期等内容进行设置，如图 5-2-22 所示。

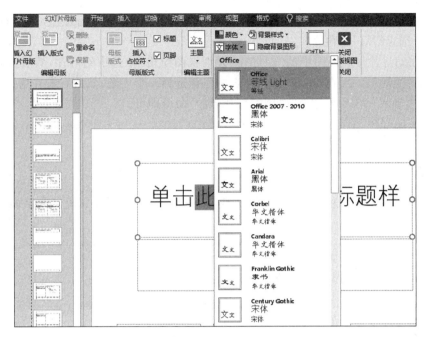

图 5-2-20 　"幻灯片母版"中的"字体"下拉按钮

图 5-2-21 　"开始"功能选项卡中的"字体"组

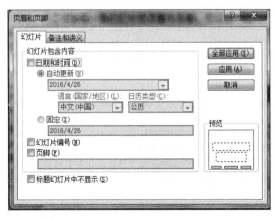

图 5-2-22 　"页眉和页脚"对话框

设置完成后,关闭幻灯片母版,即结束母版的设置。

3) 制作演示文稿时用多个母版

制作演示文稿时,若要在幻灯片中同时使用多个母版,方法有以下两种。

(1) 在普通视图中的"幻灯片、大纲视图窗格"中选中幻灯片,再切换至"设计"功能选项卡，在"主题"组的"主题"下拉列表中任意选中一个主题，单击进行应用，或是右击并选择"应用于选定幻灯片"命令。

（2）在幻灯片母版视图中的"幻灯片、大纲视图窗格"中选中幻灯片，然后选择"编辑主题"组的"主题"命令，在"主题"下拉列表中任意选择一个主题，然后右击并选择"应用于所选幻灯片母版"命令，再选择"关闭幻灯片母版"命令即可。

任务实施

1. 内容扩充

演示文稿的标题仍为"富乐山自然风光"，只是内容进行了改变扩充。文字如图 5-2-23 所示。

（1）新建一个演示文稿，第一张幻灯片插入标题"富乐山自然风光"。

（2）从第二张幻灯片开始，插入正文文字。

① 第二张幻灯片的内容为：

【富乐山景区是一个以园林建筑见长、融三国遗迹在内、山水结合的新景区。汉建安十六年，刘备入蜀，刘璋延至此山，饮酒乐甚，刘备叹道：富哉！今日之乐乎！做名富乐山。】

② 第三张幻灯片录入的文本信息：

【富乐山以高、广、秀、雅著称，被誉为"绵州第一山"。已建成大小景点 50 余处，著名的有"豫州园""绵州碑林""富乐堂"等。】

③第四张幻灯片录入的文本信息：

【富乐山风景区现已营造出汉皇园、益州园、绵州碑林、富乐阁、乐园、富乐堂涪城会馆、桃源洞、冷源洞、玄德湖、明镜湖、碧云岩 11 个景观区近百处景点和桃园、梅花岭、梨园、月季园、海棠园、竹海、桂花园、松柏林、樱花路、盆景园等十大观赏植物园。景区营造依山就势，顺其自然，山水成趣，赏乐并举，融"三国"文化和人文景观于一体；步移景异，园中有园，既具皇家园林的豪华气派，又不失江南山水园林的静谧。】

④ 第五张幻灯片录入的文本信息：

【富乐山公园部分占地面积 35 万平方米，园内主要有富乐园、绵州碑林、富乐阁等景区，48 处亭、廊、楼、阁、轩、榭等景区建筑各具特色，分布错落有致，修建在富乐山顶的富乐阁，通高 46 米，共五层，楼阁构架与建筑风格均与武汉黄鹤楼相媲美；而富乐山下的绵州碑林中的巨形浮雕"涪城会"上辉煌的宫阙、行进的车马和以刘备、刘璋为中心的上百人物则把三国的历史风云一一再现；占地 9.96 万平方米的桃花园、梨花园、梅花园、桂花园、海棠园、月季园等植物园区均已初步形成，整个富乐山公园树林茂密，沟壑清幽，湖水荡漾，遍地绿茵，既有皇家园林风格，又有浓郁的山野情趣，且在各个景点、景区构成了一幅幅不同景色的天然图画。】

⑤ 第六张幻灯片的内容为：

【绵阳富乐山公园菊花展已成功举办了二十四届，其中五届是由多个单位联合举办，富乐山公园独立承办十九届。绵阳富乐山菊花展在四川乃至西部地区具有广泛的影响，菊花品种近 300 余种，其设计方案及植物立体造型集知识性、观赏性、艺术性为一体，在全川享有盛名，菊文化和"三国"文化始终体现在富乐山菊展之中。为了打造城市品牌，按照市委市政府提出的"三个提升"的要求，提升城市环境水平，体现山水园林城市的风貌，创建、体验四川西北民俗文化的旅游休闲胜地，把绵阳建设成为国内最佳宜居城市。打造"三国"文化特色，营造"三国"英杰与游客相聚地独特文化氛围。形成深刻的个人体验，留下难以忘返的旅游经历。逐步把富乐山打造成为 AAAA 级旅游景区。】

⑥ 第七张幻灯片的内容为：

【富乐山松柏茂密，山秀花明，溪壑清幽，景色极佳，古迹众多，自古以来便是极具魅力的游览之地，历代文人墨客多有作诗称颂。因山上碑石、岩刻、造像及诗词众多，被誉为"川西北书法艺术宝库"。在富乐山对面，是著名的西山风景名胜区，这里有"西山四胜"：西蜀子云亭、蒋琬祠墓、玉女泉和仙云观。当你拜谒蜀汉大司马蒋琬祠墓后，即可登临秀美峻拔的西蜀子云亭，睹玉女风姿，观西山落日，会蜀中八仙，远眺姜维屯兵的营盘嘴，可使你耳目一新。】

图 5-2-23 演示文稿内容的扩充

2. 设置版式

返回到文稿中的第一张幻灯片,切换至"幻灯片母版"视图,在对应的功能选项卡中对演示文稿中的每一张幻灯片进行版式的设置,操作如下。

(1) 通过运用该功能选项卡中"编辑主题"组中的"主题"下拉按钮,对第一张幻灯片进行"主题"样式设置,并设置其形状、样式。

(2) 依次对余下的每一张幻灯片进行样式的设置,如图 5-2-24 所示。

图 5-2-24　设置样式的效果

知识拓展

下面介绍母版的运用方法。

PowerPoint 2016 的母版用于设置演示文稿中每张幻灯片的预设格式,它决定着幻灯片每个对象的布局、版式、背景、配色、效果、标题文本样式、位置等属性。若要修改其外观,可直接在母版上对其进行修改即可。在"母版视图"组中包含幻灯片母版、讲义母版和备注母版。

(1) 幻灯片母版:可以打开"幻灯片母版"视图,可以更改母版幻灯片的设计和版式。而幻灯片母版又包括标题母版和文本母版。

① 标题母版:对幻灯片的标题设置格式。

② 文本母版:对幻灯片的文本设置格式。

(2) 讲义母版:设置讲义的版式。运用讲义母版可以将多张幻灯片放置在一页中打印,如图 5-2-25 所示。

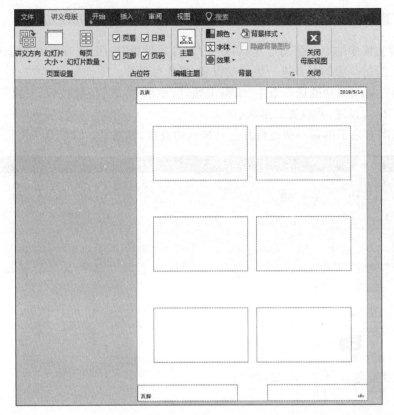

图 5-2-25　讲义母版

在"讲义母版"功能选项卡中有以下主要组。

① 可在"页面设置"组中设置页面大小、讲义方向、幻灯片方向以及讲义中每页显示幻灯片的数量。

② 可在"占位符"组中设置讲义中四周的页眉页脚、日期和页码，并可对它们的位置、字体格式进行相应的调整。

③ 可在"背景"组中设置讲义的背景样式。

（3）备注母版：设置备注页的版式以及备注文字的格式，能使"备注页"具有统一的外观，如图 5-2-26 所示。

在"备注母版"功能选项卡中部分组的功能如下。

① 可在"页面设置"组中设置备注页面的大小和方向、幻灯片的方向。

② 可在"占位符"组中设置备注中四周的页眉页脚、日期、幻灯片图像和页码等，并可对它们的位置、字体格式进行相应的调整。

③ 可在"背景"组中设置备注页的背景样式。

设置好并关闭母版视图后，在普通视图的备注窗格中输入文本，其格式为所设置的文本字体格式（如果用户有设置备注文本的字体颜色、背景样式，在普通视图中无法显示，只能在"视图"→"演示文稿视图"→"备注页"中显示）。

当切换至"视图"功能选项卡，选择"演示文稿视图"→"备注页"时，显示的内容就为在

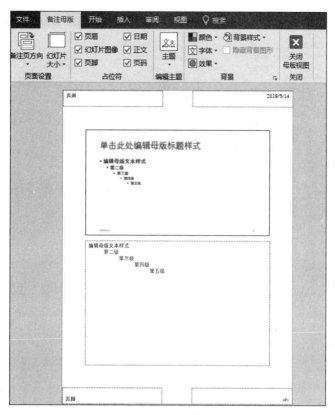

图 5-2-26　"备注母版"功能选项卡

"备注母版"所进行的操作。

技能拓展

1. 重命名幻灯片版式

依次选择"视图"→"母版视图"→"幻灯片母版",在"幻灯片、大纲视图窗格"中任意选中一张幻灯片,右击并选择"重命名母版"命令,在弹出的"重命名版式"对话框中输入版式名称,再单击"重命名"按钮即可,如图 5-2-27 所示。

2. 设计版式

1) 文字排版

文字在演示文稿中最大的优势在于将幻灯片的意义表达明确,起到更好地引导解释作用。文字在编排时应注意其字体字号、色彩、间距等,使其重点突出,便于阅读。

(1) 切忌文字过多,可以多使用幻灯片或是简化幻灯片上的文字。

(2) 通过改变文本的字体、字号、颜色来强化文本内容,并注意排列有序。

(3) 安排好文字和图形之间的交叉错合,既不要影响图形的观看,也不能影响文字的阅览。

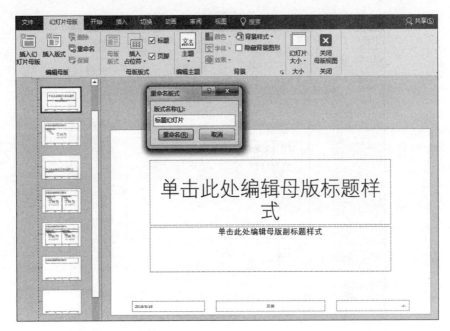

图 5-2-27　重命名幻灯片母版版式

2）图形排版

（1）在幻灯片中插入"图像"后，幻灯片会自动切换至"图片工具"→"格式"功能选项卡中，可以在功能区中对其颜色、效果、图片样式、排列、大小等进行设置，如图 5-2-28 所示。

图 5-2-28　"图片工具"→"格式"功能选项卡

（2）在幻灯片中插入"插图"后，会有以下三种选项。

- 形状：幻灯片会自动切换至"绘图工具"→"格式"功能选项卡中，可在功能区中对其形状样式、艺术字样式、排列、大小等进行设置排版，如图 5-2-29 所示。

图 5-2-29　"绘图工具"→"格式"功能选项卡

- SmartArt：SmartArt 图形是信息的视觉表示形式。选择"插图"组中 SmartArt 按钮后，会弹出"选择 SmartArt 图形"对话框，用户可根据需求进行选择，如图 5-2-30 所示。

插入"SmartArt 图形"后，可在"SmartArt 工具"→"设计"（图 5-2-31）和"SmartArt 工具"→"格式"（图 5-2-32）功能选项卡区中对 SmartArt 的创建图形、布局、颜色、样式、大小、形状样式、排列等进行设置及排版。

344

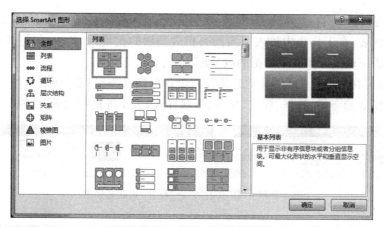

图 5-2-30 选择 SmartArt 图形

图 5-2-31 "SmartArt 工具"→"设计"功能选项卡

图 5-2-32 "SmartArt 工具"→"格式"功能选项卡

- 图表：用于演示和比较数据。单击"图表"按钮，会弹出"插入图表"对话框，用户可根据需求进行选择，如图 5-2-33 所示。

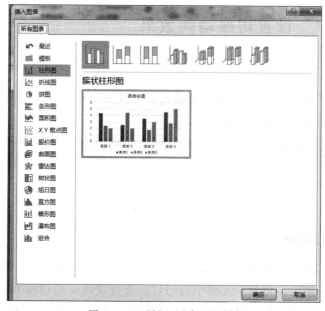

图 5-2-33 "插入图表"对话框

插入图表后，会自动弹出一个名为"Microsoft PowerPoint 中的图表-Microsoft Excel"的工作表，在工作表中输入插入图表相应类别的比例，而此时，幻灯片中所插入图表的数据随着 Excel 工作表中数据的改变而改变。

同时，也可在幻灯片中的"图表工具"的"设计"（图 5-2-34）及"格式"（图 5-2-35）功能选项卡中对图表的布局、数据、样式、标签、形状样式、大小等进行设置及排版。

图 5-2-34　"图表工具"→"设计"功能选项卡

图 5-2-35　"图表工具"→"格式"功能选项卡

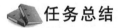 **任务总结**

通过本子任务的实施，应掌握下列知识和技能。

* 在幻灯片中设置不同的文稿版式，对幻灯片进行排版。
* 排版时合理应用主题、样式、背景等，使演示文稿的意义明确。

任务 5.3　演示文稿动画效果的设置

子任务 5.3.1　设置切换动画效果

任务描述

通过对本子任务的学习，我们能够掌握幻灯片动画切换的方法，对幻灯片切换效果、换页方式和切换声音进行熟练操作。

对"光雾山魅力风景区"中的幻灯片设置切换动画，使演示文稿中每一张幻灯片都有切换效果。

相关知识

1. 幻灯片的切换

设置幻灯片的切换动画，顾名思义，就是在幻灯片放映视图中每一张幻灯片在切换时的过渡效果。用户既可以把演示文稿中的幻灯片设置成统一的切换方式，也可以设置成不同的切换方式，可在"切换"功能选项卡中对其进行设置，如图 5-3-1 所示。

图 5-3-1　"切换"功能选项卡

2. 幻灯片的切换功能

1）"预览"组

预览幻灯片的切换方式。就是在"切换到此幻灯片"组中对幻灯片进行设置后,单击"预览"按钮,可在幻灯片编辑窗格中对幻灯片的切换效果进行预览。

2）"切换到此幻灯片"组

在该组中,显示的是幻灯片的"切换方案"和"效果选项",也就是显示幻灯片进入和离开屏幕的方式。幻灯片的切换应用在两张幻灯片之间,就是一张幻灯片代替另一张幻灯片,并使幻灯片切换的效果显示在屏幕上。通过单击"切换方案"的下拉按钮,在下拉列表中可知切换效果有三种类型,分为细微、华丽、动态内容,如图 5-3-2 所示。

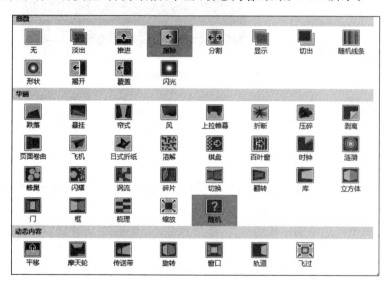

图 5-3-2　幻灯片的切换效果

3）"计时"组

可以设置幻灯片切换时的速度、声音、切换时间以及换片的方式等。

任务实施

对"富乐山美丽风景"中的幻灯片设置切换动画,使演示文稿中每一张幻灯片都有切换效果,如图 5-3-3 所示。

设置了"切换方式"的幻灯片,在幻灯片编辑窗格中"幻灯片编号"的下方就会显示"切换图标" ,"播放动画"就是该图标的功能之一。

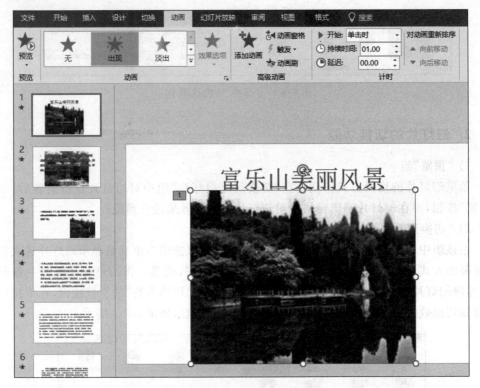

图 5-3-3　作品集切换效果

知识拓展

1. 设置幻灯片切换方式

在"幻灯片浏览"视图中可设置一张或多张幻灯片具有同样的切换效果。其操作步骤如下。

（1）在视图中先选中第一张幻灯片，然后按住 Shift 键或 Ctrl 键，都能同时选择多张幻灯片。

（2）再在视图中选择"切换"功能选项卡中的"幻灯片切换效果"组。而此时在幻灯片编辑窗格中就能看见切换效果。若单击幻灯片下方的"切换效果"图标，也可再次查看切换效果。

当然，也可在"幻灯片、大纲视图窗格"中对其进行设置，但在设置切换效果以后只能通过"切换效果"图标再次查看切换效果。

2. 设置幻灯片切换效果

1）切换"效果选项"

这是指在演示文稿放映中幻灯片进入和离开屏幕时的视觉效果。在切换效果的任务窗格中可任意选择一种切换效果，还可以对其进入屏幕的方向进行设置。当选择了一种

348

效果时,立即就可以在幻灯片的编辑窗格中看到该选项的切换效果。

2）声音

设置幻灯片进入屏幕时的声音效果,还可以设置其进入屏幕的时间。在"声音"下拉列表的"其他声音"中还可以设置幻灯片的背景音乐等音效。

3）换片方式

可以对幻灯片的换片方式进行设置。一是单击时自动换片;二是可以设置自动换片的时间。当用户选用"设置自动换片的时间"时,就需要输入一个时间数值。自动换片的时间一般是通过演示文稿的放映排练时间完成设置。

如果将"单击鼠标时自动换片"和"设置自动换片的时间"这两个复选框都选中,就相应地保留了两种换片方式。那么,在放映时就以较早发生的为准,即在设定的时间还未到时单击了,则单击后就更换幻灯片,反之亦然。

如果同时清除了两个复选框,在幻灯片放映时,只有右击并从快捷菜单中选择"下一页"命令更换幻灯片。

设置好幻灯片的切换方式以后,用户单击"全部应用"按钮后,就能将设置好的效果应用到整个演示文稿中。如果想取消幻灯片的设置效果,则任意选择一张幻灯片,选择"切换",在切换效果的窗格中选择"无切换",然后单击"全部应用"按钮,即可取消切换方式。

技能拓展

下面说明如何设置幻灯片的自动切换功能。

如果用户希望随着幻灯片的放映,同时讲解幻灯片中的内容,而不能用人工设定的时间,则可以使用"幻灯片放映"功能选项卡中的"排练计时"功能。在排练放映时自动记录使用时间,便可精确设定放映时间,设置完成后就能直接进入幻灯片的放映状态,不管事先是何种状态,此时都从第一张开始放映,根据用户所设置的切换方式以及每张幻灯片的停留时间,可将整个幻灯片全部自动地放映一遍。

任务总结

通过本子任务的学习,可以掌握到幻灯片的切换方式以及对切换效果,在切换时可对幻灯片进行时间、切换的设置来丰富演示文稿的展现。

子任务 5.3.2　设置对象的动画效果

任务描述

不同内容的幻灯片通过选择适合的动画效果形式加以展现,会使其精美。本子任务围绕学习幻灯片的动画效果,给幻灯片设置合适的动画效果,并掌握对各种对象按键设置链接的操作,以便精心地制作出富有特点的演示文稿。

相关知识

在幻灯片的放映过程中，PowerPoint 提供的动画功能可以使演示文稿中的文本、图形图标、音频视频等对象，以各式各样的动画形式和次序出现在幻灯片上，这样可以突出重点，吸引人们的注意。

1. 动画效果

对象的动画效果是指在幻灯片放映过程中为演示文稿中的文本、图形图表等对象添加的视觉效果。用户可以设置对象的动画方式、效果、方向、时间等。"动画"功能选项卡的界面如图 5-3-4 所示。

图 5-3-4 "动画"功能选项卡界面

2. 对象动画的设置

1）"预览"按钮的功能

预览对象的动画效果。当在"动画"功能中对幻灯片中的对象进行设置后，可通过"预览"按钮对其效果进行预览。

2）"动画"下拉列表的功能

在演示文稿中，可以设置幻灯片中文本、图片、形状、图表、SmartArt 图形和其他对象出现在屏幕中的动画，赋予它们进入、强调、退出、大小或颜色变化、移动等视觉效果。在"动画"下拉列表中大致分为四种动画效果，如图 5-3-5 所示。

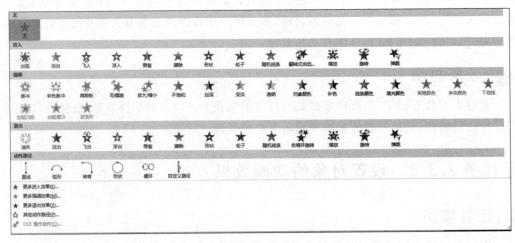

图 5-3-5 动画效果

（1）"进入"动画效果：在幻灯片视图中对象进入幻灯片的动作效果。其操作步骤如下。

- 选择需要设置的对象。
- 选中后切换至"动画效果"窗格中,选择对象进入的效果。
- 添加完成动画效果以后,单击"动画"功能选项卡的"预览"按钮,或者单击右侧"动画窗格"下方的"播放"按钮,可看到设置效果。

(2)"强调"动画效果:对象从原始状态转换到另一种状态,再回到原始状态的变化过程,以起到强调突出的作用。操作在设置"进入"动画的效果之后,在幻灯片内容上进行合适的效果设置,同样也通过单击"动画"功能选项卡的"预览"按钮,或者单击"播放"按钮查看。

(3)"退出"动画效果:在幻灯片视图中对象退出幻灯片的动作效果。演示退出和切换是幻灯片的收尾"演出",然后消失,设置起来相对可以简洁一些,设置好后依然单击"动画"功能选项卡的"预览"按钮,或者单击"播放"按钮。

(4)"动作路径"动画效果:通过为选中的幻灯片对象添加引导线,使物体沿着引导线运动,相比之下难度上升,动画效果更好。该设置效果可以使对象上下、左右移动,或是沿着星形或圆形图案等移动。其操作步骤如下。

- 选中对象后切换至"动画效果"窗格中选择"动作路径"的效果,添加完成动画效果以后,单击"播放"按钮可以进行再次预览。
- 选中路径效果之后,在幻灯片编辑窗格中就会出现所选定的动作路径,路径上绿色三角形标示的为动作的轨迹。选中后路径的四周出现了调整大小、位置的拖动柄,对其进行设置可调整动作的路径。
- 完成动作路径设置后,单击"预览"按钮,可以观看整张幻灯片的播放效果。

3)"效果选项"功能

在设置好的动画效果右侧下拉列表中单击"效果选项"后,弹出的对话框中可以设置效果和计时时间。

任务实施

对"富乐山美丽风景"演示文稿中单张幻灯片中的占位符、文本文字、图片等对象设置自定义动画,从而使在放映时其中的对象都有动画效果。

知识拓展

1. 设置动画参数

为对象设置好动画效果后,可以在"高级动画"功能中根据需求为对象设置更多的参数。

1)"添加动画"功能

选择一个对象,添加动画效果,新的动画将应用到此幻灯片上现有的动画后面。譬如,之前对一个对象设置了"进入效果"中的"飞入效果",又为其添加了一个"缩放"的动画,添加完成后,会在对象的左上方出现"数字序号"按钮,单击"序号"按钮时显示出最先的效果为"飞入"，其次的效果为"缩放"，说明设置成功。

2）"动画窗格"功能

显示"动画窗格"，可方便"自定义动画"的设置，可为动画效果添加更多的参数。"动画窗格"以下拉列表的形式显示了当前幻灯片中所有对象的动画效果，包括动画类型、对象名称、先后顺序等。默认情况下动画窗格处于隐藏状态，若选择"动画"的"自定义动画"后，则在幻灯片编辑窗格的右侧显示该窗格。

在"动画窗格"中可以对所选定动画的运行方式进行更改，单击动画的下拉列表可以重新设置对象动画的开始方式、效果选项、计时、显示高级日程表和是否删除等，如图 5-3-6 所示。

3）"触发"功能

该功能可以灵活控制演示文稿中的动画效果，从而可以进行人机交互。该功能可以设置对象动画的特殊开始条件，即通过触发按钮来控制幻灯片页面中已设定的动画执行状态。

图 5-3-6　动画窗格

譬如一张幻灯片上有多个对象，对其中一个对象进行"触发"设置后，幻灯片在放映中该对象就不出现在屏幕上，直接执行下一个对象。

4）"动画刷"功能

该功能是 PowerPoint 2016 新增的一个功能，类似于"格式刷"，它可以直接复制一个对象的动画，并将其应用到另一个对象上。单击此按钮，则将该动画效果运用到某个选中需设置效果的对象；若双击此按钮，则将该动画效果运用到演示文稿中的多个对象中。动画刷这一功能使在制作 PowerPoint 2016 的动画效果时更加方便快捷。

2. 设置动画的持续时间

"计时"功能就是对动画的开始播放时间、延迟时间、在幻灯片中显示的时间进行设置，也可对动画的顺序进行调整。

（1）"计时"功能：对动画的开始播放时间进行设置，有三种状态，即"单击时""与上一动画同时"和"上一动画之后"。

① "单击时"：是指单击幻灯片时开始播放动画。

② "与上一动画同时"：是指在上一个动画开始时，本动画也同时开始。

③ "上一动画之后"：是指上一个播放完成时，该动画开始播放。

（2）"计时"功能选项卡的"延迟"功能：设置上一动画结束与下一动画开始之间的显示时间值。

（3）"重复"：从该下拉列表中设置动画重复时间的间隔值。

（4）"触发器"：对于对象进行十分详细的特定动画设置及播放。

技能拓展

1. 设置更多的"动画样式"效果

若需要为幻灯片中设置更多更丰富的动画效果,选中对象后再单击"自定义动画",在弹出的窗格工具栏中单击"添加效果"可进行相应设置,如图 5-3-7 所示。

选择"添加效果"后,则相应弹出"进入效果""强调效果""退出效果"与"动作路径"的选项,可以在对话框中重置对象的动画效果。

2. 设置对象的特殊动画效果

为文字添加动画效果:

每一张幻灯片中的占位符或是文本框都是以"段"的形式出现在屏幕上。可以通过相应的设置,使占位符或文本框中的文字按"字/词""字母"的形式显示在放映视图中。

例如,在占位符中输入文字后,通过对其"效果"进行设置,改变其在播放时进入屏幕的效果,可进行如下操作。

(1) 选中该占位符或文本框,在"自定义动画"功能选项卡的"自定义动画"组中单击"添加效果"下拉按钮,在显示的窗格中选择"进入效果"。

(2) 打开该对象的"动画窗格",单击选中"效果选项",在弹出的对话框中进行设置,如图 5-3-8 所示。

图 5-3-7　添加更多效果

图 5-3-8　设置效果选项

可以对对象进入屏幕的方向和声音、动画播放后所显示的颜色、动画文本效果进行设置。其中,"动画文本"中的"整批发送"为默认模式,既然是为"文字"设置特殊效果,还可以选择以"按字/词""按字母"的方式出现在屏幕中。

也可以在"计时""正文文本动画"选项卡中对动画进行设置。

(3) 设置好之后单击"确定"按钮,就可以在幻灯片编辑视图中预览其动画效果。若是想设置文字显示的时间,可以在"效果选项"下方的"延迟百分比"中设置时间。

任务总结

幻灯片的每个内容都能当作对象设置动画效果。不同效果的各式方法,掌握和熟悉了才能运用灵活，才能使自己制作出的演示文稿显出独具匠心，赢得别人的赞赏和肯定。

子任务5.3.3　添加音频、视频

任务描述

在播放演示文稿时，用户想使插入的音频及视频自动播放。通过本子任务的学习，用户在幻灯片中插入音频、视频后再进行相应的设置，就能使其自动播放。

相关知识

1. 插入音频

PowerPoint提供了演示文稿在放映时能同时播放声音、音乐的功能。若要为文稿添加声音，可选择"插入"功能选项卡中"媒体"组中的"音频"按钮🔊。而当选择"音频"下拉按钮后，则显示出"PC上的音频"和"录制音频"两种插入声音的选项。

当单击"PC上的音频"后，则弹出"PC上的音频"对话框，可在其中选择相应的声音文件。插入合适的声音文件以后，在幻灯片中则会出现一个"声音控制图标"，如图5-3-9所示。

选择声音文件后会弹出提示框，播放声音的设置有"自动"和"在单击之后"的选项，可自行选择。

2. 添加视频

想要在演示文稿中添加视频，可单击"插入"功能选项卡中"媒体"组的"视频"按钮🎞。单击"视频"下拉按钮后，则显示出"联机视频"和"PC上的视频"两种插入影片的类型，如图5-3-10所示。

图5-3-9　声音控制图标

图5-3-10　插入视频的选项

任务实施

完成对"光雾山魅力风景"演示文稿进行"插入音频"和"插入视频"的操作。

知识拓展

1. 认识"音频工具"

插入音频文件之后，单击"声音图标"🔊时，便会开始播放声音。而要对声音进行具体设置,可选择"音频工具"功能选项卡,如图 5-3-11 所示。

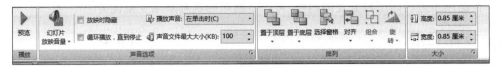

图 5-3-11　"音频工具"功能选项卡

1)"预览"按钮

单击该按钮,会听到幻灯片放映声音文件的播放效果。

2)"幻灯片放映音量"按钮

该按钮用于调节在放映幻灯片时音量的大小。

3)"声音选项"组

"声音选项"组为里面包含声音文件播放的具体设置,比如是否在放映时隐藏声音,什么时候播放声音,是否开启循环播放功能,还有声音文件的最大大小的设置。

4)"排列"组

在该组中可以围绕声音图标的排列位置进行合适设置,当中包含"置于顶层""置于底层""选择窗格""对齐""组合""旋转"等功能的具体设置。

5)"大小"组

通过该组中可以设置声音图标的"高度"和"宽度"的大小。

2. 认识"视频工具"

在插入视频文件后,单击"视频播放窗口"时,标题栏会出现"视频工具"功能选项卡,可以对幻灯片上的影片文件进行详细设置,如图 5-3-12 所示。

图 5-3-12　"视频工具"功能选项卡

1)"预览"按钮

单击此按钮,可以对插入的影片文件进行播放,以便观看放映的效果,并便于再修改设置。

2)"幻灯片放映音量"按钮

该按钮用于调节影片在放映时的音量高低,可设置合适的播放音量,以便与幻灯片的整体放映配合。

3)"影片选项"组

用于设置"播放影片"的相关功能,比如放映时是否隐藏,是否循环播放,影片播放完是否返回开头,是否进行全屏播放等。

4)"排列"组

若插入了多个影片文件,可对它们进行"排列""组合""旋转"等设置。

5)"大小"组

该组用于进行高度和宽度的调整,可以使视频的观看效果变得优美。

技能拓展

1. 插入音频的其他类型

1)剪辑管理器中的声音

当选中该选项后,在演示文稿的工具栏中会出现"CD音频工具"功能选项卡,可以进行声音文件的灵活设置。声音文件应位于幻灯片右侧的任务窗格中,需要先选中再操作。

选中某一剪辑音频后,双击该音频或是右击并选择"插入"命令,则在幻灯片中就出现了该剪辑音频的"声音控制图标",可根据需求对其进行设置。

2)录制声音

该选项可以把录制的声音文件插入幻灯片中。当选择该选项后,弹出的对话框如如图 5-3-13 所示。

2. 插入视频的其他类型

选中"剪辑管理器中的影片"选项后,弹出的属性窗格如图 5-3-14 所示。

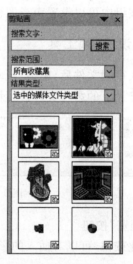

图 5-3-13　"录音"对话框　　　　　　图 5-3-14　"剪贴画"属性窗格

1)搜索文字

在该文本框中输入想要搜索的内容,单击右侧的"搜索"按钮即可。

2)搜索范围

单击该下拉列表的下拉按钮,会出现"我的收藏集""Office 收藏集""Web 收藏集"三个选项。其中,"Web 收藏集"可以连接网络查找,范围更广,更能达到所需的要求。

3)结果类型

单击该下拉列表,依次列出了"剪贴画""照片""影片""声音"等选项,选中"影片"。

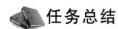

任务总结

通过本子任务的学习,可以对插入音频文件和视频文件的设置有所认识,而具体的实践操作是通过多练习才能达到制作演示文稿放映的良好效果。

子任务 5.3.4　设置超链接

任务描述

通过本子任务的学习,能在演示文稿中熟练添加及修改文本、图形图像、幻灯片、多媒体文件等特定对象的超链接。

相关知识

1. 什么是超链接

超链接是超级链接的简称,它是控制演示文稿放映时的一种重要手段。PowerPoint中可以创建指向网页、图片、电子邮件地址或程序的超链接,在幻灯片播放时以定位的方式进行跳转。使用超链接可以制作出具有交互功能的演示文稿。

2. 插入超链接

首先选中要链接的对象,在"插入"功能选项卡"链接"组中单击"超链接"按钮,然后弹出如图 5-3-15 所示的"插入超链接"对话框,可进行超链接的设置。

图 5-3-15　"插入超链接"对话框

在"查找范围"中,可以找寻超链接信息在计算机中的位置。

任务实施

在"富乐山美丽风景"演示文稿中,进行相应的"超链接"操作。

📖 **知识拓展**

1. 超链接选项

在"插入超链接"对话框中，左边有一个"链接到"的选项区，在该选项区中有 4 个选项："现有文件或网页""本文档中的位置""新建文档"和"电子邮件地址"。

1）链接到"现有文件或网页"

选中该选项后，在对话框的中间部分有"当前文件夹""浏览过的网页"和"最近使用过的文件"3 个选项。

（1）"当前文件夹"：通过查找本地文件来建立超链接。

（2）"浏览过的网页"：在列表中列出最近浏览过的网页。

（3）"最近使用过的文件"：在列表中列出最近使用过的文件。

2）链接到"本文档中的位置"

选中"本文档中的位置"后，可以从幻灯片列表中选择要链接的幻灯片或自定义放映，并且可通过"幻灯片预览"区域对链接的幻灯片进行预览。

3）链接到"新建文档"

选择"新建文档"，则可以链接到一个新的演示文档，默认情况下为"开始编辑新文档"，并以指定的名称和位置编辑。窗格下方还有以后再编辑新文档和开始编辑新文档等设置。

4）链接到"电子邮件地址"

通过输入新的电子邮件地址、主题，可以选定电子邮件等内容建立超链接。另外，也可以选择"最近使用过的电子邮件地址"来设置超链接。

还可根据需要进行其他设置，完成后单击"确定"按钮。默认情况下，被链接文字的格式为"蓝色且有下画线"。当幻灯片放映时，鼠标光标停在被链接的文字上时就变成手柄形状，如设置有"屏幕提示文字"，则会在屏幕上显示出来。单击超链接，系统则自动跳转到指定的页面，并且被链接的文字将会改变颜色，默认情况下变成紫色。

2. 设置动作

"动作"按钮可以为所选的对象添加一个动作，比如指定单击该对象时或鼠标光标在其上移过时应执行的操作。

选中要链接的对象时，在"插入"功能选项卡的"链接"组中单击"动作"按钮 ，会弹出"操作设置"对话框，可进行相关设置，如图 5-3-16 所示。

1）"单击鼠标"选项卡

文稿放映时，通过单击来设置对象发生时的动作。单击鼠标时的动作，可以设置"无动作"或者"链接到"幻灯片；设置动作发生时所运行的程序，则选择"运行程序"。还可以设置"运行宏"和"对象动作"，也可对播放的声音进行选择。

2）"鼠标悬停"选项卡

放映幻灯片时，该选项卡可设置当鼠标指针移过对象时所发生的动作。设置方法与

图 5-3-16　"操作设置"对话框

"单击鼠标"选项卡一样。默认情况下,都是通过设置"单击鼠标"来进行跳转。动作设置完成以后,幻灯片放映时当鼠标光标移到该对象上时,鼠标光标就变成手柄形状,单击就能执行预设的动作。

技能拓展

　　在"操作设置"对话框的两个选项卡中都有一个"超链接到"选项。在下拉列表中,可以设置超链接的目标位置,如下一张幻灯片、上一张幻灯片、第一张幻灯片、最后一张幻灯片、最近观看的幻灯片和结束放映等链接,如图 5-3-17 所示。

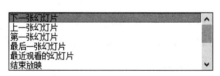

图 5-3-17　"超链接到"下拉列表

　　(1)当从"超链接到"下拉列表中选择合适的幻灯片后,在放映时单击该对象后,就会自动跳转到所选择的幻灯片上。
　　(2)选择"运行程序"选项后,通过单击"浏览"按钮,可以间接地创建一个在计算机中可运行的程序。
　　(3)"运行宏"和"对象动作"选项都是基于"运行程序"才能进行设置。

任务总结

　　对本子任务的学习需要我们多操作练习,才能更完整地了解"超链接"的设置方法及其特点,对制作演示文稿是极大的帮助。

359

任务 5.4　演示文稿的放映

子任务 5.4.1　设置放映效果

任务描述

关于幻灯片的放映，一般情况下用右击或是按键盘上的方向键来向观众放映幻灯片。而本子任务的学习可以帮助用户了解 PowerPoint 自带的排练计时、录制旁白等功能，使其放映更加灵活。

相关知识

下面介绍幻灯片放映的相关知识。

幻灯片的广泛使用，在于其特别的表达形式，幻灯片的主题内容可通过放映向观众展示出来。若要播放幻灯片，单击"幻灯片放映"功能选项卡，然后可在"开始放映幻灯片"组中选择放映方式。幻灯片的放映方法有以下四种，如图 5-4-1 所示。

图 5-4-1　放映幻灯片的方法

（1）从头开始：单击该按钮，所在演示文稿就从第一张幻灯片开始放映。该功能的快捷键为 F5。

（2）从当前幻灯片开始：放映从当前幻灯片页面开始，为 Shift＋F5 组合键，或单击状态栏中"幻灯片视图切换"部分的"幻灯片放映"按钮。

（3）联机演示：可以让其他人员在 Web 浏览器中观看并下载内容。

（4）自定义幻灯片放映：当存在不同的观众群体，在同一个主题内容的幻灯片中需选取合适的部分幻灯片播放，可在"自定义幻灯片放映"中进行设置。单击该按钮，从下拉列表中选择"自定义放映"选项，在其后弹出的"自定义放映"对话框中单击"新建"按钮，此时打开"定义自定义放映"对话框，可以重新命名"幻灯片放映名称"。然后"在演示文稿中的幻灯片"列表框中选择合适的幻灯片，通过"添加"按钮，将其添加至"在自定义放映中的幻灯片"列表框中。选择足够数量的幻灯片后，单击"确定"按钮，返回至"自定义放映"对话框后，可直接单击"放映"按钮开始放映自定义的幻灯片。

任务实施

放映"富乐山美丽风景"演示文稿时，可分别选择"从头开始"播放和"从当前放映幻灯片"开始播放。

知识拓展

下面说明如何设置幻灯片的放映。

在放映幻灯片的同时，对于幻灯片的放映，可在"幻灯片放映"功能选项卡中的"设置"组中对幻灯片的放映进行设置，如图 5-4-2 所示。

图 5-4-2 "设置"组

1)"设置幻灯片放映"按钮

单击该按钮后,会弹出"设置放映方式"对话框,如图 5-4-3 所示。

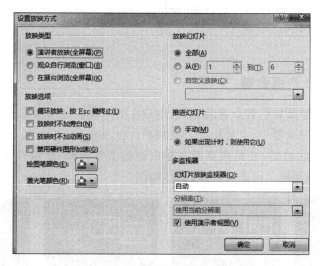

图 5-4-3 "设置放映方式"对话框

(1) 放映类型:用于选择演示文稿的不同放映形式,包含"演讲者放映(全屏幕)"和"观众自行浏览(窗口)""在展台浏览(全屏幕)"三种方式。

(2) 放映幻灯片:可选择播放全部幻灯片;也可播放部分幻灯片并具体设置页数的范围;还可以自定义放映,从它的下拉列表中选择自定义幻灯片文件。

(3) 放映选项:包含"是否循环放映""放映时是否加入旁白""放映时是否加入动画"的功能设置,还可设置绘图笔的颜色。

(4) 推进幻灯片:一方面若选择"手动"方式,则在播放时需要单击来切换幻灯片;另一方面若选择"如果出现计时,则使用它"方式,则幻灯片在播放时是根据已经设置好的排练时间来自动进行切换。

(5) 多监视器:可设置幻灯片放映时的分辨率,在下拉列表中选中合适的分辨率,以利于提高放映的质量。

2)"隐藏幻灯片"按钮

对个别的幻灯片设置"隐藏幻灯片"功能后,再播放演示文稿时,已设置了隐藏功能的幻灯片都将不会出现在屏幕中。

3)"排练计时"按钮

单击该按钮后,幻灯片放映开始时会在屏幕的左上方出现了一个"录制"工具栏,它的作用是记录每张幻灯片所显示的时间,并自动用于所有幻灯片的放映。当最后一张幻灯片播放完以后，系统会弹出一个提示框，用于提醒创作者是否保留所记录的时间，若选择"是"，将保留所记录的时间，幻灯片在播放时就会自动根据该时间进行播放；反之，则重新记录播放时间。

4)"播放旁白"按钮

单击该按钮后弹出一个对话框，可以更改录制质量，另外还能通过选中链接旁白，再选择合适文件，以便在幻灯片播放时显示出来。

当幻灯片在全屏幕中放映时，用右键快捷菜单中的命令也可对幻灯片的放映进行设置，如选择屏幕的颜色、选择指针的样式、定位至幻灯片等操作。

技能拓展

1. Windows+P 组合键

既然演示文稿是播放给观众看的，那么用户在演示时通过连接无线显示器，并使其在放映时投射在外部显示器上，会更便于大家观看。在 Windows 10 版本中，用户按下键盘上的 Windows+P 组合键，或是在桌面上空白处右击并选择"显示设置"，连接到无线显示器后，在自定义显示器上可进行具体设置，如图 5-4-4 所示。

图 5-4-4　连接到无线显示器

（1）仅电脑屏幕：画面不显示在外界显示器上，而仅仅只在计算机屏幕上显示。

（2）复制：外接显示器上显示的内容与计算机屏幕上的内容是一模一样的。

（3）扩展：将笔记本电脑屏幕与外接显示器的屏幕放在一起时，则共同组成了一个大的显示器，就相当于将显示器加宽。

（4）仅第二屏幕：画面不显示在计算机屏幕上，而显示在外接显示器上。

2. "幻灯片放映"功能选项卡的"监视器"组

当计算机与外部显示器相连后，在"显示位置"处就可以选择显示的监视器，此时还需要在该组中选中"使用演示者视图"选项，设置好之后，单击"从头开始"按钮或直接按 F5键，即可放映演示文稿。

当与外部显示器连接以后，用户也可单击"设置"组中的"设置幻灯片放映"按钮，在打开对话框中的"多监视器"选项区的"幻灯片放映监视器"下拉列表中选择监视器。

任务总结

通过本子任务的学习，可以了解幻灯片放映的操作，熟悉设置的方法，还有通过外接显示器，更好地向观众展示精心制作的 PPT，并优化播放的质量与效果。

子任务 5.4.2 打包和发布演示文稿

任务描述

当创作者制作出"富乐山美丽风景区"演示文稿后,想在其他计算机上面对观众播放出来,但是在那台计算机上却没有安装 PowerPoint 程序。那么为了能正常向观众播放精心制作的演示文稿,将运用到本子任务学习的"演示文稿的打包"功能,以此来达到在任何一台计算机上都能播放精心制作的幻灯片的目的。

相关知识

下面介绍如何进行演示文稿的打包。

在实际工作和学习中,我们经常会需要将制作好的演示文稿转移到其他计算机上播放演示,但如果播放文稿的计算机没有安装 PowerPoint 系统,则这台计算机就无法播放该演示文稿。可以利用 PowerPoint 自带的"打包"功能,将该演示文稿及其所链接的图片、图表、插入对象、音频视频等打包到一张 CD 上面,那么就可以解决这个问题,然后在任何一台计算机上正常运行。

演示文稿的打包步骤如下。

(1) 在 PowerPoint 中打开准备打包的演示文稿。

(2) 在"文件"菜单中选择"导出"命令,右侧会弹出"创建 PDF/XPS 文档""创建视频""将演示文稿打包成 CD"等功能,单击"将演示文稿打包成 CD"按钮,则会打开如图 5-4-5 所示的对话框。

图 5-4-5 "打包成 CD"对话框

① "将 CD 命名为"文本框:在该文本框中可以输入新的文件名称,即为打包后生成的文件名称,在生成的文件中含有 PowerPoint 播放器和链接的文件。

② "添加"按钮:该按钮的作用是允许添加多个演示文稿到文件中,为打包做准备。

③ "选项"按钮:单击该按钮,在弹出的对话框中包含程序包类型的条件设置,其中就有"选择演示文稿在播放器中的播放方式"下拉列表,可设置多个演示文稿的放映方式。

另外还可设置打开演示文稿和修改时的密码。如果选择了"嵌入的 TrueType 字体"，则可在其他计算机上显示幻灯片中未安装的字体。设置完成后单击"确定"按钮并保存设置。

④"复制到文件夹"按钮：该命令在对话框的下侧位置，通过单击它可以把多个演示稿复制到指定的名称和位置文件中。

⑤"复制到 CD"按钮：单击该按钮会弹出光驱提示放入光盘，然后 PowerPoint 软件就开始自动刻录文件到光盘中。制作过程结束后，演示文稿通过使用 CD 便可在任何一台计算机上播放幻灯片。

（3）单击"关闭"按钮，则结束打包。

使用时需注意，在打包好的文件中会自动生成一个名为 AUTORUN 和一个名为 PresentationPackage 的文件，AUTORUN 代表自动播放，而用户需在 PresentationPackage 文件中找到 PresentationPackage. html 文件并单击 Download Viewer，即可下载 PowerPoint 播放器的安装程序。

任务实施

对制作的"富乐山美丽风景"演示文稿进行打包、发布及打印输出等实际操作。

知识拓展

下面介绍演示文稿的发布步骤。

演示文稿的发布步骤如下。

（1）在 PowerPoint 软件中打开将要发布的演示文稿。

（2）在"文件"菜单中选择"共享"右侧的窗格中的"发布幻灯片"按钮，再单击"发布幻灯片"按钮，会显示如图 5-4-6 所示的"发布幻灯片"对话框。

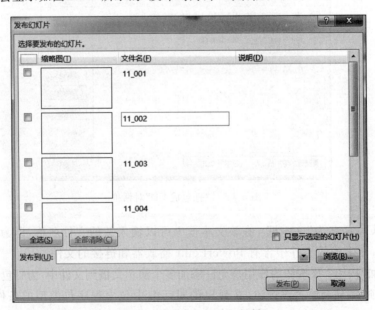

图 5-4-6 "发布幻灯片"对话框

选择要发布的幻灯片,通过单击"发布到"下拉列表或在右侧单击"浏览"按钮后选择好保存文件的位置,单击"发布"按钮后,即可以将文稿发送到指定名称和位置的文件里。值得注意的是,幻灯片以一张一张的方式存于文件夹中,为的是方便用户的操作。

技能拓展

下面介绍如何进行演示文稿的打印。

对于打开的演示文稿,打印步骤是选择"文件"→"打印"命令,再单击其右侧功能窗格中的"打印"按钮,即可在弹出的窗格中进行设置,如图 5-4-7 所示。

图 5-4-7　打印演示文稿

提示:在单击"打印"按钮后弹出的窗格中,可对选择连接的打印机、打印范围(幻灯片的数量和份数)和打印内容(类型、颜色、调整纸张大小以及是否加框)进行设置。

任务总结

本子任务的重点在于掌握设置演示文稿的打包、发布以及打印的方法,并牢记其流程及步骤,以便熟练运用 PowerPoint 软件完成演示文稿的转移和打印。

课 后 练 习

一、单项选择题

1. PowerPoint 2016 演示文稿的后缀名是(　　)。

    A. PPTX   B. PPT   C. POT   D. PPS

2. 对于演示文稿中不准备放映的幻灯片，可以用（   ）功能选项卡中的"隐藏幻灯片"命令隐藏。

    A. 工具   B. 幻灯片放映   C. 视图   D. 编辑

3. 打印演示文稿时，如在"打印内容"栏中选择"讲义"，则每页打印纸上最多能输出（   ）张幻灯片。

    A. 1   B. 4   C. 6   D. 9

4. 在 PowerPoint 2016 中，可以对幻灯片进行移动、删除、复制、设置动画效果等操作，但不能对单独的幻灯片的内容进行编辑的视图是（   ）。

    A. 普通视图   B. 幻灯片浏览视图

    C. 幻灯片放映   D. 阅读视图

5. 在"动画"功能选项卡中，能复制动画效果的工具是（   ）。

    A. 格式刷   B. 动画刷   C. 触发   D. 动画窗格

二、多项选择题

1. 下列操作中退出 PowerPoint 2016 的操作是（   ）。

    A. 单击应用程序窗口右上角的"关闭"按钮

    B. 单击应用程序窗口左上角的控制图标，选择"关闭"

    C. 按 Alt＋F4 组合键

    D. 选择"文件"→"退出"命令

2. PowerPoint 2016 的视图模式有（   ）。

    A. 普通视图   B. 幻灯片视图   C. 备注页视图   D. 阅读视图

3. PowerPoint 2016 中，占位符与文本框的区别是（   ）。

    A. 占位符中的文本可以在大纲视图中显示出来，而文本框中的本文却不能在大纲视图中显示出来

    B. 当用户放大、缩小、文本过多或过少时，占位符能自动调整文本字号的大小，使之与占位符的大小相适应；而在同一情况下，文本框却不能自行调节字号的大小

    C. 文本框可以与其他图片、图形等特定对象组合成一个复杂的对象，但是占位符却不能进行这样的组合

    D. 在占位符的内部能插入文本框

4. 在 PowerPoint 2016 中放映幻灯片时，放映模式有（   ）。

    A. 从头开始   B. 从当前幻灯片开始

    C. 广播幻灯片   D. 自定义幻灯片放映

5. "动画"功能选项卡中的动画效果显示的样式有（   ）。

    A. 进入   B. 退出   C. 动作路径   D. 强调

三、简述题

1. 利用样本模板,制作一个具有 10 张幻灯片的演示文稿,并对所有的幻灯片应用同一种模板。

2. 简述新建幻灯片有几种方式。

四、操作题

1. 设计一份以语文、计算机基础、美术等课程为主题的演示文稿,并对建立好的演示文稿进行打开、保存、关闭、建立模板、修改内容等操作。

2. 通过选择"文件"→"选项"命令打开的"PowerPoint 选项"对话框,对 PowerPoint 的工作界面进行设置,包括配色方案、保存的时间间隔、保存路径等方面。

项目 6 Internet 与网络基础

任务 6.1 计算机网络的基本概念

在人类发展史上,计算机的产生和发展已有一段相当长的历史。计算机网络是计算机和通信技术紧密结合产生的,它的诞生使计算机体系结构发生了很大变化,对人类社会的进步做出了巨大的贡献。

网络给信息带来了强大而有力的传播途径,并且大大缩短了信息发布和接收的时间,避免了许多不必要的资源浪费。

任务描述

如何使用和操作计算机,在前面的任务中我们都做了详细的讲解,通过体验局域网的通信,同学们会了解到计算机网络的形成与发展,认识计算机网络在我们学习生活中的作用。

多台计算机的互联不仅会带来资源的共享,还对我们的学习、工作、生活、娱乐带来方便和快乐。怎样充分地利用好我们现有的资源——多台计算机,将成为衡量现代生活质量的标准之一。

相关知识

计算机网络概念介绍如下。

所谓计算机网络,就是将分布于不同地理位置上且具有独立功能的多台计算机以及它的外部设备,通过通信线路以及通信设备加以连接,并在网络通信协议和网络软件的管理与协调下,实现资源共享和信息传递的系统。

技能拓展

1. 光猫宽带上网

Windows 7 是微软推出的较新视窗操作系统,功能更强大,集成了 PPPoE,光猫用户不需要安装任何其他 PPPoE 拨号软件,直接使用 Windows 7 的连接向导就可以建立自己的光猫虚拟拨号连接。其具体操作步骤如下。

(1) 单击"开始"按钮,依次指向"程序→附件→通讯",单击"新建连接向导"按钮。

（2）接下来的步骤同拨号上网一样，选择"用要求用户名和密码的宽带连接来连接。

（3）在"新建连接向导"出现"连接名"时，在"ISP 名称"栏中输入创建的连接名称，然后在新出现的界面中，选择创建此连接是为自己还是为其他人，在完成输入光猫账户名和密码后，创建连接完成，如图 6-1-1 所示。

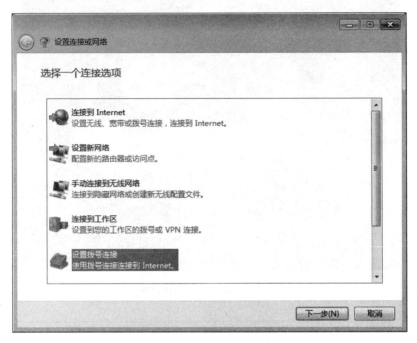

图 6-1-1　光猫拨号上网

（4）在屏幕上会出现一个名为"光猫"的连接图标，双击该图标，将弹出"连接光猫"对话框。输入用户名及连接密码，单击"连接"按钮，即可开始与网络进行连接。

（5）成功连接后，在桌面右下角任务栏中会出现一个两台计算机相连接的图标。

2. 光猫加路由器上网

（1）硬件连接：将光猫的 LAN 口与无线路由器的 WAN 口相连，同时将光猫的"电话线接口"通过"电话频分器"与电话机相连，最后将无线路由器的 LAN 口与计算机网卡接口进行连接即可，路由器与光猫连接如图 6-1-2 所示。

（2）对于新购买的无线路由器，由于"DHCP 服务"自动开启，因此直接可以在与无线路由器相连的计算机端进行登录后台操作。如果是曾经使用过的路由器，则可以通过 Reset 键进行复位操作后，再利用计算机登录后台管理界面，DHCP 开启时如图 6-1-3 所示。

（3）将与无线路由器进行连接的计算机 IP 获取方式设置为"自动获取"：打开"控制面板"→"网络和 Internet"→"网络和共享中心"界面，单击"更改适配器设置"按钮，然后右击对应的本地连接图标，选择"属性"选项进入。从打开的"Internet 协议版本 4（TCP/

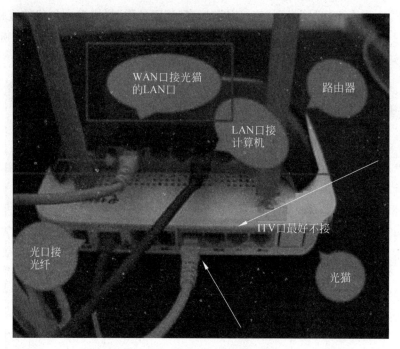

图 6-1-2　路由器与光猫连接

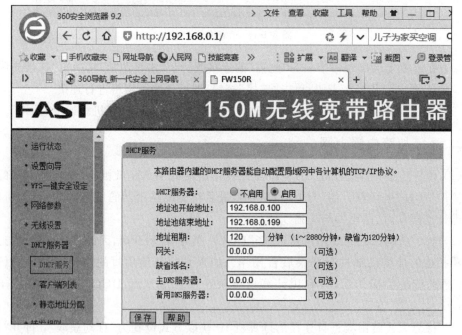

图 6-1-3　DHCP 开启

IPv4)属性"界面中选中"自动获得 IP 地址"选项即可。图 6-1-4 所示为自动获取 IP 地址。

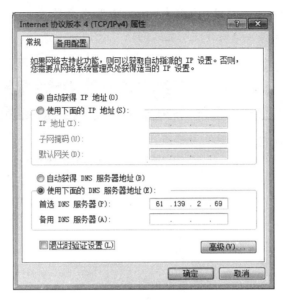

图 6-1-4 自动获取 IP 地址

（4）打开计算机浏览器，根据无线路由器背面的"路由器 IP 地址"信息以及"登录用户名"和"登录密码"信息，在浏览器地址栏内输入路由器的 IP 地址，可登录路由器后台管理界面。图 6-1-5 所示为进入路由器的地址。

图 6-1-5 进入路由器的地址

（5）接下来需要知道宽带上网方式，特别是采用拨号上网的用户，需要知道宽带的用户名和密码。如果已忘记了宽带的用户名和密码，则可以通过拨打网络运营商客服电话号码来找回,利用无线路由器实现自动拨号功能。

（6）接着切换到"无线设置"选项卡,在此需要重新设置一下无线 Wi-Fi 密码和 SSID,这样手机等设备就可以免费使用无线网络,如图 6-1-6 所示。

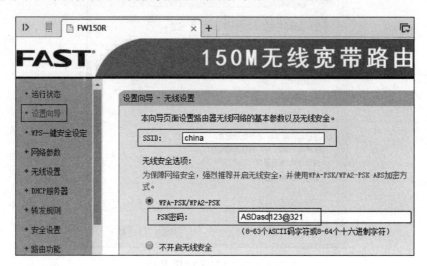

图 6-1-6　Wi-Fi 密码和 SSID

（7）保存并退出路由器。

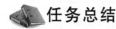**任务总结**

通过本任务的实施,应掌握下列知识和技能。

- 了解计算机网络 IP 地址的分类。
- 掌握计算机网络 IP 地址的设置。
- 掌握计算机网络光纤载入拨号上网的组建与配置方法。

任务 6.2　Internet 应用

子任务 6.2.1　Internet 概述

任务描述

互联网在现实生活中应用很广泛,在互联网上我们可以聊天、玩游戏、查阅东西等。更为重要的是,在互联网上还可以进行广告宣传和购物。互联网给我们的现实生活带来很大的方便,我们在互联网上可以在数字知识库里寻找自己学业上、事业上的所需,从而帮助我们的工作与学习。在本子任务中,大家会了解到 Internet 的相关知识,并且认识Internet 的作用,以及未来的发展趋势。

相关知识

Internet 的中文译名为因特网，又叫作国际互联网，是全球信息资源的总汇。人们通过 Internet 进行发送电子邮件、浏览搜索信息、文件传输、网上通信、远程教育、事务处理、网上购物等活动。当今社会，人们已经离不开因特网了。

Internet 的前身是美国国防部高级研究计划局（ARPA）主持研制的 ARPAnet。20 世纪 60 年代末，正处于"冷战"时期，当时美国军方为了自己的计算机网络在受到袭击时，即使部分网络被摧毁，其余部分仍能保持通信联系，便由美国国防部高级研究计划局（ARPA）建设了一个军用网，叫作"阿帕网"（ARPAnet）。阿帕网于 1969 年正式启用，当时仅连接了四台计算机，供科学家们进行计算机联网实验用。这就是因特网的前身。

1995 年，Internet 的骨干网已经覆盖了全球 91 个国家，主机已超过 400 万台。在最近几年，因特网更以惊人的速度向前发展，很快就达到了今天的规模。

任务实施

Internet 可以让你实现的活动如下。

1）周游世界

Internet 作为数字化的第四类媒体，已成了当今全球最大的传播媒体，仅以容量而言，即使版面最多的报纸在 Internet 面前也有河流入海之感。

《时代》早在 1994 年年初就在 Internet 上创办了《时代日报》（*Time Daily*）。几乎所有美国有影响的报纸都开设了网络版。中国也有很多报纸在 Internet 上开辟了网络版，如《人民日报》（http：//www. chinadaily. net）、新华社（http：//www. xinhua. org）等。

2）发送电子邮件

电子邮件是 Internet 上应用非常广泛的一项服务，Internet 上的电子邮件较之普通邮件速度快而且可靠。

3）电子商场购物

Internet 发展到今天，已经使电子商场成为现实。消费者在电子商城中可以看到商品的式样、颜色、价格，并且可以随时随地订货、付款。

4）网上科研

通过 Internet，科学研究工作者可以从各种数据库中检索数据，从世界各地的图书馆中查找资料，在某个专题中就某个观点发表不同的看法。现在 Internet 已成为国内外学术界进行学术交流、召开学术会议的一条通信生命线。

5）发布电子广告

鉴于在 Internet 上发布信息具有宣传范围广、形式生动活泼、交互方式灵活、用户检索方便、无时间限制、无地域限制、更改方便、反馈信息获取及时等优点，使 Internet 上的电子广告这种新兴的广告形式正随着 Internet 的发展悄然兴起并呈蓬勃发展之势，从而使 Internet 也变成了全球最大的广告市场。

6) 电子银行储蓄、结算

1996 年 5 月 23 日,全球首家 Internet 电子银行——美国纽约安全第一网络银行(简称 SFNB)正式开通。Internet 电子银行可令你足不出户即可办理存款、转账、付账等业务,而且它一年 365 天、每天 24 小时开放,你无须排队等候。

7) 举行网络会议

由于 Internet 已可以实现实时地传输音频和视频,因而使网络会议成为可能。网络会议不受时间、地域的限制,只要联入 Internet,地球上任何一个角落的人都可以参加会议,并且可以像普通的会议一样自由发言。网络会议大大减少了会议的差旅费,节省了大量的时间,提高了工作效率。

8) 远程医疗及教学

利用网络会议技术,实现异地专家会诊、远程手术指导,可大大缓解由于医护人员缺少或者分布不均衡引起的就医困难。通过计算机网络,将远程教师的教学情况与现场听课的情况进行双向传输交流,可形成远程的"面对面"教学环境,充分利用辅导方的师资,并节省大量的人力、物力。

技能拓展

人工智能(Artificial Intelligence,AI)是研究、开发用于模拟、延伸和扩展人的智能的理论、方法、技术及应用系统的一门新的技术科学。人工智能是计算机科学的一个分支,它企图了解智能的实质,并生产出一种新的能以人类智能相似的方式做出反应的智能机器,该领域的研究包括机器人、语言识别、图像识别、自然语言处理和专家系统等。

人工智能可能会是计算机历史中的一个终极目标。从 1950 年,阿兰图灵提出的测试机器如人机对话能力的图灵测试开始,人工智能就成为计算机科学家们的梦想,在接下来的网络发展中,人工智能使机器更加智能化。在这个意义上来看,这和语义网在某些方面有些相同。

尽管如此,人工智能还是赋予了网络很多的承诺。人工智能技术正被用于一些像 Hakia、Powerset 这样的"搜索 2.0"公司。Numenta 是 Tech Legend 公司的 Jeff Hawkins (掌上型计算机发明者)创立的一个让人兴奋的公司,它试图用神经网络和细胞自动机建立一个新的像人的大脑一样的计算范例。这意味着 Numenta 正试图用计算机来解决一些对我们来说很容易的问题,比如,识别人脸,或者感受音乐中的式样。由于计算机的计算速度远远超过人类,我们希望新的僵局将被打破,使我们能够解决一些以前无法解决的问题。

任务总结

通过本子任务的实施,应掌握下列知识和技能。

- 了解 Internet(因特网)的相关概念。
- 了解 Internet(因特网)的功能和应用。
- 了解 Internet(因特网)的发展历程。

子任务 6.2.2 Internet 的接入、浏览与搜索信息

任务描述

通过 Internet Explorer 10.0(IE 10.0,IE 浏览器)浏览器享受互联网的资源共享,是我们每一个人应该掌握的基本技能。那么通过在子本任务中,我们将学习 Internet Explorer 10.0 浏览器的使用方法。

相关知识

1. 万维网

万维网(World Wide Web,WWW)有多个名称,如 3W、WWW、Web,全球信息网等。WWW 最初是由欧洲粒子物理实验室 CERN 的 Tim Berners-Lee 与 1989 年负责开发的一种超文本设计语言 HTML,为分散在世界各地的物理学家提供服务。

WWW 网站包含许多的网页。网页是用超文本标记语言 HTML 编写的,并以文档、文件形式分布于世界各地的 Web 网站上,网页除文字、图片等内容外,还提供声音、动画、影像等多媒体信息和交互式功能。

2. 超文本和超链接

超文本(HyperText)除包含文本外,还提供图片、声音、动画和影像等多种媒体信息。超文本是用超链接的方法,将各种不同空间的媒体信息链接在一起的网状文本。所谓超链接,是指从一个网页指向一个目标的连接关系,这个目标可以是另一个网页,也可以是相同网页上不同的位置,还可以是一个图片、一个电子邮件、一个文件,甚至是一个应用程序。

3. 浏览器

浏览器是万维网服务器的客户端浏览程序,它可以向万维网的 Web 服务器发送各种请求,并对从服务器发来的超文本信息和各种多媒体数据格式进行解释、显示和播放。目前,常用的浏览器主要是 Microsoft 的 IE、Mozilla 的 Firefox、Google 的 Chrome 等。

任务实施

1. 启动 IE 10.0 浏览器

方法 1:双击桌面上的 IE 10.0 图标,如图 6-2-1 所示。

方法 2:在屏幕左下方的"开始"菜单中选择"所有程序"→IE 10.0 命令,启动 IE 浏览器,如图 6-2-2 所示。启动之后,会打开相应的网址,如图 6-2-3 所示的是 hao360 的首页。

图 6-2-1　桌面 IE 10.0 图标　　　　　　　　图 6-2-2　任务栏 IE 10.0 图标

图 6-2-3　启动之后显示 hao360 首页

2. 认识 IE 10.0 浏览器窗口

打开 hao360 网页,窗口各栏的名称如图 6-2-3 所示。

1) 标题栏

标题栏位于浏览器窗口的最上方,显示浏览的网页名称为"hao360-上网从这里开始"。

2）菜单栏

菜单栏位于标题栏的下方，菜单栏有"文件""编辑""查看""收藏夹""工具"和"帮助"六个菜单，单击菜单可弹出下拉菜单，包含 IE 的各项功能，如"文件"菜单包含新建窗口和保存网页等各项功能，如图 6-2-4 所示。

3）地址栏

地址栏位于标题栏中间，可以直接在地址栏上输入 Web 地址即 URL。

4）网页内容

菜单栏下面显示的是网页内容，是用户查看网页内容的地方，也是大家最感兴趣的地方。

5）状态栏

状态栏位于窗口的最下方，显示当前用户正在浏览的网页的状态、区域的属性下载进度以及窗口显示的缩放倍数。

图 6-2-4　"文件"选项卡的下拉菜单

3. 浏览网页

进入 Web 站点，打开的第一页被称为首页。网站首页是一个网站的入口网页，是网站建站时树状结构的第一页，是令访客了解网站概貌并引导其阅读内容的向导。网页上有很多超链接，在上面单击，浏览器将打开该超链接指向的网页。例如，我们单击"新闻"就跳转到腾讯网的"腾讯新闻"，就可以浏览相应的新闻内容，如图 6-2-5 所示。

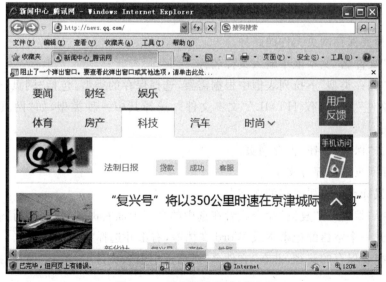

图 6-2-5　腾讯网的"腾讯新闻"

4. 保存网页的内容

网页上包含文字、图片和资源链接等内容。在浏览网页时，我们可以将网页上的内容保存到计算机中，以便下次查看或使用。下面主要介绍网页、文字、图片和资源的保存方法。

1）保存全部网页内容

（1）打开 IE 浏览器，浏览要保存的网页页面。

（2）选择"文件"→"另存为"命令，弹出"另存为"对话框，如图 6-2-6 所示。

图 6-2-6 "另存为"对话框

（3）选择要保存网页文件的路径。

（4）在"文件名"文本框中输入文件名称。

（5）在"保存类型"下拉列表框中根据需要，选择保存的类型，包括"网页，全部""Web 档案，单一文件""网页，仅 HTML""文本文件"，选择其中一种类型，如"网页，全部"，如图 6-2-7 所示。

（6）单击"保存"按钮，保存网页。

2）保存网页中的部分文字

（1）用鼠标选中需要保存的文字。

（2）选择"编辑"→"复制"命令或者在选中的文字上面右击并选择"复制"命令。

（3）打开一个空白的记事本或 Word 文档等，右击并选择"粘贴"命令。

（4）选择要保存的路径，并在"文件名"对话框中输入文件名，单击"保存"按钮来保存文档。

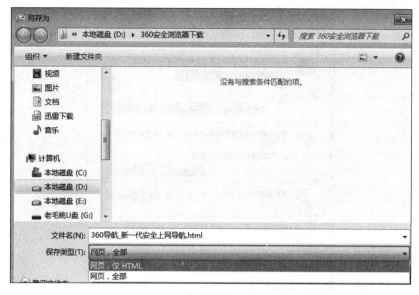

图 6-2-7　网页"保存类型"列表框

3）保存网页中的图片

（1）在所要保存的图片上右击。

（2）在弹出的快捷菜单中选择"图片另存为"
命令，如图 6-2-8 所示，弹出"保存图片"对话框。

（3）选择要保存的图片的路径，输入图片的
名称。

（4）单击"保存"按钮保存图片。

4）保存网页上的文件

网页上的超链接会指向一个资源，可以是网

图 6-2-8　"图片另存为"命令

页，也可以是声音文件，或者是文档和压缩包等文件，下载的方法如下。

（1）在超链接上右击。

（2）在弹出的快捷菜单中选择"目标另存为"命令。

（3）文件自动保存于桌面"我的文档"下面的"下载"文件夹里面。

另外，还可以用迅雷等下载软件进行下载。

知识拓展

主页是每次打开 IE 浏览器时自动打开的一个页面，用户可以将最频繁打开的网站设
为主页，这样当我们下次打开 IE 浏览器时就自动打开已经设置的主页，而不用输入网站
地址。

（1）在菜单栏中选择"工具"→"Internet 选项"命令，弹出"Internet 选项"对话框，如
图 6-2-9 所示。

（2）选择"常规"选项卡。

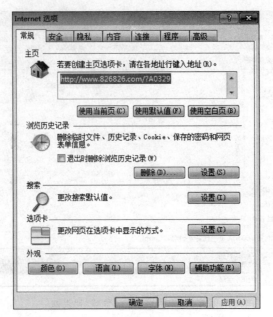

图 6-2-9 "Internet 选项"对话框

（3）在"主页"选项区中单击"使用当前页"按钮，地址栏就会自动填入当前 IE 浏览器打开的网页地址；单击"使用默认值"按钮，地址栏就会自动填入系统的一个默认页面地址；单击"使用空白页"按钮，则启动 IE 浏览器时只显示空白的窗口，不显示任何的页面。用户还可以在地址栏中输入自己想要设置为主页的地址，如 http://hao.360.cn，如图 6-2-10 所示。

图 6-2-10 "主页"地址栏中输入 http://hao.360.cn

（4）设置好主页后，单击"应用"按钮保存刚才的设置但不关闭"Internet 选项"对话框；单击"确定"按钮，保存并关闭"Internet 选项"对话框。

技能拓展

通过单击收藏夹中的网站，可以直接打开我们喜欢的网站。例如，单击"收藏夹"中的"人民网"，浏览器就可以打开人民网的页面，我们不必在地址栏中输入人民网的网址，如图 6-2-11 所示。

图 6-2-11　收藏夹

1. 将网页地址添加到收藏夹中

当用户浏览网站时，发现网站的内容对自己有帮助或者感觉比较精彩，想以后经常登录这个网站，就可以将这个网站添加到收藏夹中。下面将"人民网"网站添加到收藏夹中。

（1）打开"人民网"网站，选择"收藏"→"添加到收藏夹"命令，弹出"添加到收藏夹"对话框，如图 6-2-12 所示，在"网页标题"文本框中就会出现当前所浏览网页的名称"人民网"。如果要更改名称，直接输入名称，单击"确定"按钮即可，这时收藏夹中就会出现"人民网"首页网站的名称。

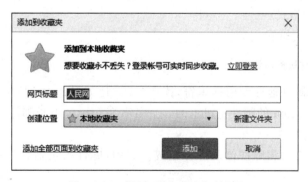

图 6-2-12　"添加到收藏夹"对话框

（2）下次我们再次浏览"人民网"网站时，只需打开收藏夹，单击"人民网"按钮即可。

2. 收藏夹的整理

进入收藏夹之后，右击任何一个网站的名称，可以对其做删除、重命名等操作。

任务总结

通过本子任务的实施，应掌握下列知识和技能。
- 了解万维网的相关概念。
- 掌握 Internet Explorer 10.0 的使用方法。
- 会使用 Internet Explorer 10.0 浏览网页、搜索资料。
- 掌握更改主页的方法。
- 掌握添加收藏的方法。

子任务 6.2.3　电子邮件的使用

任务描述

随着网络的不断发展，现如今人们的生活和工作都离不开网络，人们的交流很大程度上也是通过网络来进行交流。传统意义上的写信方式交流也基本被淘汰，大部分是通过电子邮件的方式。在本子任务中，我们将学会怎么来使用电子邮件进行交流和传递文件等。

相关知识

1）认识电子邮件

电子邮件（Electronic Mail，E-mail）是一种利用计算机网络交换电子媒体信息的通信方式，也是因特网上的重要信息服务方式。它为世界各地的因特网用户提供了一种极为快速、简单和经济的通信与交流信息的方法。电子邮件价格便宜、方便、快捷，还可以一信多发。

2）电子邮件的格式

E-mail 地址格式如下：

用户名@电子邮件服务器域名

符号@是电子邮件地址专用标识符，读作：at。比如，Lily@126.com 就是一个邮件地址，它表示在 126.com 的邮件主机上的一个名字为 Lily 的电子邮件用户。

3）电子邮件的组成

电子邮件由邮件头和邮件体两部分组成。其中，邮件头包括收件人、主题、抄送、邮件体。

（1）收件人：收件人的邮箱地址，多个邮箱地址可以用"；"隔开。

（2）主题：邮件的标题。

（3）抄送：将邮件同时发送给收件人以外的人的邮件地址。

（4）邮件体：包括邮件正文（邮件的内容）、邮件附件等。

4）申请免费电子邮箱

使用电子邮件必须有自己的邮箱。现在的很多门户网站都有免费的电子邮箱,如网易(www.163.com)、搜狐(www.sohu.com)等。可以在这些网站上进行申请、注册,比如,在 www.163.com 主页上的"免费注册电子邮件"向导进行注册,按要求填写相应的信息,如邮箱用户名、密码等信息。注册成功之后就可以使用用户名和密码登录邮箱进行收发邮件。

5）电子邮件的使用方式

电子邮件的使用方式有 Web 和客户端软件两种方式。Web 方式指用浏览器访问电子邮件服务商的电子邮件系统网址,输入用户名和密码,进入用户的电子邮件信箱,然后处理用户的电子邮件,图 6-2-13 所示为登录前的界面,图 6-2-14 所示为登录后的界面。

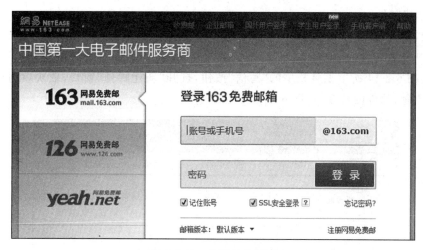

图 6-2-13　登录前的界面

图 6-2-14　登录后的界面

电子邮件客户端软件方式是指用软件产品（如 Outlook Express、Foxmail，见图 6-2-15）来使用和管理电子邮件，还可以进行远程电子邮件操作及同时处理多账号电子邮件。

图 6-2-15　Outlook 和 Foxmail

任务实施

我们试着给自己发送一个测试邮件，具体操作步骤如下。

1）创建邮件

例如，给自己的 ceshi199900@163.com 邮箱发送邮件，同时抄送给 767561056@qq.com。

单击图 6-2-14 所示工具栏中的"写信"按钮，打开"新建邮件"窗口，依次填写收件人、抄送人、主题、邮件内容等，如图 6-2-16 所示。

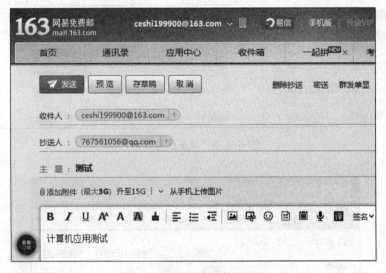

图 6-2-16　"新建邮件"窗口

2）添加附件

如果要通过电子邮件发送计算机的其他文件，如 Word 文档、图片和压缩包等，当写完电子邮件后，可按下列操作插入指定的文件。

选择"主题"栏下面的"添加附件"选项卡，弹出"打开"对话框，如图 6-2-17 所示。在对话框中选择要插入的文件，可以添加多个文件作为附件。

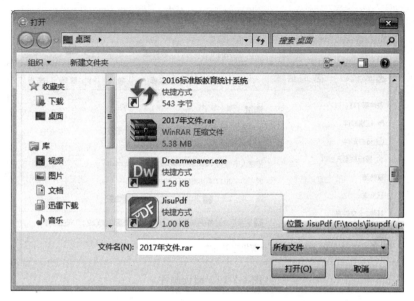

图 6-2-17　"打开"对话框

3）发送邮件

单击"发送"按钮，即可将创建好的邮件发送到上面填写的邮箱中，如图 6-2-18 所示。

图 6-2-18　创建好邮件的窗口

4）收信和阅读邮件

（1）如果要查看是否有电子邮件，则单击左侧窗口的"收信"按钮，当下载完之后就可以阅读了。

（2）阅读邮件，单击窗口左侧的"收件箱"按钮，在邮件列表区中选择一个邮件并单击，则该内容便显示在邮件列表下方，如图 6-2-19 所示。

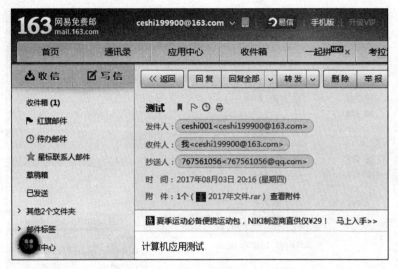

图 6-2-19　阅读邮件

5）下载附件

单击"附件"按钮，一般有回形针图标，并单击"下载"按钮，如图 6-2-20 所示。

图 6-2-20　下载"附件"窗口

6）回复和转发

（1）回复邮件。看完一封信之后需要进行回复，阅读窗口中单击"回复"按钮或者"回复全部"按钮。弹出回信窗口，收件人的地址已经由系统自动填好，为原发件人，如图 6-2-21 和图 6-2-22 所示。

（2）回信内容填好之后，单击"发送"按钮，就完成回信任务。

（3）转发。如果需要其他人也阅读自己收到的这封信，可以转发该邮件。单击"转发"按钮即可转发邮件，如图 6-2-21 所示。

图 6-2-21　"阅读邮件"窗口

图 6-2-22　"回复"窗口

任务总结

通过本子任务的实施,应掌握下列知识和技能。

- 了解邮件的一些基本概念。
- 掌握电子邮件的使用方法。

课 后 练 习

一、选择题

1. 下列四项中表示电子邮件地址的是(　　)。

    A. lilin@126.net　　　　　　　　　　B. 192.1610.0.1

    C. www.gov.cn　　　　　　　　　　D. www.cctv.com

2. 浏览网页过程中,当鼠标光标移动到已设置了超链接的区域时,鼠标指针形状一般变为(　　)。

    A. 小手形状　　　B. 双向箭头　　　C. 禁止图案　　　D. 下拉箭头

3. 下列软件中可以查看 WWW 信息的是（　　　）。

  A. 游戏软件   B. 财务软件   C. 杀毒软件   D. 浏览器软件

4. 电子邮件地址 stu@zjschool.com 中的 zjschool.com 是代表（　　　）。

  A. 用户名   B. 学校名

  C. 学生姓名   D. 邮件服务器名称

5. 计算机网络最突出的特点是（　　　）。

  A. 资源共享   B. 运算精度高   C. 运算速度快   D. 内存容量大

6. E-mail 地址的格式是（　　　）。

  A. www.zjschool.cn   B. 网址&#8226;用户名

  C. 账号@邮件服务器名称   D. 用户名&#8226;邮件服务器名称

7. Internet Explorer(IE)浏览器的"收藏夹"的主要作用是收藏（　　　）。

  A. 图片   B. 邮件   C. 网址   D. 文档

8. 网址 www.pku.edu.cn 中的 cn 表示（　　　）。

  A. 英国   B. 美国   C. 日本   D. 中国

9. 下列四项中主要用于在 Internet 上交流信息的是（　　　）。

  A. BBS   B. DOS   C. Word   D. Excel

10. 如果申请了一个免费电子信箱为 zjxm @sina.com，则该电子信箱的账号是（　　　）。

  A. zjxm   B. @sina.com   C. @sina   D. sina.com

11. HTTP 是一种（　　　）。

  A. 域名   B. 高级语言

  C. 服务器名称   D. 超文本传输协议

12. 上因特网浏览信息时，常用的浏览器是（　　　）。

  A. KV3000   B. Word 97

  C. WPS 2000   D. Internet Explorer

13. 发送电子邮件时，如果接收方没有开机，那么邮件将（　　　）。

  A. 丢失   B. 退回给发件人

  C. 开机时重新发送   D. 保存在邮件服务器上

14. 下列属于计算机网络通信设备的是（　　　）。

  A. 显卡   B. 网线   C. 音箱   D. 声卡

15. 用 IE 浏览器浏览网页，在地址栏中输入网址时，通常可以省略（　　　）。

  A. http：//   B. ftp：//   C. mailto：//   D. news：//

16. 网卡属于计算机的（　　　）。

  A. 显示设备   B. 存储设备   C. 打印设备   D. 网络设备

17. Internet 中 URL 的含义是（　　　）。

  A. 统一资源定位器   B. Internet 协议

  C. 简单邮件传输协议   D. 传输控制协议

18. 要能顺利发送和接收电子邮件,下列设备必需的是(　　)。

　　A. 打印机　　　　B. 邮件服务器　　　C. 扫描仪　　　　　D. Web 服务器

19. 构成计算机网络的要素主要有通信协议、通信设备和(　　)。

　　A. 通信线路　　　B. 通信人才　　　　C. 通信主体　　　　D. 通信卫星

20. 区分局域网(LAN)和广域网(WAN)的依据是(　　)。

　　A. 网络用户　　　B. 传输协议　　　　C. 联网设备　　　　D. 联网范围

21. 要给某人发送一封 E-mail,必须知道他的(　　)。

　　A. 姓名　　　　　B. 邮政编码　　　　C. 家庭地址　　　　D. 电子邮箱地址

22. Internet 的中文规范译名为(　　)。

　　A. 因特网　　　　B. 教科网　　　　　C. 局域网　　　　　D. 广域网

23. 学校的校园网络属于(　　)。

　　A. 局域网　　　　B. 广域网　　　　　C. 城域网　　　　　D. 电话网

24. 下面是某单位的主页的 Web 地址 URL,其中符合 URL 格式的是(　　)。

　　A. http//www. jnu. edu. cn　　　　　B. http：www. jnu. edu. cn

　　C. http：//www. jnu. edu. cn　　　　D. http：/www. jnu. edu. cn

25. 在地址栏中显示 http：//www. sina. com. cn/时,所采用的协议是(　　)。

　　A. HTTP　　　　　B. FTP　　　　　　C. WWW　　　　　D. 电子邮件

26. WWW 最初是由(　　)实验室研制的。

　　A. CERN　　　　　　　　　　　　　B. AT&T

　　C. ARPA　　　　　　　　　　　　　D. Microsoft Internet Lab

27. Internet 起源于(　　)。

　　A. 美国　　　　　B. 英国　　　　　　C. 德国　　　　　　D. 澳大利亚

28. 构成计算机网络的要素主要有通信主体、通信设备和通信协议,其中通信主体指的是(　　)。

　　A. 交换机　　　　B. 双绞线　　　　　C. 计算机　　　　　D. 网卡

29. 下列说法错误的是(　　)。

　　A. 电子邮件是 Internet 提供的一项最基本的服务

　　B. 电子邮件具有快速、高效、方便、价廉等特点

　　C. 通过电子邮件,可向世界上任何一个角落的网上用户发送信息

　　D. 可发送的多媒体只有文字和图像

30. 网页文件实际上是一种(　　)。

　　A. 声音文件　　　B. 图形文件　　　　C. 图像文件　　　　D. 文本文件

31. 计算机网络的主要目标是(　　)。

　　A. 分布处理　　　　　　　　　　　　B. 将多台计算机连接起来

　　C. 提高计算机可靠性　　　　　　　　D. 共享软件、硬件和数据资源

32. 所有站点均连接到公共传输媒体上的网络结构是(　　)。

　　A. 总线型　　　　B. 环形　　　　　　C. 树形　　　　　　D. 混合型

33. 一座大楼内的一个计算机网络系统,属于(　　　)。

    A. PAN   B. LAN   C. MAN   D. WAN

34. 计算机网络中可以共享的资源包括(　　　)。

    A. 硬件、软件、数据、通信信道   B. 主机、外设、软件、通信信道

    C. 硬件、程序、数据、通信信道   D. 主机、程序、数据、通信信道

35. 对局域网来说,网络控制的核心是(　　　)。

    A. 工作站   B. 网卡   C. 网络服务器   D. 网络互联设备

36. 在中继系统中,中继器处于(　　　)。

    A. 物理层   B. 数据链路层   C. 网络层   D. 高层

二、填空题

1. 计算机网络系统主要由_____、_____和_____。

2. 计算机网络按地理范围可分为_____、_____和_____,其中_____主要用来构造一个单位的内部网。

3. 通常我们可将网络传输介质分为_____和_____两大类。

4. 常见的网络拓扑结构为_____、_____和_____。

5. 一个计算机网络典型系统可由_____子网和_____子网组成。

三、简答题

1. 简述计算机网络的分类以及它们的应用。

2. 简述使用 IE 10.0 浏览网页的过程。

3. 简述用 Foxmail 发送邮件的过程,并向老师发送一封带附件的邮件。

参 考 文 献

[1] 李建俊. 办公自动化实用教程 [M]. 2 版. 北京：电子工业出版社,2016.

[2] 管莹,刘喜洋. 电脑办公自动化案例教程[M]. 北京：清华大学出版社,2016.

[3] 钱宗峰,李晓辉. 计算机应用基础[M]. 2 版. 北京：机械工业出版社,2014.

[4] 刘强. 办公自动化高级应用案例教程(Office 2016)[M]. 北京：电子工业出版社,2018.

[5] 夏宝岚. 计算机应用基础 [M]. 3 版. 北京：华东理工大学出版社,2015.

[6] 李志鹏. 精解 Windows 10 [M]. 2 版. 北京：人民邮电出版社,2017.

[7] 易伟. 微信公众平台搭建与开发揭秘[M]. 北京：机械工业出版社,2015.

[8] 卞诚君. 完全掌握 Windows 10＋Office 2016[M]. 北京：机械工业出版社,2016.

[9] 朱维. 新手学电脑 Windows 10＋Office 2016 版[M]. 北京：电子工业出版社,2017.

附录A 云 计 算

1. 云计算的概念

云计算的概念是由 Google 提出的,这是一个美丽的网络应用模式。狭义的云计算是指 IT 基础设施的交互和使用模式,指通过网络以按需、易扩展的方式获得所需的资源;广义云计算是指服务的交互和使用模式,指通过网络以按需、易扩展的方式获得所需的服务。这种服务可以是 IT 和软件、互联网相关的,也可以是任意其他的服务,它具有超大规模、虚拟化、可靠安全等独特功效。

云计算(Cloud Computing)是网格计算(Grid Computing)、分布式计算(Distributed Computing)、并行计算(Parallel Computing)、效用计算(Utility Computing)、网络存储(Network Storage Technologies)、虚拟化(Virtualization)、负载均衡(Load Balance)等传统计算机技术和网络技术发展融合的产物。它旨在通过网络把多个成本相对较低的计算实体整合成一个具有强大计算能力的完美系统,并借助 SaaS、PaaS、IaaS、MSP 等先进的商业模式把这强大的计算能力分布到终端用户手中。Cloud Computing 的一个核心理念就是通过不断提高“云”的处理能力,进而减少用户终端的处理负担,最终使用户终端简化成一个单纯的输入/输出设备,并能按需享受“云”的强大计算处理能力。

1) 狭义的云计算

提供资源的网络被称为“云”。“云”中的资源在使用者看来是可以无限扩展的,并且可以随时获取,按需使用,随时扩展,按使用付费。这种特性经常被称为像水电一样使用 IT 基础设施。

2) 广义的云计算

广义的云计算的服务可以是 IT 和软件、互联网相关的,也可以是任意其他的服务。这种资源池称为“云”。“云”是一些可以自我维护和管理的虚拟计算资源,通常是一些大型服务器集群,包括计算服务器、存储服务器、宽带资源等。云计算将所有的计算资源集中起来,并由软件实现自动管理,无须人为参与。这使应用提供者无须为烦琐的细节而烦恼,能够更加专注于自己的业务,有利于创新和降低成本。

有人打了个比方:这就好比是从古老的单台发电机模式转向了电厂集中供电的模式。它意味着计算能力也可以作为一种商品进行流通,就像煤气、水电一样,取用方便,费用低廉。最大的不同在于,它是通过互联网进行传输的。

云计算是并行计算、分布式计算和网格计算的发展,或者说是这些计算机科学概念的商业实现。云计算是虚拟化、效用计算、IaaS(基础设施即服务)、PaaS(平台即服务)、SaaS(软件即服务)等概念混合演进并跃升的结果。

总的来说,云计算可以算作网格计算的一个商业演化版。

2. 云计算的关键技术

云计算是一系列分布式计算技术自然演化与融合的结果。随着云计算技术的推广,利用开源项目来构建企业级私有云已成为云计算应用的一项重要研究课题。

1) 虚拟化研究

所谓虚拟化技术,从字面理解是对实物的虚拟化,即将物理单元实体虚拟化为多个逻辑实体,提供给多个业务逻辑场景使用。虚拟化技术在云计算中被广泛使用。云计算的目的是整合资源,以服务的方式提供业务场景使用,这要求系统有较高的可靠性、可用性及服务器的高处理能力来满足多样化的服务请求。目前调研中发现,企业的服务器使用效率普遍都很低,服务器的采购费用占到了 IT 预算的 25％,实际服务器都没有高负荷的运转。这样就造成了资源的极大浪费。例如,东莞一家化工厂有四台 IBM 服务器,CPU的实际使用率都低于 22％,硬件资源没有得到充分利用。虚拟化技术的推出可以极大地优化资源,服务器的处理能力也得到了充分的利用。

虚拟化技术应用范围广,主要有硬件虚拟化、软件虚拟化、内存虚拟化等各项技术,即将服务器虚拟为多台逻辑服务器供业务场景使用,提高了服务器的利用率。当没有虚拟化时,不同的应用部署在不同的物理服务器上;采用虚拟化后,应用部署在逻辑服务器上,这些逻辑服务器可能只对于一台物理服务器,即一台物理服务器托管了多个逻辑应用,通过服务器的虚拟化,硬件资源不再是独立的,而是可以共享的。物理服务器的虚拟化分解到底层即硬件资源的虚拟化,如 CPU、I/O 等物理硬件的虚拟化。

目前,服务器虚拟化可以概括为全虚拟化和半虚拟化。服务器虚拟化技术在云计算平台的应用可以理解为硬件资源的虚拟化,这样云计算平台的设计就更具弹性。全虚拟化的特点是指令动态执行,半虚拟化是修改客户机操作系统来实现特权指令的执行问题,半虚拟化中的客户机和平台必须是兼容的,否则虚拟机没法操作宿主机。

2) 服务器云的构建

云计算平台最核心的部分就是服务器云,利用服务器云实现了很多云平台的功能,服务器云包含有云平台的虚拟机超级监控器、操作系统底层、硬件服务器。目前,计算模式也发生了变化,由大型模式逐步变迁到微型模式,最近演变成了个人模式。异构的操作系统和应用服务很难被用户获取使用,特别是在轻量级的设备上服务不够完善。虚拟化技术在云计算中的应用原理是将计算机的位置、服务差异、数据异构等屏蔽,提供给用户的是一个统一的接口,用户只需提出自己的要求,就可以得到相应的信息和服务,所有实现细节都由云计算平台来实现。

3) 平台架构说明

服务器云主要由硬件系统、软件系统等组成,主要包含 Linux Server 操作系统、HP、IBM 3650 服务器和虚拟化的超级设备组成,利用 RedHat 管理系统将服务器整合成一个云计算平台,对外就是个服务平台,将实现细节封装起来,将服务器的硬件抽象为统一的CPU 资源池、存储器资源池、网络资源池、内存资源池等,任何服务都可以在统一资源视图中获得硬件支持。

3. 云计算的核心特性

云计算可以使用户得以快速地以低价格方式获得技术架构资源。

应用程序界面 API 的可达性是指允许软件与云以类似于"人机交互这种用户界面设施相一致的方式"来交互。云计算系统典型的运用是基于 REST 网络架构的 API，如附图 A-1 所示。

附图 A-1　云计算图解

在公有云中对传输模式的支持已经转变为运营成本，故费用大幅下降。很显然降低了进入门槛，这是由于体系架构典型的是由第三方提供，无须一次性购买，且没有了罕见的集中计算任务的压力，基于用户的操作和更少的 IT 技能被内部实施。

允许用户通过网页浏览器来获取资源而无须关注用户自身是通过何种设备或在何地介入资源（如 PC、移动设备等）。通常设施是在非本地的（典型的是由第三方提供的），并且通过 Internet 获取，用户可以从任何地方来连接。

附录 B 大 数 据

1. 大数据的概念

大数据是一个体量特别大，数据类别特别多的数据集，并且这样的数据集无法用传统数据库工具对其内容进行抓取、管理和处理。大数据首先是指数据体量（volume）大，大型数据集一般在 10TB 规模左右。但在实际应用中，很多企业用户把多个数据集放在一起，已经形成了 PB 级的数据量。其次是指数据类别（variety）多，数据来自多种数据源，数据种类和格式日渐丰富，已冲破了以前所限定的结构化数据范畴，囊括了半结构化和非结构化数据。再次是指数据处理速度（velocity）快，在数据量非常庞大的情况下，也能够做到数据的实时处理。最后是指数据真实性（veracity）高，随着用户对社交数据、企业内容、交易与应用数据等新数据源的兴趣的提升，传统数据源的局限被打破，企业越发需要更有效的信息并确保其真实性及安全性。

1）百度知道中大数据的概念

大数据（bigdata）或称巨量资料，是指所涉及的资料量规模巨大到无法透过目前主流软件工具，在合理时间内达到撷取、管理、处理，并整理成为帮助企业经营决策更积极目的的信息。大数据有"4V"特点：volume（体量）、velocity（速度）、variety（类别）、veracity（真实性）。

2）互联网周刊中大数据的概念

大数据的概念远不止大量的数据（TB）和处理大量数据的技术，或者所谓的"4V"之类的简单概念，而是涵盖了人们在大规模数据的基础上可以做的事情，而这些事情在小规模数据的基础上是无法实现的。换句话说，大数据让人们以一种前所未有的方式，通过对海量数据进行分析，获得有巨大价值的产品和服务，或深刻的洞见一些发展趋势，最终形成变革之力。

3）研究机构 Gartner 提出的大数据的概念

大数据是需要新处理模式才能具有更强的决策力、洞察发现力和流程优化能力的海量、高增长率和多样化的信息资产。从数据的类别上来看，大数据是指无法使用传统流程或工具处理或分析的信息。它定义了那些超出正常处理范围和大小、迫使用户采用非传统处理方法的数据集。亚马逊网络服务（AWS）中的大数据科学家 John Rauser 提到一个简单的定义："大数据就是任何超过了一台计算机处理能力的庞大数据量。"研发小组对大数据的定义："大数据是最大的宣传技术、最时髦的技术，当这种现象出现时，定义就变得很混乱。"Kelly 说："大数据是可能不包含所有的信息，但我觉得大部分是正确的。对大数据的一部分认知在于，它是如此之大，分析它需要多个工作负载，这是 AWS 的定义。当技术达到极限时，也就是数据的极限。"大数据的意义不是关于如何定义，最重要的是如何使用它。最大的挑战在于哪些技术能更好地使用数据以及大数据的应用情况如何。这与传统的数据库相比，开源的大数据分析工具如 Hadoop 的崛起，让人们进一步探究这些非结构化的数据服务的价值在哪里。

2. 大数据分析

众所周知，大数据已经不单纯是数据大的事实了，而最重要的现实是对大数据进行分析，只有通过分析才能获取很多智能的、深入的、有价值的信息。那么越来越多的应用涉及大数据，而这些大数据的属性，包括数量、速度、多样性等都是呈现了大数据不断增长的复杂性，所以大数据的分析方法在大数据领域就显得尤为重要，可以说是决定最终信息是否有价值的决定性因素。

基于这些认知，大数据分析的使用者有大数据分析专家，同时还有普通用户，但是二者对于大数据分析最基本的要求就是可视化分析，因为可视化分析能够直观地呈现大数据的特点，同时能够非常容易被读者所接受，就如同看图说话一样简单明了。

大数据分析的理论核心就是数据挖掘算法，各种数据挖掘的算法基于不同的数据类型和格式才能更加科学地呈现出数据本身具备的特点，也正是因为这些被全世界统计学家所公认的各种统计方法（可以称为真理），才能深入数据内部，挖掘出公认的价值。另外也是因为有这些数据挖掘的算法才能更快速地处理大数据，如果一个算法得花上好几年才能得出结论，那大数据的价值也就无从说起了。大数据分析最重要的应用领域之一就是预测性分析，从大数据中挖掘出特点，通过建立科学的模型之后便可以带入新的数据，从而预测未来的数据。

大数据分析离不开数据质量和数据管理，高质量的数据和有效的数据管理，无论是在学术研究领域还是在商业应用领域，都能够保证分析结果的真实性和有价值。

3. 大数据技术

数据采集：ETL 工具负责将分布的、异构数据源中的数据如关系数据、平面数据文件等抽取到临时中间层后进行清洗、转换、集成，最后加载到数据仓库或数据集中，成为联机分析处理、数据挖掘的基础。

数据存取：用关系数据库、NOSQL、SQL 等。

基础架构：指云存储、分布式文件存储等。

数据处理：自然语言处理（Natural Language Processing，NLP）是研究人与计算机交互的语言问题的一门学科。处理自然语言的关键是要让计算机"理解"自然语言，所以自然语言处理又叫作自然语言理解（Natural Language Understanding，NLU），也称为计算语言学（Computational Linguistics）。一方面它是语言信息处理的一个分支；另一方面它是人工智能（Artificial Intelligence，AI）的核心课题之一。

统计分析：使用的方法有假设检验、显著性检验、差异分析、相关分析、T 检验、方差分析、卡方分析、偏相关分析、距离分析、回归分析、简单回归分析、多元回归分析、逐步回归分析、回归预测与残差分析、Logistic 回归分析、曲线估计、因子分析、聚类分析、主成分分析、因子分析、快速聚类法与聚类法、判别分析、对应分析、多元对应分析（最优尺度分析）、bootstrap 技术等。

数据挖掘：包括的技术有分类（classification）、估计（estimation）、预测（prediction）、相关性分组或关联规则（affinity grouping or association rules）、聚类（clustering）、描述和可视化（description and visualization）、复杂数据类型挖掘（文本、网页、图形图像、视频、音频等）。

模型预测：预测模型、机器学习、建模仿真。

结果呈现：云计算、标签云、关系图等。

4. 大数据的特点

理解大数据，首先要从"大"入手，"大"是指数据规模。大数据一般指在 10TB（1TB＝1024GB）规模以上的数据量。大数据同过去的海量数据有所区别。大数据有以下特点。

（1）数据体量巨大。从 TB 级别，跃升到 PB 级别。

（2）数据类型繁多。如前文提到的网络日志、视频、图片、地理位置信息等。

（3）价值密度低。以视频为例，连续不间断监控过程中，可能有用的数据仅仅有一两秒。

（4）处理速度快。遵循 1 秒定律，最后这一点也是和传统的数据挖掘技术有着本质的不同。物联网、云计算、移动互联网、车联网、手机、平板电脑、PC 以及遍布全球各个角落的各种各样的传感器，无一不是数据来源或者承载的方式。

5. 大数据的应用

大数据应用的关键，也是其必要条件，就在于"IT"与"经营"的融合，当然，这里的经营的内涵可以非常广泛，小至一个零售门店的经营，大至一个城市的经营。以下是关于各行各业、不同的组织机构在大数据方面的应用案例。

1）大数据应用案例之医疗行业

（1）IBM 最新沃森技术医疗保健内容分析预测技术已经有了一些应用客户。该技术允许企业找到大量患者相关的临床医疗信息，通过大数据处理，更好地分析患者的信息。

（2）在加拿大多伦多的一家医院，针对早产婴儿，每秒钟有超过 3000 次的数据读取。通过这些数据分析，医院能够提前知道哪些早产婴儿出现问题并且可以有针对性地采取措施，避免早产婴儿夭折。

（3）大数据可以让更多的创业者更方便地开发产品，比如通过社交网络来收集数据的健康类 APP。也许未来数年后，它们搜集的数据能让医生给的诊断变得更为精确，如患者服药不是通用的成人每日三次、一次一片，而是检测到血液中药剂已经代谢完后会自动提醒患者再次服药。

2）大数据应用案例之能源行业

（1）智能电网在欧洲已经做到了终端，也就是所谓的智能电表。在德国为了鼓励利用太阳能，会在家庭安装太阳能，当太阳能有多余电时还可以卖给电力公司。电网每隔 5 分钟或 10 分钟收集一次数据，收集来的这些数据可以用来预测客户的用电习惯等，从而推断出在未来 2～3 个月时间里，整个电网大概需要多少电。有了这个预测后，就可以向发电或者供电企业购买一定数量的电。因为电有点像期货一样，如果提前买就会比较便宜，买现货就比较贵，通过这个预测后，可以降低采购成本。

（2）维斯塔斯风力系统依靠 Big Insights 软件和 IBM 超级计算机，可以对气象数据进行分析，找出安装风力涡轮机和整个风电场最佳的地点。以往需要数周的分析工作，现在利用大数据仅需要不足 1 小时便可完成。

3）大数据应用案例之通信行业

（1）XO 公司通过使用 IBM SPSS 预测分析软件，减少了将近一半的客户流失率。XO 现在可以预测客户的行为，发现行为趋势，并找出存在缺陷的环节，从而帮助公司及时采取措施，保留客户。此外，IBM 新的 Netezza 网络分析加速器，将通过提供单个端到端网络、客户分析视图的可扩展平台，帮助通信企业制定更科学、合理的决策。

（2）电信业设备公司通过数以千万计的客户资料，能分析出多种使用者行为和趋势，即可顺利把通信设备卖给需要的企业。

（3）通过大数据分析，中国移动对企业运营的全业务进行有针对性的监控、预警、跟踪。系统在第一时间自动捕捉市场变化，再以最快捷的方式推送给指定负责人，使他在最短时间内获知市场行情。

（4）日本 NTT DoCoMo 公司把手机位置信息和互联网上的信息结合起来，为顾客提供附近的餐饮店信息。接近末班车时间时，提供末班车信息服务。

4）大数据应用案例之零售业

（1）某公司是一家领先的专业时装零售商，通过当地的百货商店、网络及其邮购目录业务为客户提供服务。公司希望向客户提供差异化服务，他们通过从 Twitter 和 Facebook 上收集社交信息，更深入地理解产品的营销模式，随后他们认识到必须保留两类有价值的客户：高消费者和高影响者。希望通过接受免费化妆服务，让用户进行口碑宣传，这是交易数据与交互数据的完美结合，为业务挑战提供了解决方案。

（2）零售企业也监控客户的店内走动情况以及与商品的互动。它们将这些数据与交易记录结合起来展开分析，从而在销售哪些商品、如何摆放货品以及何时调整售价上给出意见，此类方法已经帮助某领先零售企业减少了 17% 的存货，同时在保持市场份额的前提下，增加了高利润率自有品牌商品的比例。

附录 C 虚拟现实技术

1. 虚拟现实技术

虚拟现实(Virtual Reality,VR)技术是 20 世纪 90 年代以来兴起的一种新型信息技术，它与多媒体、网络技术并称为三大前景最好的计算机技术。它以计算机技术为主，利用并综合三维图形技术、多媒体技术、仿真技术、传感技术、显示技术、伺服技术等多种高科技的最新发展成果，利用计算机等设备来产生一个逼真的三维视觉、触觉、嗅觉等多种感官体验的虚拟世界，从而使处于虚拟世界中的人产生一种身临其境的感觉。在这个虚拟世界中，人们可直接观察周围世界及物体的内在变化，与其中的物体之间进行自然的交互，并能实时产生与真实世界相同的感觉，使人与计算机融为一体。与传统的模拟技术相比，VR 技术的主要特征：用户能够进入一个由计算机系统生成的交互式的三维虚拟环境中，可以与之进行交互。通过参与者与仿真环境的相互作用，并利用人类本身对所接触事物的感知和认知能力，帮助启发参与者的思维，全方位地获取事物的各种空间信息和逻辑信息。

2. 虚拟现实技术的发展简史

VR 技术的发展大致分为三个阶段。

20 世纪 50 年代到 70 年代末，是 VR 技术的探索阶段。

20 世纪 80 年代初期到 80 年代中期，是 VR 技术系统化、从实验室走向实用的阶段。

20 世纪 80 年代末期到 21 世纪初，是 VR 技术高速发展的阶段。

第一套具有 VR 思想的装置是莫顿。海利希在 1962 年研制的称为 Senorama 的具有多种感官刺激的立体电影系统，它是一套只能供个人观看立体影像的设备，采用模拟电子技术与娱乐技术相结合的全新技术，能产生立体音画效果，并能有不同的气味，座位也能根据剧情的变化进行摇摆或振动，观看时还能感觉到有风在吹动。

在随后几年中，艾凡·萨瑟兰在美国麻省理工学院开始头盔式显示器的研制工作，人们戴上这个头盔式显示器，就会产生身临其境的感觉。

研制者们于 1970 年研制出了第一个功能较齐全的 HMD 系统。

美国的 Jaron Lanier 在 20 世纪 80 年代初正式提出了 Virtual Reality 一词。

20 世纪 80 年代，美国国家航空航天局(NASA)及美国国防部组织了一系列有关 VR 技术的研究，并取得了令人瞩目的研究成果。

进入 20 世纪 90 年代后，迅速发展的计算机硬件技术与不断改进的计算机软件系统相匹配，使基于大型数据集的声音和图像的实时动画制作成为可能，人机交互系统的设计不断创新，新颖、实用的输入/输出设备不断地涌入市场。

3. 虚拟现实系统的构成

典型的 VR 系统主要由计算机、应用软件系统、输入设备、输出设备、用户和数据库等组成，如附图 C-1 所示。

1）计算机

在 VR 系统中，计算机负责虚拟世界的生成和人机交互的实现。由于虚拟世界本身具有高度复杂性，尤其在某些应用中，如航空航天环境的模拟、大型建筑物的立体显示、复杂场景的建模等，使生成虚拟世界所需的计算量极为巨大，因此对 VR 系统中计算机的配置提出了极高的要求。

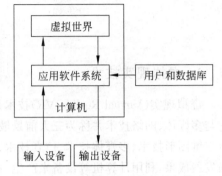

附图 C-1　虚拟现实系统的一般构成

2）输入/输出设备

在 VR 系统中，为了实现人与虚拟世界的自然交互，必须采用特殊的输入/输出设备，以识别用户各种形式的输入，并实时生成相应的反馈信息。

3）VR 的应用软件系统及用户和数据库

VR 的应用软件系统可完成的功能包括虚拟世界中物体的几何模型、物理模型、行为模型的建立，三维虚拟立体声的生成，模型管理技术及实时显示技术，虚拟世界数据库的建立与管理等几部分。虚拟世界数据库主要用于存放整个虚拟世界中所有物体的各个方面的信息，如附图 C-2 所示。

4）虚拟现实技术的特征

VR 技术有三个主要特征：沉浸性（immersion）、交互性（interactivity）和想象性（imagination），如附图 C-3 所示。

（1）沉浸性是指用户感受到被虚拟世界所包围，好像完全置身于虚拟世界中一样。VR 技术最主要的技术特征是让用户觉得自己是计算机系统所创建的虚拟世界中的一部分，使用户由观察者变成参与者，沉浸其中并参与虚拟世界的活动。理想的虚拟世界应该达到使用户难以分辨真假的程度，甚至超越真实，实现比现实更逼真的照明和音响效果。

（2）交互性的产生主要借助于 VR 系统中的特殊硬件设备（如数据手套、力反馈装置等），使用户能通过自然的方式，产生同在真实世界中一样的感觉。

（3）想象性是指虚拟的环境是人想象出来的，同时这种想象体现出设计者相应的思想，因而可以用来实现一定的目标。所以 VR 技术不仅仅是一个媒体或一个高级用户界面，同时它还是为解决工程、医学、军事等方面的问题而由开发者设计出来的应用软件。

4. 虚拟现实系统的分类

在实际应用中，根据 VR 技术对沉浸程度的高低和交互程度的不同，将 VR 系统划分为四种类型：沉浸式 VR 系统、桌面式 VR 系统、增强式 VR 系统、分布式 VR 系统。其中桌面式 VR 系统因其技术非常简单,需投入的成本也不高,在实际中应用较广泛。

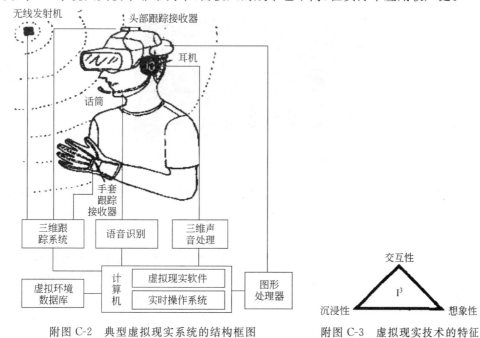

附图 C-2　典型虚拟现实系统的结构框图　　　　附图 C-3　虚拟现实技术的特征

5. 虚拟现实技术的应用

自 VR 技术问世以来,为人机交互界面开辟了广阔的天地,带来了巨大的社会效益和经济效益。在当今世界上,许多发达国家都在大力研究、开发和应用这一技术,积极探索其在各个领域中的应用。由于虚拟现实在技术上的进步与逐步成熟,其应用在近几年发展迅速,应用领域已由过去的娱乐与模拟训练发展到包含航空、航天、铁道、建筑、土木、科学计算可视化、医疗、军事、教育、娱乐、通信、艺术、体育等广泛领域。

1) 医学领域的应用

在医学领域,VR 技术和现代医学的飞速发展以及两者之间的融合使 VR 技术已开始对生物医学领域产生重大影响。目前正处于应用 VR 技术的初级阶段,其应用范围主要涉及建立合成药物的分子结构模型、各种医学模拟以及进行解剖和外科手术等。在此领域,VR 技术应用大致上有两类:一类是虚拟人体的 VR 系统,也就是数字化人体,这样的人体模型使医生更容易了解人体的构造和功能;另一类是虚拟手术的 VR 系统,可用于指导手术的进行,如附图 C-4 所示。

附图 C-4　虚拟手术

2) 影视娱乐界的应用

娱乐上的应用是 VR 技术应用最广阔的领域,从早期的立体电影到现代高级的沉浸式游戏,都是 VR 技术应用较多的领域。丰富的感知能力与三维世界使 VR 技术成为理想的视频游戏工具(附图 C-5)。由于在娱乐方面对 VR 的真实感要求不太高,所以近几年来 VR 技术在该方面发展较为迅猛。

附图 C-5　基于虚拟现实的沉浸式游戏

作为传输显示信息的媒体，VR 技术在未来艺术领域方面所具有的潜在应用能力也不可低估。VR 所具有的临场参与感与交互能力可以将静态的艺术（如油画、雕刻等）转化为动态的，可以使观赏者更好地欣赏作者的思想艺术。如虚拟博物馆，还可以利用网络或光盘等其他载体实现远程访问。另外，VR 提高了艺术表现能力，如一个虚拟的音乐家可以演奏各种各样的乐器，人们即使远在外地，也可以在他生活的居室中去虚拟音乐厅并欣赏音乐会。

3）教育与训练

（1）虚拟校园。每个大学生对大学都是有特殊感情的，大学校园的学习氛围、校园文化对人的教育有着巨大影响，教师、同学、教室、实验室等校园的一草一木无不潜移默化地影响着每一个人，人们从中得到的教益从某种程度上来说，远远超出书本给予的。网络的发展和 VR 技术的应用，使人们可以仿真校园环境。因此虚拟校园成了 VR 技术与网络在教育领域最早的应用。目前，虚拟校园主要以实现浏览功能为主。随着多种灵活的浏览方式以崭新的形式出现，虚拟校园正以一种全新的姿态吸引着大家。

（2）虚拟环境演示教学与实验。在高等教育中，VR 技术在教学中的应用较多，特别是理工科类课程的教学，尤其在建筑、机械、物理、生物、化学等学科的教学上产生了质的突破。它不仅适用于课堂教学，使之更形象生动，也适用于互动性实验。在很多大学都有VR 技术研究中心或实验室。如杭州电子工业学院虚拟现实与多媒体研究所，研究人员把 VR 技术应用于教学，开发了虚拟教育环境。

（3）远程教育系统。随着互联网技术的发展、网络教育的深入，远程教育有了新的发展，真实、互动、情节化，突破了物理时空的限制并有效地利用了共享资源这些特点，同时可虚拟老师、实验设备等。这正是 VR 技术独特的魅力所在，基于国际互联网的远程教育系统具有巨大的发展前景，也必将引起教育方式的革命。

（4）特殊教育。由于 VR 技术是一种面向自然的交互形式，这个特点对于一些特殊的教育有着特殊的用途。中国科学院计算机所开发的"中国手语合成系统"，采用基于运动跟踪的手语三维运动数据获取方法，利用数据手套以及空间位置跟踪定位设备，可以获取精确的手语三维运动数据。

（5）技能培训。将 VR 技术应用于技能培训可以使培训工作更加安全，并节约了成本。比较典型的应用是训练飞行员的模拟器及用于汽车驾驶的培训系统。交互式飞机模拟驾驶器是一种小型的动感模拟设备,它的舱体内配置有显示屏幕、飞行手柄和战斗手柄。在虚拟的飞机驾驶训练系统中,学员可以反复操作控制设备,学习在各种天气情况下进行起飞、降落,并进行训练,达到熟练掌握驾驶技术的目的,如附图 C-6 所示。

附图 C-6 飞机操作控制系统

附录 D　人工智能

1. 人工智能的概念

人工智能分为"人工"和"智能"两部分,其中"人工"的概念不难定义,至于"智能"则涉及其他诸如意识(consciousness)、自我(self)、思维(mind)(包括无意识的思维(unconscious thinking)等问题),人唯一了解的智能是人本身的智能,这是普遍认同的观点。但是对自身智能的理解都非常有限,对构成人的智能的必要元素也了解有限,所以就很难定义什么是"人工"制造的"智能"了。因此人工智能的研究往往涉及对人的智能本身的研究,其他关于动物或其他人造系统的智能也普遍被认为是人工智能相关的研究课题。

2. 人工智能的历史

在计算机问世以来,科学技术不断发展进步,在此基础上人工智能得到了发展,并逐渐应用到了各个领域,给人类的生产生活带来了很大的影响。随着研究的进一步深入,人工智能定会得到更大的发展,给人类的生活提供便利,为人类更好地服务。

1950 年,英国数学家图灵(A. M. Turing,1912—1954)发表了《计算机与智能》的论文,其中提出著名的"图灵测试",形象地提出人工智能应该达到的智能标准。图灵在这篇论文中认为"不要问一台机器是否能思维,而是要看它能否通过以下的测试"。让人和机器分别位于两个房间,他们只可通话,不能相互看见。通过对话,如果人的一方不能区分对方是人还是机器,那么就可以认为那台机器达到了人类智能的水平。这算是对人工智能最初的定义,而"人工智能"一词最初于 1956 年在达特茅斯大学召开的 Dartmouth 学会上提出的。

1956 年夏季,年轻的美国学者麦卡锡、明斯基、朗彻斯特和香农共同发起,邀请莫尔、塞缪尔、纽厄尔和西蒙等参加在美国达特茅斯大学举办的一次长达 2 个多月的研讨会,激烈地讨论用机器模拟人类智能的问题。会上,首次使用了"人工智能"这一术语。这是人类历史上的第一次人工智能研讨会,标志着人工智能学科的诞生,具有十分重要的历史意义。

20 世纪 60 年代以来,生物模仿用来建立功能强大的算法。这方面有进化计算,包括遗传算法、进化策略和进化规划(1962 年)。1992 年,Bezdek 提出计算智能。他和 Marks(1993 年)指出计算智能取决于制造者提供的数值数据,含有模式识别部分,不依赖于知识。计算智能是认知层次的低层。今天,计算智能涉及神经网络、模糊逻辑、进化计算和人工生命等领域,呈现多学科交叉与集成的趋势。

人工智能(Artificial Intelligence,AI)是计算机学科的一个分支,20 世纪 70 年代以来被称为世界三大尖端技术之一(空间技术、能源技术、人工智能),也被认为是 21 世纪(基因工程、纳米科学、人工智能)三大尖端技术之一。这是因为近 30 年来它获得了迅速的发展,在很多学科领域都获得了广泛应用,并取得了丰硕的成果,人工智能已逐步成为一个独立的分支,无论在理论和实践上都已自成一个系统,人工智能从最初的一段幻想、一个假设,变为了一个策划、一段程序,一个出现在了地平线上的现实。

3. 人工智能的未来

人工智能的发展趋势并非无迹可寻。在我看来,人工智能在接下来的几年中,将呈现出以下四个主要发展趋势。

(1) 人工智能技术进入大规模商用阶段,人工智能产品全面进入消费级市场。

中国通信巨头华为已经发布了自主研发的人工智能芯片并将其应用在旗下智能手机产品中,苹果公司推出的 iPhone X 也采用了人工智能技术实现面部识别等功能。三星最新发布的语音助手 Bixby 则从软件层面对长期以来停留于"你问我答"模式的语音助手做出升级。人工智能借由智能手机已经与人们的生活越来越近,如附图 D-1 所示。

附图 D-1　生活服务机器人

在人形机器人市场,日本的软银公司研发的人形情感机器人 Pepper 从 2015 年 6 月开始每月面向普通消费者发售 1000 台,每次都被抢购一空。人工智能机器人背后隐藏着的巨大商业机会同样让国内创业者陷入狂热,目前国内人工智能机器人团队粗略统计超过 100 家。图灵机器人 CEO 俞志晨相信未来几年,人们将会像挑选智能手机一样挑选机器人。售价并非是人工智能机器人难以打开消费市场的关键,因为随着产业和技术走向成熟,成本降低是必然趋势,同时市场竞争因素也将进一步拉低人工智能机器人产品的售价。吸引更多开发者,丰富产品功能和使用场景才是打开市场的关键。另外一个好的信号是,人工智能机器人正在引起商业巨头们的兴趣。

零售巨头沃尔玛后来开始与机器人公司 Five Elements 合作,将购物车升级为具备导购和自动跟随功能的机器人。中国的零售企业苏宁也与一家机器人公司合作,将智能机器人引入门店用于接待和导购。餐饮巨头肯德基也曾与百度合作,在餐厅引入机器人来实现智能点餐。近期,情感机器人 Pepper 也开始出现在软银的各大门店,软银移动业务负责人认为商业领域智能机器人很快将进入快速发展期。

在商业服务领域的全面应用,正为人工智能的大规模商用打开一条新的出路,或许人工智能机器人占领商场等公共场所会比占领的客厅要来得更早一些。

（2）基于深度学习的人工智能的认知能力将达到人类专家顾问级别。"认知专家顾问"在 Gartner 的报告中被列为未来 2～5 年被主流采用的新兴技术，这主要依赖于机器深度学习能力的提升和大数据的积累。

过去几年人工智能技术之所以能够获得快速发展，主要源于三个元素的融合：性能更强的神经元网络、价格低廉的芯片以及大数据。其中，神经元网络是对人类大脑的模拟，是机器深度学习的基础，对某一领域的深度学习将使人工智能逼近人类专家顾问的水平，并在未来进一步取代人类专家顾问。当然，这个学习过程也伴随着大数据的获取和积累，如附图 D-2 所示。

附图 D-2　认知专家顾问机器人

事实上在金融投资领域，人工智能已经有取代人类专家顾问的迹象。在美国，从事智能投顾的不仅仅是 Betterment、Wealth Front 这样的科技公司，老牌金融机构也察觉到了人工智能对行业带来的改变。高盛和贝莱德分别收购了 Honest Dollar 与 Future Advisor，苏格兰皇家银行也曾宣布用智能投顾取代 500 名传统理财师的工作。

国内一家创业团队目前正在将人工智能技术与保险业相结合，在保险产品数据库基础上进行分析和计算并搭建知识图谱，还会收集保险语料，为人工智能问答系统做数据储备，最终连接用户和保险产品。这对目前仍然以销售渠道为驱动的中国保险市场而言显然是个颠覆性的消息，它很可能意味着销售人员的大规模失业。

关于人工智能的学习能力，凯文·凯利曾形象地总结说："使用人工智能的人越多，它就越聪明。人工智能越聪明，使用它的人就越多。"就像人类专家顾问的水平很大程度上取决于服务客户的经验一样，人工智能的经验就是数据以及处理数据的经历。随着使用人工智能专家顾问的人越来越多，未来 2～5 年人工智能有望达到人类专家顾问的水平。

（3）人工智能实用主义倾向显著，未来将成为一种可购买的智慧服务。过去几年俄罗斯的人工智能机器人尤金首次通过了著名的图灵测试，我们又见证了世界围棋冠军李世石的谷歌人工智能机器人 AlphaGo 大战，如附图 D-3 所示。尽管这些史无前例的事件隐约让我们知道人工智能技术已经发展到了一个很高的水平，但因为太过浓厚的"炫技"色彩，也让公众对人工智能技术产生很多质疑。

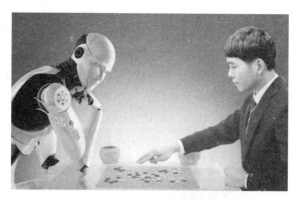

附图 D-3　机器人与人类围棋大战

　　人工智能与不同产业的结合正使其实用主义倾向越发显著，这让人工智能逐步成为一种可以购买的商品。吴恩达博士曾把人工智能比作未来的电能，电在今天已经成为一种可以按需购买的商品，任何人都可以花钱将电带到家中。可以用电来看电视，可以用电来做饭、洗衣服，未来可以用购买到的人工智能来打造一个智能的家居系统。凯文·凯利此前也曾做过类似预判，他说未来可能会向亚马逊或是中国的公司购买智能服务。

　　反过来，不同产业对人工智能技术的应用也加剧了人工智能的实用主义倾向。比如，特斯拉公司就是拿人工智能技术专门用来提升自动驾驶技术的；再比如，地图导航软件，就是专门拿人工智能技术用来为用户规划出行路线的；附图 D-4 所示为无人驾驶飞机，也使用了人工智能技术。

附图 D-4　无人驾驶飞机

　　说到底，人工智能是一种实用主义的东西。目前，越来越多的医疗机构用人工智能诊断疾病，越来越多的汽车制造商开始使用人工智能技术研发无人驾驶汽车，越来越多的普通人开始使用人工智能做出投资、保险等决策。这意味着人工智能已经走出"炫技"阶段，未来将真正进入实用阶段。

　　(4) 人工智能技术将严重冲击劳动密集型产业，改变全球经济生态。许多科技界的名人一方面受益于人工智能技术；另一方面又对人工智能技术发展过程中存在的威胁充满担忧，包括比尔·盖茨、埃隆·马斯克斯、蒂芬·霍金等人都曾对人工智能发展做出过警告。尽管从目前来看对人工智能取代甚至毁灭人类的担忧还为时尚早，但毫无疑问，人工智能正在抢走各行各业劳动者的饭碗。

人工智能可能引发的大规模失业是当下最为紧迫的一个问题。阿里巴巴董事会主席马云在2017年的一场大数据峰会上说："如果继续以前的教学方法,我可以保证,30年后的孩子们将找不到工作。"阿里巴巴在电商领域的对手,京东集团董事局主席刘强东则信誓旦旦地表示："5年后,送货的都将是机器人",如附图 D-5 所示。

附图 D-5　物流机器人

事实上,机器人抢走人类劳动者饭碗的事情已经在全球上演。硅谷一家新兴的机器人保安公司 Knightscope 目前已和16个国家签约使用其公司生产的 K5 监控机器人,其中包括中国。K5 将主要用于商场、停车场等公共场所,可以自动巡逻并能够识别人脸和车牌,K5 每小时的租金约为7美元。这意味着原本属于人类保安的酬劳现在要被机器人抢走。

未来2～5年人工智能导致的大规模失业将率先从劳动密集型产业开始。如制造业,在主要依赖劳动力的阶段,其商业模式本质上是赚取劳动力的剩余价值,而当技术成本低于雇用劳动力的成本时,显然劳动力会被无情淘汰,制造企业的商业模式也将随之发生改变。再比如物流行业,目前大多数企业都实现了无人仓库管理和机器人自动分拣货物,接下来无人配送车、无人机也很有可能取代一部分物流配送人员的工作。

就中国目前的情况来看,正处于从劳动密集型产业向技术密集型产业过渡的过程中,难以避免地要受到人工智能技术的冲击,而经济相对落后的东南亚国家和地区因为廉价的劳动力优势仍在,受人工智能技术冲击较小。世界经济论坛2016年的调研数据预测,到2020年,机器人与人工智能的崛起,将导致全球15个主要的工业化国家510万个就业岗位的流失,多以低成本、劳动密集型的岗位为主。

人工智能终将改变世界,而由其导致的大规模失业和全球经济结构的调整,显然也属于"改变"的一部分,我们都将亲眼看到这一切的发生。